高等学校机械类专业教材

C# 程序设计

主　编　卢知来
副主编　夏建芳　陈力铭
参　编　潘　晴　宋佳楠　陈龙庭

机械工业出版社

计算机程序设计语言是高校理工科本科生必修的一门核心课程。传统上，高校主要教授 C/C++，但 C++既非纯粹的面向对象语言，编程界面也需依赖外部工具。将大量时间投入在面向过程的程序设计上，限制了学生对面向对象和可视化界面编程的掌握。近年来，Python 和 C#受到青睐，后者作为微软推出的面向对象语言，为理工科应用软件开发提供了全方位支持。本书作者根据多年教学经验，编写了这本以 C#面向对象程序设计为核心的高校教材，并包含了习题练习，旨在系统地讲解 C#基本语法及其应用，并培养学生面向对象的程序设计能力。

　　本书可作为高等院校电子信息类、计算机类、自动化类、机电类等专业的 C#语言教材，也可作为相关技术培训教材，还可供从事相关技术开发的工程技术人员参考。

图书在版编目（CIP）数据

C#程序设计 / 卢知来主编. -- 北京 ：机械工业出版社，2025.10. -- (高等学校机械类专业教材).
ISBN 978-7-111-78911-6
　Ⅰ. TP312.8
中国国家版本馆CIP数据核字第2025HS9829号

机械工业出版社（北京市百万庄大街22号　邮政编码100037）
策划编辑：余　皡　　　　责任编辑：余　皡　王　荣
责任校对：潘　蕊　陈　越　封面设计：张　静
责任印制：任维东
北京科信印刷有限公司印刷
2025年10月第1版第1次印刷
184mm×260mm・19.75印张・485千字
标准书号：ISBN 978-7-111-78911-6
定价：69.00元

电话服务　　　　　　　　　　网络服务
客服电话：010-88361066　　机 工 官 网：www.cmpbook.com
　　　　　010-88379833　　机 工 官 博：weibo.com/cmp1952
　　　　　010-68326294　　金 书 网：www.golden-book.com
封底无防伪标均为盗版　机工教育服务网：www.cmpedu.com

前 言
PREFACE

  计算机程序设计语言是高校理工科本科生必修的且唯一（非计算机专业）的一门信息类课程，对于处处离不开计算机的时代，这样的学习机会显得尤为珍贵。通过该课程的学习，可以掌握程序设计的方法以及一门设计语言的语法，同时也具备了开发小型计算应用软件、管理软件的能力，如机械优化设计软件、齿轮设计软件、图书与人事管理软件等。

  近十多年来，高校非计算机类的理工科专业主要开设 C/C++ 计算机程序设计语言课程。C/C++ 是一种介于低级语言和高级语言之间的中级语言，其为工业控制程序的设计以及底层应用程序的开发提供了便利，使控制程序的设计不再需要掌握汇编语言。但在程序设计方法上，C++ 不是纯粹的面向对象的程序设计语言，且界面开发需要借助第三方工具或软件如 MFC，其界面开发纠错难度大。另外，所有 C++ 语言教学都是用面向过程的程序设计方法开展语句、语法的教学，然后再用面向对象的程序设计方法，介绍类、对象的概念及其高级编程技术，且在用面向过程程序设计方法进行 C++ 语法学习与编程实践训练中花费的教学时数占总课程时数的 70%，这是不可否认的事实。多年的教学经验告诉我们，这样的教学结果是学生仅掌握了 C++ 面向过程的程序设计方法，可以开发简单的控制台界面下的应用程序，而对于 C++ 面向对象的程序设计、可视化界面程序设计等基本无从下手。导致这种结果的原因是在面向过程的程序设计应用实践上花费了太多的时间，虽然这是学习 C++ 基本语法必须经历的过程，但是制约了大学生计算机语言程序设计能力的培养。

  近年来，Python、C# 受到大学生的青睐和高校的关注。二者都是全面面向对象的程序设计语言，Python 具有开源式代码，深受程序设计者喜爱，但主要面向人工智能领域，不太适用工业控制软件的开发。C# 是微软公司于 2000 年推出的、为新一代技术平台 Micosoft.NET 提供的优秀的编程开发语言之一。微软对 C# 的定义是：C# 是一种类型安全的、现代的、简单的，由 C 和 C++ 衍生出来的面向对象的编程语言，其系统含有可视化界面设计模块。这就为理工科类应用软件的开发提供了全方位能力，编者认为这是非计算机类理工科大学生应该学习的最具价值的程序设计语言。

  编者从事计算机程序设计语言的教学二十多年，应用 C++ 开发过机械优化设计软件，应用 VB 在 ANSYS、Fluent、SolidWorks 等后台开发过相应的专业软件，具备丰富的计算机语言教学经验和程序设计经验。编者在认真阅读了目前出版的 C# 书籍（含培训教材）后发现，目前还没有一本以面向对象程序设计方法为程序架构、系统介绍 C# 基本语法与程序训练的高校教材。鉴于此，编者组织具有良好的程序设计实战经验和教学经验的团队编写了本书。本书的特点包括：真正讲清楚了面向对象的程序设计思想，真正讲清楚了利用抽象获取类成员的技术以及类的封装、继承与派生、多态等作用，真正系统介绍了 C# 基本语法和应用案例，真正讲清楚了类声明中修饰符的作用与应用场合，每章配有一定数量的习题供读者练习。

  编者对本书内容进行了全面的规划，并得到了多所高校计算机课程负责人的认可。夏建芳

教授负责全书各章节内容的策划与编排，并编写了第1章、第7章、第8章、第9章，卢知来博士（副教授）编写了第2章、第3章、第4章，陈力铭博士（副教授）编写了第6章、第10章、第11章，潘晴博士（副教授）编写了第5章，宋佳楠博士和陈龙庭博士编写了各章习题。夏建芳教授对本书进行了认真的统合。

虽然团队在本书的编写过程中付出了很多的时间和精力，但难免有考虑不周的地方，敬请读者批评指正，以在教学过程中及时纠正，再版时及时改正。

编　者

目 录 CONTENTS

前言

第1章 面向对象程序设计思维及C#概述 ·· 1

1.1 面向对象思维如何模拟世界 ·· 1
1.2 NET 与 C# 编程语言 ·· 4
1.3 开发环境的搭建 ·· 6
1.4 计算机语言中的标识符与关键字 ·· 9
1.5 类的定义与对象的建立 ··· 10
1.6 C# 的组织架构与项目创建 ·· 10
1.7 创建新项目 ··· 12
1.8 命名空间 ··· 16
1.9 控制台程序中的标准输入输出 ·· 20
习题 ·· 22

第2章 C# 的数据类型与表达式 ··· 25

2.1 计算机内存结构与管理 ··· 25
2.2 常量 ··· 26
2.3 变量 ··· 30
2.4 值类型变量与引用类型变量 ··· 36
2.5 变量的类型转换 ·· 37
2.6 变量的作用域与生存期 ··· 40
2.7 运算符与表达式 ·· 41
2.8 运算符的优先级与结合性 ··· 49
2.9 复杂表达式的计算实例 ··· 51
习题 ·· 52

第3章 类的声明与成员访问 ··· 54

3.1 类的概述 ··· 54
3.2 类的字段变量 ·· 60
3.3 类的方法声明及构造、析构函数 ·· 71
3.4 方法深度学习 ·· 78
3.5 静态类 ··· 96
3.6 Lambda 表达式——匿名函数 ··· 98
3.7 委托及其应用 ·· 98
3.8 C# 中常用的预定义类 ··· 100
3.9 类库文件（.dll）的创建与引用操作 ··· 106

3.10 含多个源程序的项目创建过程 107
习题 108

第 4 章 C# 程序流程控制语句 111

4.1 C# 程序常用语句概述 111
4.2 赋值语句 113
4.3 复合语句 114
4.4 选择结构语句 114
4.5 循环结构 119
4.6 跳转语句 123
4.7 using 语句 127
4.8 选择、循环结构的嵌套 128
4.9 方法的递归调用 130
4.10 综合应用 132
习题 136

第 5 章 字符及字符串操作 139

5.1 char 字符类 139
5.2 string 字符串类型 142
5.3 可变字符串类 StringBuilder 153
习题 155

第 6 章 结构体和枚举 158

6.1 结构体类型定义 158
6.2 结构体变量及其使用 162
6.3 枚举及其应用 168
6.4 综合应用 170
习题 174

第 7 章 数组和集合 177

7.1 数组概述与数组的声明 177
7.2 一维数组和二维数组的实例化与初始化 178
7.3 数组元素的访问 180
7.4 数组常用属性与方法 181
7.5 数组的应用 183
7.6 交错数组 193
7.7 Array 类 196
7.8 泛型集合 200
7.9 综合应用 205
习题 208

第 8 章 类的继承与派生 211

8.1 基类与派生类 211

8.2 抽象类及其派生类 219
8.3 接口及其实现类 221
8.4 接口和抽象类的区别 225
8.5 虚方法的声明及其在派生类中的重写 226
8.6 多态 231
8.7 对象数组的声明及其实例化与初始化 237
8.8 设计范例 238
8.9 综合应用 241
习题 243

第 9 章 文件操作 247

9.1 文本数据文件与二进制数据文件概述 247
9.2 File 类和 FileInfo 类 252
9.3 Directory 类和 DirectoryInfo 类 257
9.4 FileStream 类及其数据文件读写 262
9.5 StreamReader/StreamWriter 类读写文本数据文件 273
9.6 BinaryReader/BinaryWriter 类读写二进制数据文件 277
9.7 读写 Excel 文件 284
9.8 综合应用 286
习题 288

第 10 章 程序调试与异常处理 291

10.1 使用 Visual Studio 调试 C# 代码 291
10.2 异常处理 295

第 11 章 实践安排 302

11.1 实验一：流程控制语句程序设计 302
11.2 实验二：数组、方法及参数传递程序设计 303
11.3 实验三：继承与派生程序设计 303
11.4 实验四：文件操作程序设计 304

附录　ACSII 编码表 305

参考文献 306

第 1 章　面向对象程序设计思维及 C# 概述

> 🎯 **教学设计**
> **重点**：面向对象的程序设计思想；类的抽象、归类与封装；类的继承派生、多态命名空间。
> **难点**：类的抽象、归类与封装；类与对象的关系。

面向对象的程序设计（Object Oriented Programming）是一种模拟自然界对象活动的高级程序设计方法。特点是用自然的方式描述要解决的问题，如两个数的加法的自然描述是 a+b。客观世界的活动都是对象的活动，面向对象的程序设计就是利用计算机模拟世界的某些行为。在模拟的过程中，思维充当了一个重要的角色。例如，现在的图书馆的借还书操作都是由计算机完成的，现在的图书馆管理程序就是在做当年没有计算机时的人工借还书操作，即计算机里的图书馆管理程序所做的事就是模拟真实世界的借还书操作。思维的用途就在于如何思考，面向对象的程序设计语言（Object Oriented Programming Language）是专门为面向对象思维模式开发出来的。

1.1　面向对象思维如何模拟世界

计算机的优势在于处理庞大的数字计算，也称为数据处理。但以现在计算机的功能来看，计算机处理的工作已经不只是处理计算，还会做报表、工程仿真计算，还会与人下象棋、围棋等。计算机逐步挑战人的智慧，计算机所做的事已经感觉不到它的本质——数字计算。但是不论计算机处理什么事情，或者如何处理这些事情，计算机终究处理的还是最基本的 0 和 1，这是由计算机本身是逻辑电路或数字电路这个本质决定的。

计算机用来代替人类解决问题，因此，计算机必须首先模拟世界中的各种事务，进而按照人类解决问题的过程处理客观世界的各种事务，通过事务模拟就构造了一个计算机的虚拟世界。

计算机功能的提升，完全是程序设计员将自己的模拟世界活动的"思维"编进了程序，赋予计算机去完成的能力，从而让计算机使用者感觉计算机具有思维的能力。

在程序设计模拟世界活动的过程里，必须先将真实世界的事务量化模拟为数字，这个量化模拟的过程称为需要对世界事务进行抽象处理，而抽象化的过程就要靠思维的运作。抽象化的概念一直存在于我们的周围而且经常用到。例如描述一个人，个子高高的、脸圆圆的等，这些形容就是对这个人的抽象化描述。把某个事务容易辨识的特征抽离出来，作为这个事务抽象化的结果。然而对事务的抽象化描述也将因角度的不同、需求的不同而有不同的结果，对于功能程序的设计，重要的是从现实世界中抽离出足够的数据，实现模拟现实世界特定领域的功能。

1.1.1 对象模拟

把世界看成一个由对象（Object）组成的大环境，对象是什么？对象就是"东西"或"物体"，任何实际的物体都可以认为是对象，例如学生、老师、汽车、键盘、屏幕等。对象可以是可见的或不可见的，可以是有形的或无形的，可以是有生命的或没有生命的。

计算机系统对对象的抽象化，主要分为两种，一种是对事务数据的抽象化，另一种是活动过程的抽象化。事务数据的抽象化，是将事务的数据抽象为计算机程序中的变量。活动过程的抽象化，则是将现实生活中事务的活动过程转化为程序中的执行流程。所谓"事务"，在计算机的虚拟世界里也叫作"对象"。以图书管理系统为例，书的抽象结果是书名、作者、出版社、出版日期等，借还书的操作流程抽象化后，将成为执行程序运作变量的过程。

对象有属性和功能，属性就是对象的数据，功能描述对象的活动。在面向对象的程序设计语言中，一般习惯性地把属性叫作对象的数据成员，而把功能叫作对象的方法成员。在不同的程序设计语言中，这些叫法可能有差异，但其本质是一样的。如学生张三，该对象的属性可以是年龄、住址、手机号码、性别、身高、体重等，功能可以是跑步、学习等。

1.1.2 对象抽象与归类

客观世界里，虽然对象的数量无数，但某些对象之间呈现相同的特性。在处理某一实际问题时，为便于管理对象，对这些具有共性的对象归类处理，即按实际需要将这些共性对象的属性和方法抽象出来，给予一个共同的定义，这就形成了类（Class）。

类是一堆具有共性对象的特性描述，也就是对某种对象的抽象描述。例如，"大学生"就是对一群大学生对象的抽象描述，每个大学生对象虽然有差别，但他们有共性的方面。如果在程序设计中只需要这些共同的特性，则完全可以抽象出一个学生类，通过学生类定义这些特性，如学生姓名、学生性别、学生学号、学生成绩以及课外实践、成绩分析等。例如圆类，可以定义圆的半径、圆心坐标以及计算圆的周长、计算圆的面积等。定义了类以后，就可以用这个类来产生属于该类的众多对象，这些对象拥有不同的数据、共同的功能。因此，**可以把类想象成建立对象的模子，对象就是用类制造出来的零件。对象具有与类相同的属性成员与方法成员。在用一个类定义的对象中，不同对象具有不同的属性值。**

例如，抽象出一个学生类 Student（包括姓名、性别、电话和学习功能），通过 Student 类产生了 ZhangSan、LiSi、WangWu 三个对象实例，则这三个人具有共同的特性，属于同一类，不同的是三者的姓名、性别、电话存在差异。如果你接触过 C/C++ 计算机语言编程，就知道 int、float、double 等，是用来定义同类型变量的，是一种数据类型。同理，类名是用来定义对象的。类比普通数据类型要复杂，类的内部包括数据成员和方法成员，数据成员模拟对象静态，方法成员模拟对象动态，两者封装在一起，实现类的"封装"。

一个重要的问题就是抽象化的角度是什么？显然，抽象化的角度取决于要解决的问题或要实现的目标，应能把与目标相关的对象及其属性、方法抽离出来。以一个简单的图书管理系统为例，一般将读者的姓名、性别、身份证号抽离出来作为读者的属性，将读者的借书、还书行为抽离出来作为读者的方法，将书的书名、作者、出版社、出版日期、库存数、存放地点抽离出来作为书的属性，将管理员的姓名、身份证号、性别、权限等级抽离出来作为管理员的属性，将书籍添加、书籍删除抽离出来作为管理员的方法。至于读者其他的像爱好、鞋子尺码、身高、会开车等属性与方法，不是抽象化要抽离的重点。因此在图书管理系统中可以定义读者类（Reader）、书类（Book）、管理员类（Manage）。

1.1.3 类的封装

应用面向对象的程序设计方法进行某类具体问题程序设计时,首先对问题涉及的类进行抽象(属性抽象、方法抽象),然后定义类的封装。封装就是将数据和对数据的处理方法结合在一起,对外只提供操作接口,隐藏方法的具体实现过程,同时对某些属性也进行隐藏。通过类成员的封装设计不但提供了对外接口,同时实现了信息安全。而类是产生对象的模子,因此,用这样的类创建的对象对外只有接口,其他全部隐藏。例如,电视机是个类的名字,家里具体某个电视机是一个电视机类的对象,该对象对用户仅提供操作的接口(换台、调音、调色等),而这些功能的实现原理、过程对用户隐藏,用户也不需要知道,只要会使用就可以了。电视机对象的封装与接口如图1-1所示。

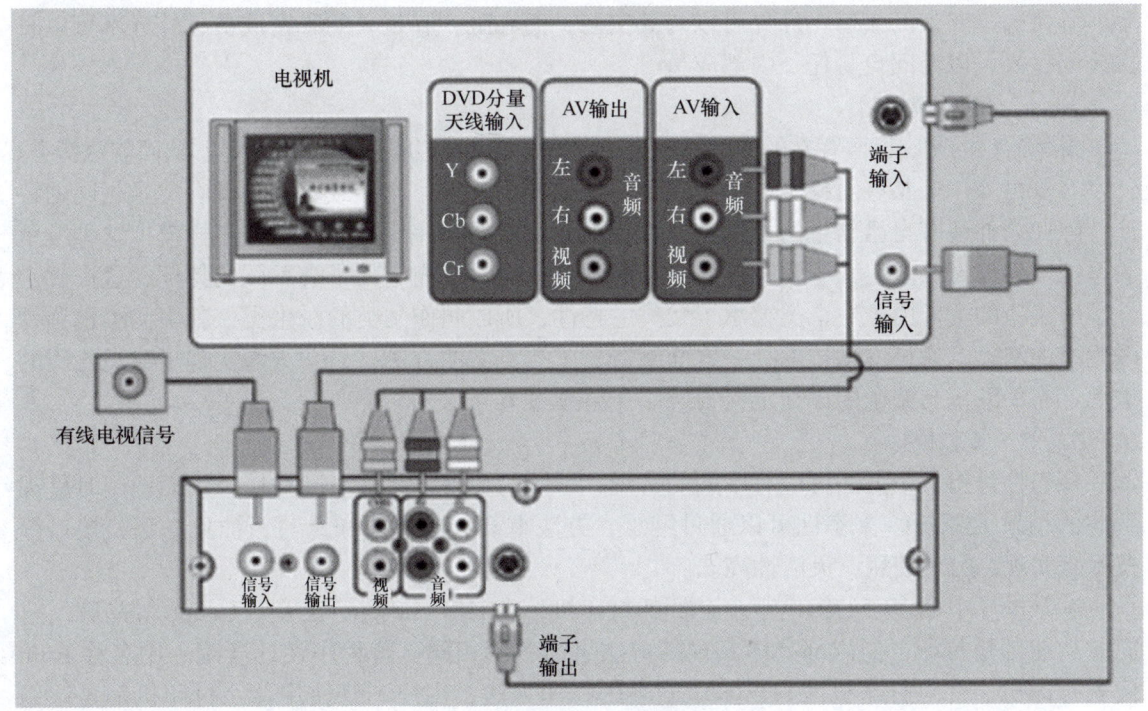

图 1-1 电视机对象的封装与接口

1.1.4 权限模拟

客观世界中的对象不是所有成员都可被外界操作的。例如图 1-1 中的电视机,其内核是控制电路与显像管,这些被电视机壳体封装起来,形成了一个"黑箱",留给外界操控的只有功能接口(动态),用户只能通过功能按钮操作电视机,如换频道、调声音等,不能直接去电视机内部修改电视机频道、声音等,用户不知道也不需要知道电视机内部的结构与内部的活动,这就等价于为电视机设置了用户的权限。因此,电视机类成员需要进行权限设置,以实现类的数据安全,控制外界对类对象成员的访问权限。

另外,在父子继承关系中,父类并不是把其所有东西全部传给子类,这就要求在父类的成员定义中,设置权限,以实现将指定的父类成员传给子类。

当然,类的权限设置还有其他方面的考虑,且类的权限设置包括类名的权限设置和成员的权限设置两个方面。总之，C#语言中，类常用的访问修饰符有 public、internal、protected、private、protected internal、seaed 6 种，使用这 6 种修饰符可以定义不同性质的类名及其类成员的访问权限，其具体意义将在第 3 章中详细介绍。

值得引起高度重视的是：

1）修饰类名时一般用 public、internal，其中 public 修饰类名时表示可以跨项目使用，而 internal 修饰类名时表示只能在本项目使用，缺省时系统默认为 internal。

2）类声明内部，其方法可以访问内部任何成员，不管用哪个修饰符。类成员可以使用 public、internal、protected、private、protected internal 其中之一来修饰，其中 public 修饰成员时表示外部可以直接访问类对象的成员，是类对象对外的接口。

例如，人（看成一个类）体内包含心脏、肺、眼睛、口、手、耳朵等，其中眼睛、口、手、耳朵等是对外的接口，外界可以与其交互。而心脏、肺是人的私密成员，外界不可以直接访问。人可以访问自身任一内部成员。

1.1.5　继承模拟

继承的目的是在已经存在的类的基础上，保留其原有的功能并扩展新功能，从而创建新类。客观世界中，某些对象呈现继承关系，例如父子关系，儿子或多或少具有父亲相同的特征，除此之外还有自己新生的不同特征。在面向对象的程序设计思维里，怎样模拟这种继承关系呢？具体做法是定义子类时包含继承的部分，同时补充定义子类不同的特征，这样就定义了一个新的类。由于这个类继承了父类的特性，所以叫作父类的派生类，其中父类也称为派生类的基类。通过继承技术，一方面制造了子类定义的方法，另一方面实现了父类代码的重用。有关继承与派生的详细定义与应用在后续章节介绍。

1.1.6　多态模拟

多态性是指一个方法可以有不同的实现。不同的实现方法共享同一接口，而调用时呈现不同的结果（多态）。多态性可以通过继承、方法重载、虚方法和重写、抽象方法、接口等技术来实现，方便使用，灵活性高。

客观世界中，多态的案例很多。例如打印机，有 HP、Epson、三星、Canon 等品牌，它们的功能都是打印，但内部具体实现的方法可能各不相同。若程序设计者统一用名称 Print 代表打印机，针对打印机编写出多个同名的打印方法，用户不管使用什么打印机都是调用 Printf 方法，则大大提高了使用的方便性，这种处理技术就是多态模拟。多态的具体定义与使用在后续章节中介绍。

1.2　NET 与 C# 编程语言

1.2.1　NET Framework 体系结构

.Net Framework 是微软公司 2000 年推出的，为开发应用程序而创建的一个完整的、集成的、面向对象的开发平台。使用它可以创建桌面应用程序、Web 应用程序、Web 服务和其他各种类型的应用程序。.NET Framework 体系结构如图 1-2 所示。

从图 1-2 可看出，.NET Framework 位于操作系统与应用程序之间，负责管理在 .NET Framework 上运行的各种应用程序，且 .NET 应用程序不依赖于操作系统。.NET Framework 核心部分介绍如下：

公共语言运行库（Common Language Runtime，CLR）：它位于 .NET Framework 的最底层，是 .NET Framework 的主要运行引擎，其主要功能是管理内存、线程执行、代码执行、代码安全检验、编译以及其他系统服务，并保证应用与底层操作系统之间必要的分离，它为 .NET Framework 应用程序提供了一个虚拟的运行环境。

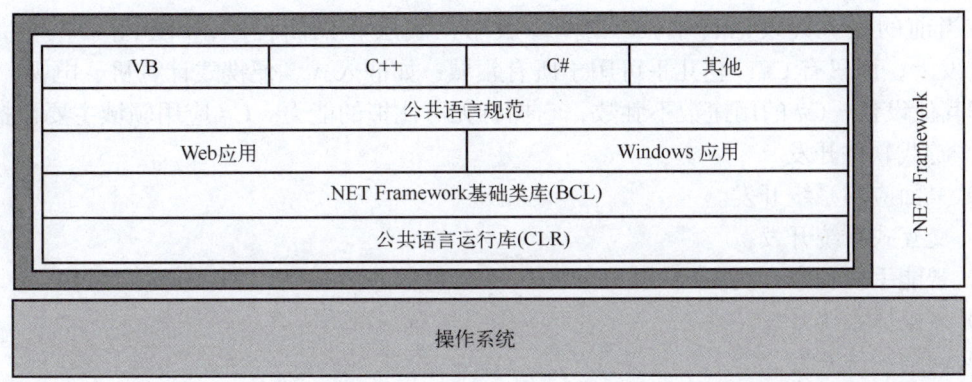

图 1-2 .NET Framework 体系结构

.NET Framework 基础类库（Base Class Library，BCL）：它是微软公司提供的一组标准库，为不同场合编程提供了相应的类，如输入输出、图形图像、网络和数据库操作等。当安装 .NET Framework 时，所有的基础类库被部署到全局程序缓存（Global Assemby Cache，GAC），所以不需要在工程中手动引用任何的基础类库，它们会被自动引用。

1.2.2 C# 语言

C# 读作 C-Sharp，是微软公司于 2000 年推出的、为新一代技术平台 .NET Framework 提供的优秀的编程开发语言之一。微软对 C# 的定义是："C# 是一种类型安全的、现代的、简单的，由 C 和 C++ 衍生出来的面向对象的编程语言，它牢牢根植于 C 和 C++ 语言之上，并可快速被 C 和 C++ 的使用者所熟悉。C# 的目的就是综合 Visual Basic 的高生产率和 C++ 的行动力。"

C# 专门用于开发 .NET 应用，从根本上保证了 C# 与 .NET Framework 的完美结合。

基于 .NET 的编程语言有很多，有 C++、C# 和 VB.NET。C# 的主要特点如下。

（1）语言简洁 指针是 C/C++ 重要的类型，可以直接访问地址，但增加了编程难度和程序安全风险。默认情况下，C# 不再提供对指针类型的支持（C# 程序不能直接访问地址空间），从而使 C# 程序更加健壮；C# 不再使用 C++ 中的一些操作符（如：：、->），它只支持一个操作符 "."，对于程序员来说，只需要记住名字的嵌套即可。

（2）面向对象 C# 吸收了 C/C++、Visual Basic、Dephi、Java 等语言的优点，继承了 C 语言的语法风格，是完全面向对象的编程语言，具有面向对象的一切特性（封装、继承和多态），同时去掉了 C++ 的面向对象的复杂性（例如没有宏和模板，不允许多重继承）。C# 面向对象的卓越设计，使它成为构建各类组件的理想之选。

（3）与 Web 紧密结合 新的应用程序需要与 Web 标准相统一，例如超文本标记语言（Hyper Text Markup Language，HTML）。原有的一些开发工具不能与 Web 紧密结合，简易对象的访问协议（Simple Object Access Protocol，SOAP）的使用使 C# 克服了这一缺陷。Web 服务框架的帮助使得网络编程就像是 C# 的本地对象，程序员只需要合理使用 C# 组件就能实现 Web 应用。例如，XML 已经成为网络中数据结构传递的标准，C# 直接将 XML 数据映射成结构，这样就可以有效处理各种数据。

1.2.3　C# 应用领域

在当前的主流开发语言中，C/C++ 一般用在底层和桌面程序；PHP 等一般只是用在 Web 开发上；而只有 C#，它几乎可用于所有领域，如嵌入式、便携式计算机、电视、电话、手机和其他设备。C# 的用途数不胜数，它拥有无可比拟的能力。C# 应用领域主要包括：

1）游戏软件开发。
2）桌面应用系统开发。
3）交互式系统开发。
4）智能手机程序开发。
5）多媒体系统开发。
6）网络系统开发。
7）RIA 应用程序（Silverlight）开发。
8）操作系统平台开发。
9）Web 应用开发。

C# 无处不在，它可应用于任何地方、任何领域。例如：视频播放软件 PPTV 桌面版、中国工商银行官方网站、58 同城官方网站、携程网官方网站等项目都是使用 C# 编写的。

1.3　开发环境的搭建

在使用 C# 语言开发应用程序前，首先需要在计算机系统中搭建开发环境，本书将使用 Visual Studio 2022 作为开发环境。Visual Studio 强大的编辑、编译、调试功能使 C# 程序开发变得更加简便。

Visual Studio 是微软公司的开发工具包系列产品，它是一个相对完整的开发工具集，包括了整个软件生命周期所需的大部分工具，如 UML 工具、代码管控工具、集成开发环境（Intergrated Development Environment，IDE）等。使用 Visual Studio 编写的程序适用于微软公司支持的所有平台，包括 Microsoft Windows、Windows Mobile、.Net Framework 等。Visual Studio 有很多版本，截止到本书出版时，2022 版依然是主流版本。

Visual Studio 安装方式有两种。一种是在线安装：从官网下载安装引擎程序，自动联网下载安装。这种方式能自动检查、更新本机 Windows 操作系统所缺少的相关插件，是最佳方式。另一种是本地安装：首先在官网下载全部 Visual Studio 程序包，然后安装，安装过程也会链接官网。在 Windows 操作系统上安装 Visual Studio 2022 的步骤如下：

（1）下载安装引擎　官网地址：https://visualstudio.microsoft.com/zh-hans/。

Visual Studio 有三个版本，分别为社区版（Community）、专业版（Professional）和企业版（Enterprise），如图 1-3 所示。其中社区版是免费版，可以胜任大多数编程要求。这里建议下载社区版，得到引导程序 VisualStudioSetup.exe，这个新的轻型安装程序包括安装和自定义 Visual Studio 所需的一切。

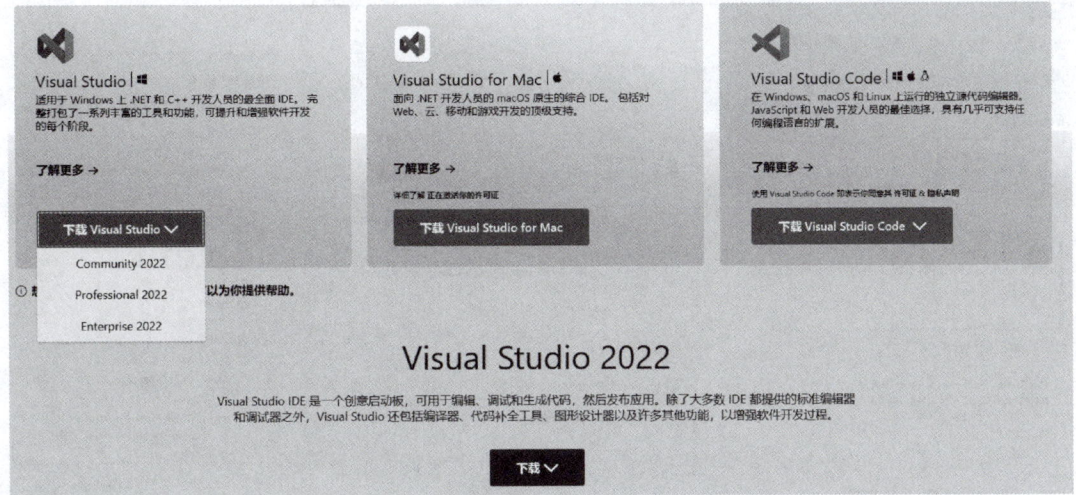

图 1-3　Visual Studio 官网下载界面

（2）运行引导程序　在下载的文件夹中，双击引导程序 VisualStudioSetup.exe 开始安装，如图 1-4 所示。

图 1-4　Visual Studio 安装指引 1

单击"继续"，进入如图 1-5 所示的界面。

图 1-5　Visual Studio 安装指引 2

完成后弹出页面如图 1-6 所示，对于 C# 编程应选择 .NET 桌面开发。

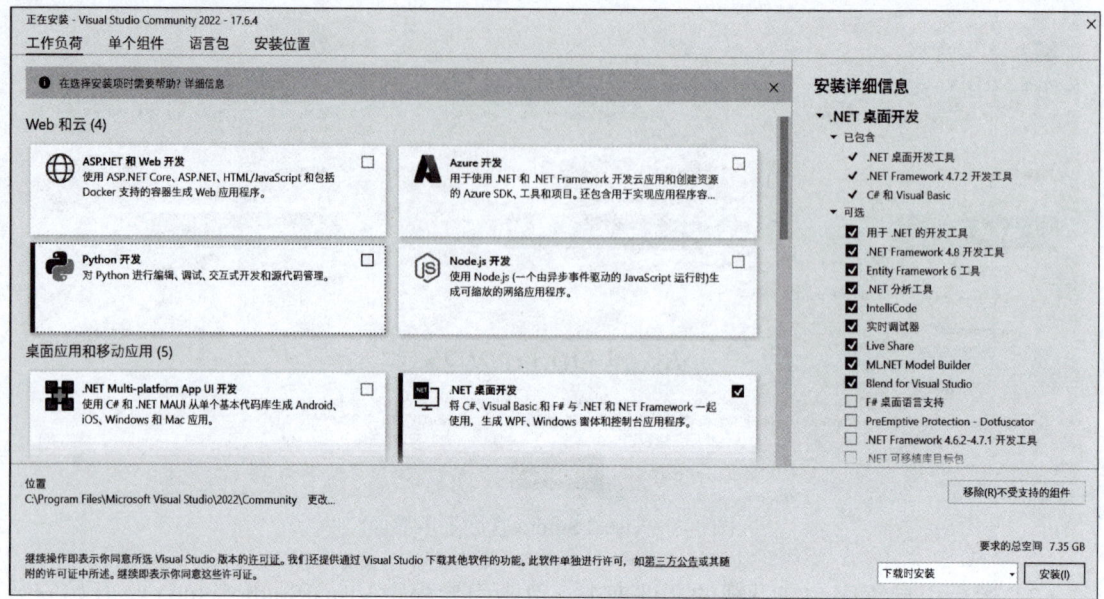

图 1-6　Visual Studio 安装指引 3

用户可以更改安装地址目录，这里选用默认地址目录。单击"安装"，弹出如图 1-7 所示的页面。

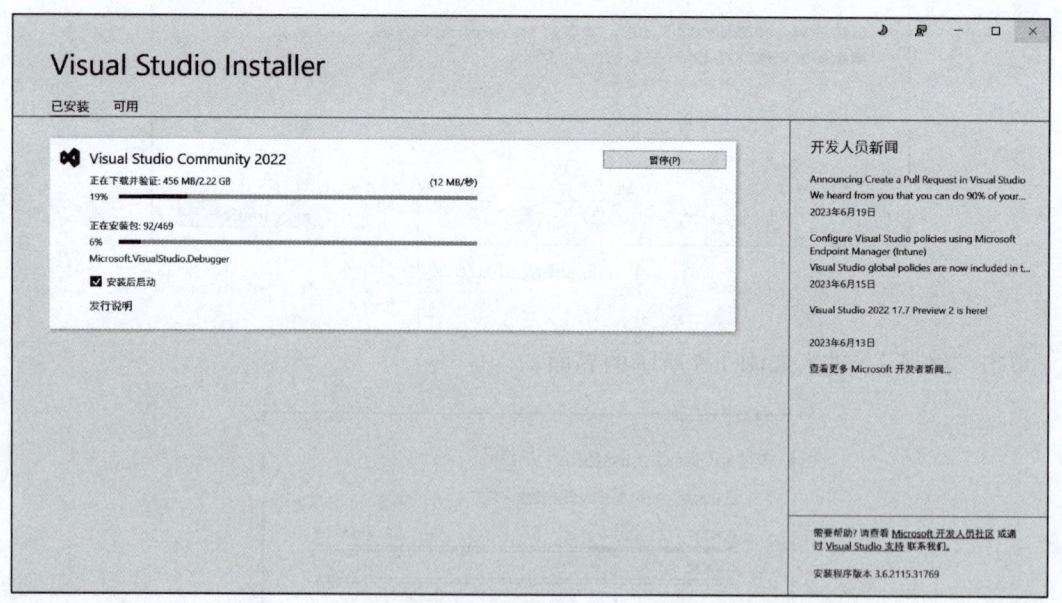

图 1-7　Visual Studio 安装指引 4

安装完成后弹出如图 1-8 所示的页面。

单击"启动"，输入个人电子邮件，接收登录代码，如图 1-9 所示。

单击"登录"，进入 Visual Studio 程序设计界面，至此安装完成。

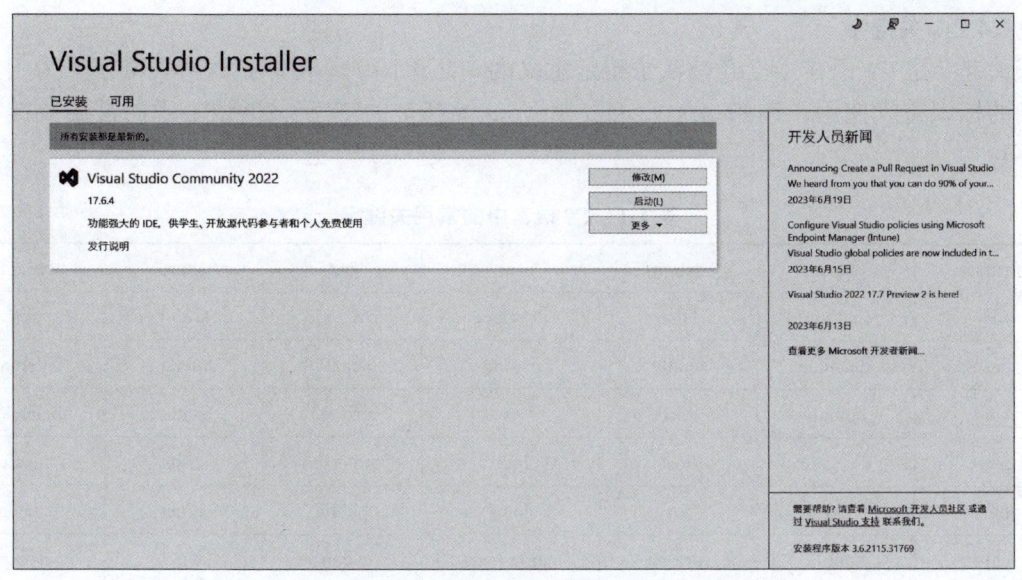

图 1-8　Visual Studio 安装指引 5

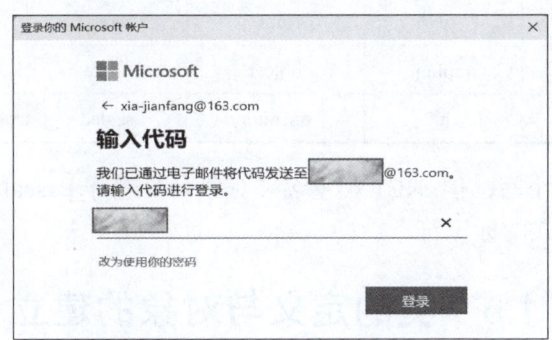

图 1-9　Visual Studio 安装指引 6

1.4　计算机语言中的标识符与关键字

1.4.1　标识符

客观世界中都会给事物赋予名称，且取名会受到风俗、行规或制度等约束。例如人的姓名、企业名称等，这些约束就构成了标识符命名规则，以实现规范取名。

计算机语言中规定：标识符只能由字母、数字、下划线等字符序列组成，且由字母或下划线开头；标识符不能与所用计算机语言（如 C#）系统中已使用的关键字同名。

为使标识符醒目、容易识别，一般采用 Pascal 命名规范，即标识符中每个单词的首字母大写，取名尽量做到见名知意，例如：StudentName、StudentAge。

合法标识符实例：Score，score，age，name，num，_num123，school_name，Float。

不合法的标识符实例：123num，$well，class，float。

在 C# 语言中，标识符中的字母是严格区分大小写的，如 good 和 Good 是两个不同的标识符。

1.4.2 关键字

关键字是 C# 语言中已经被赋予特定意义的一些单词，不可以把这些关键字作为用户自定义的标识符来使用，例如 class、static 和 void 等都是关键字。C# 语言中的常用关键字见表 1-1。

表 1-1　C# 语言中的常用关键字

abstract	const	extern	int	out	short	typeof
as	continue	false	interface	override	sizeof	uint
base	decimal	finally	params	stackalloc	ulong	internal
bool	default	fixed	is	private	static	unchecked
break	delegate	float	lock	protected	string	unsafe
byte	do	for	long	public	struct	unshort
case	double	foreach	namespace	readonly	switch	using
catch	else	goto	new	ref	this	vitural
char	enum	if	null	return	throw	void
checked	event	implicit	object	sbyte	true	volatile
class	explicit	in	operator	sealed	try	while

注意：关键字全部小写，但 .NET 类型名（对象名）遵守 Pascal 大小写约定；关键字不能用作变量名或其他形式的标识符。

1.5　类的定义与对象的建立

前面已经介绍了类的封装技术以及访问权限方面的知识。类的成员包括数据成员与方法成员。除此之外，类体一般还有一个属性成员，属性成员本质上就是一种特殊的方法成员。

C# 语言中，类的封装定义中包括三个部分：字段、属性、方法，其中字段表示类中定义的成员变量，利用访问修饰符定义外界对字段的访问权限。方法就是类的行为，用函数的形式表达。

访问修饰符：可以用来修饰类名、字段、属性和方法，用来描述外界对被修饰的内容可访问的级别权限。访问修饰符有 public、internal、protected、private、protected internal 等，具体使用方法将在第 3 章进行详细介绍。

当类被定义后，这个类就可以用来定义对象。类就是一个模子，对象就是模子生产的零件。属于同一个类定义的多个对象，其结构相同、功能相同，但数据不同。有关类的属性成员参见后续章节。

1.6　C# 的组织架构与项目创建

C# 的组织架构通常是按照解决方案（Solution）和项目（Project）来组织的。

下面是一个常见的 C# 组织架构。

（1）解决方案　解决方案是一个容器，用于组织和管理一个或多个相关项目。解决方案文件（.sln）包含了解决方案中所有项目的信息，以及解决方案级别的设置和配置信息。解决方案提供了一种组织多个项目的方式，使得程序员可以在一个集中的位置管理和调整项目之间的依赖关系、构建顺序等。

表 1-2 给出了 Visual Studio 采用的两种文件类型（.sln 和 .suo），其用来存储解决方案设置。

表 1-2　Visual Studio 采用的两种文件类型

扩展名	属性	描述
.sln	Visual Studio 解决方案	将项目、项目项和解决方案项组织到解决方案中
.suo	解决方案用户选项	存储用户级别设置和自定义项，如断点

特别说明： 解决方案由格式唯一的文本文件（扩展名为 .sln）描述，不应对其进行手动编辑。相反，.suo 文件是隐藏文件，在默认的文件资源管理器设置下不会显示。若要显示隐藏文件，请在文件资源管理器的"查看"菜单中选中"隐藏项"复选框。

"解决方案文件夹"是仅存在于"解决方案资源管理器"中的虚拟文件夹，程序员可以在其中使用它对解决方案中的项目进行分组。如果要在计算机上查找解决方案文件，请转到"工具"→"选项"→"项目和解决方案"→"位置"。

创建新项目后，可以使用解决方案资源管理器来查看和管理项目与解决方案及其关联项。

图 1-10 中显示的是一个包含两个项目的解决方案资源管理器。

"解决方案资源管理器"顶部的工具栏上带有按钮，可用于从解决方案视图切换到文件夹视图、筛选挂起的更改、显示所有文件、折叠所有节点、查看属性页、在代码编辑器中预览代码等。可以在"解决方案资源管理器"中的各种项目上右键单击，从上下文菜单中获取多个菜单命令。这些命令包括生成项目、管理 NuGet 包、添加引用、重命名文件和运行测试。

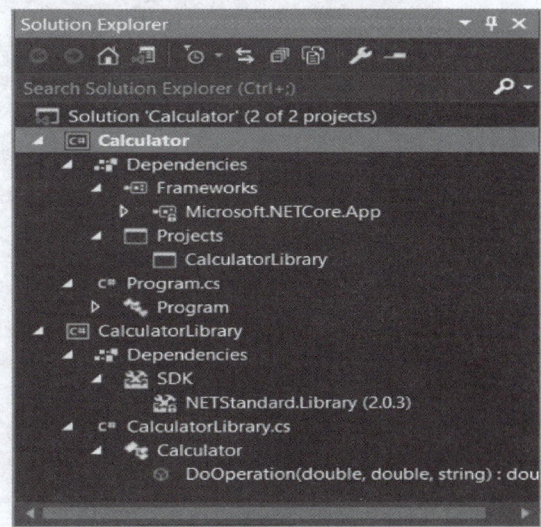

图 1-10　解决方案资源管理器

（2）项目　项目是一个实际的文件夹结构，包含代码文件、资源文件、配置文件等。每个项目都有自己的类型和用途，例如类库项目、控制台应用程序项目、Web 应用程序项目等。一个解决方案可以包含一个或多个项目，这些项目可以是不同类型的，根据需要组织和管理。

项目文件基于 MSBuild XML 架构。Visual Studio 使用 MSBuild 生成解决方案中的每个项目，每个项目都包含一个 MSBuild 项目文件。文件扩展名反映项目的类型［例如，C# 项目（.csproj）、Visual Basic 项目（.vbproj）或数据库项目（.dbproj）]。项目文件是一个 XML 文档，其中包含 MSBuild 生成项目所需的所有信息和说明。这些信息和说明包括内容、平台要求、版本控制信息、Web 服务器或数据库服务器设置以及要执行的任务。

C# 编译单元（Compilation Unit）是指一个完整的代码文件（通常是一个 .cs 文件），它是 C# 编译器处理的最小单位。每个编译单元可以包含多个类型的定义，例如类、结构、接口、枚举、委托等。在一个 C# 项目中，通常由多个源代码文件组成，每个文件都代表一个独立的编译单元。这些编译单元在编译时会被组合在一起，生成最终的可执行文件或者库文件。

1.7 创建新项目

创建新项目的最简单方法是为所需的项目类型使用项目模板（如控制台应用或类库）。项目模板包含一组基本的预生成代码文件、配置文件、资源和设置。

1.7.1 项目创建流程

使用"文件"→"新建"→"项目"，选择一个项目模板。弹出的对话框界面如图 1-11 所示。

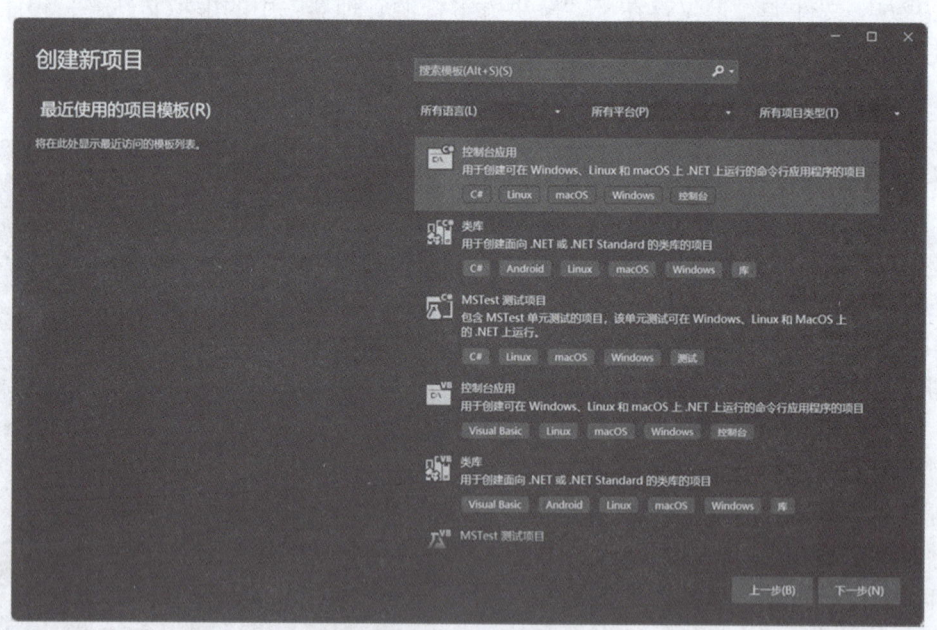

图 1-11　创建新项目

创建新项目时，Visual Studio 会将其保存到默认位置 "%USERPROFILE%\source\repos"。若要更改此位置，请转到"工具"→"选项"→"项目和解决方案"→"位置"。创建新项目时会同时连同自动创建一个解决方案，默认解决方案名与项目名称相同，并放在同一目录中。若创建 SchoolManagment 项目，则弹出页面如图 1-12 所示。

若不选择图 1-12 中的复选框，则可以更改解决方案名，且项目和解决方案放在不同的目录。一般采用默认方法，若要更名，可以在 IDE 界面解决方案树形结构中修改。

第 1 章 面向对象程序设计思维及 C# 概述

图 1-12　配置新项目

单击"下一步",弹出页面如图 1-13 所示。

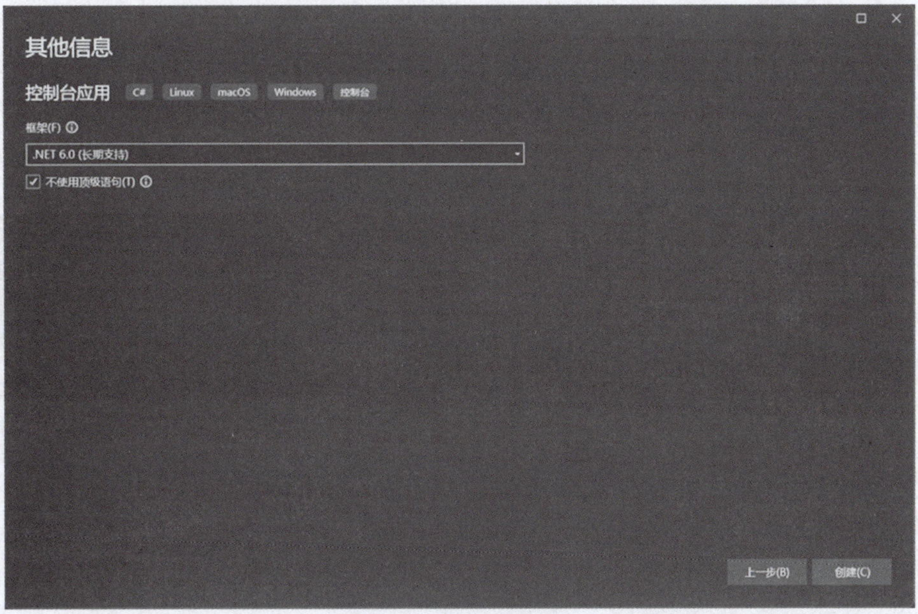

图 1-13　配置其他信息

勾选"不使用顶级语句",然后单击"创建",则完成传统样式代码的创建,否则完成新版样式代码的创建。弹出页面如图 1-14 所示。

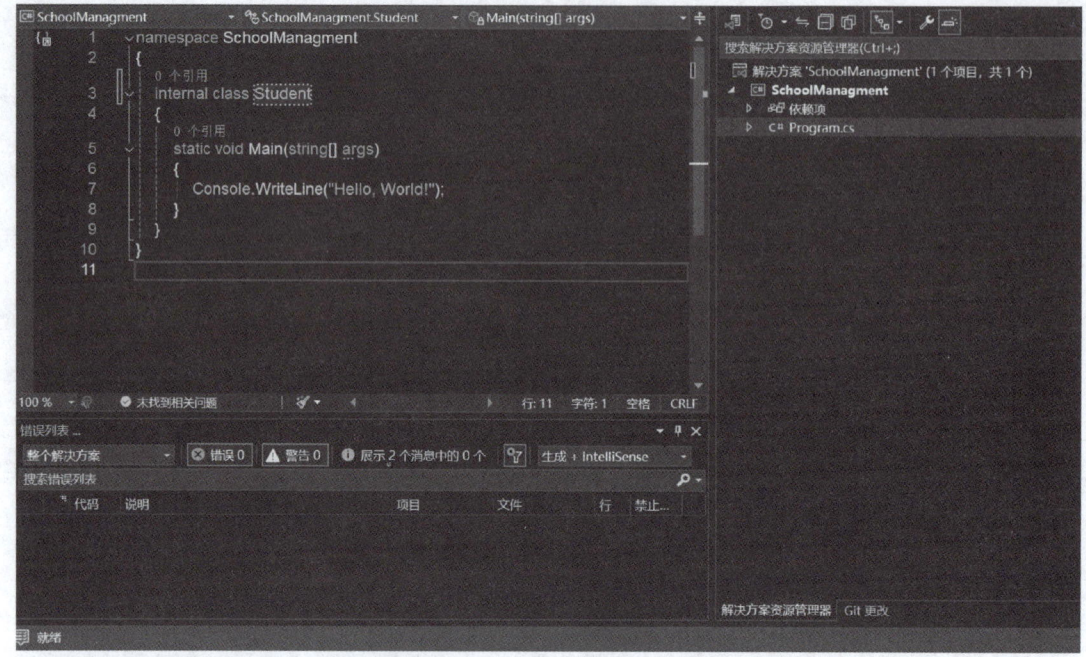

图 1-14　解决方案与项目创建后的页面

说明：从 .NET 6 开始，控制台应用的项目模板在 Program.cs 文件中生成的代码有差别，C# 9.0 开始支持 .NET6。在 C# 9.0 版本之后，引入了顶级语句（Top-level statement）的概念。顶级语句允许我们在 C# 程序中直接编写可执行的代码，而无须将其包装在类或方法中。这意味着我们可以在一个文件中编写一些简单的代码，而不必显式地定义类和方法。然而，如果不使用顶级语句，仍然需要按照传统的方式组织代码，即将代码放在类和方法中。这是 C# 编程的常规做法，特别是对于较大的项目来说，这种组织方式更加清晰和可维护。使用传统的方式，需要在一个类中定义一个入口点，通常是 Main 方法。这是程序的起始点，在这里可以编写需要的代码逻辑。

若要更改树形结构中的某些名称，只需右击对应名称，在弹出的菜单里选择"重命名"即可。解决方案与项目的树形结构如图 1-15 所示。图 1-15 中，已将项目名更改为 StudentConsoleApp，解决方案名仍然保持为 SchoolManagment，代码文件 Programme.cs 也可以改名。

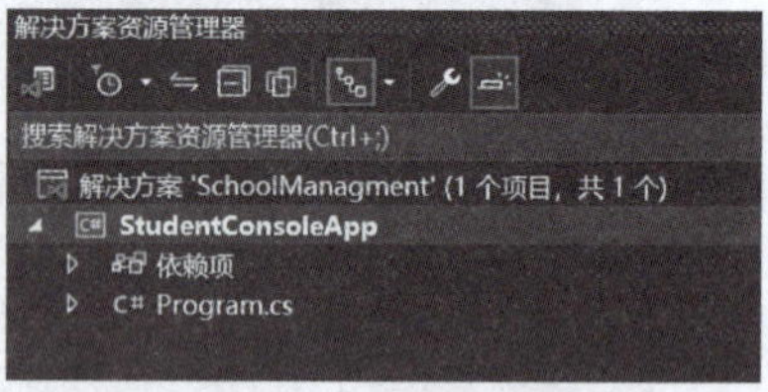

图 1-15　解决方案与项目的树形结构

1.7.2　传统样式代码

所谓传统样式就是显式生成 Main 方法。双击 Program.cs 文件，则进入该文件的编辑。代码如下：

```
namespace SchoolManagment{
    internal class Program    //该项目的类声明
    {
        static void Main(string[ ] args)
        {
```

```
            Console.WriteLine("Hello,World!"); //控制台输出
            Console.Read( ); //用户增加的语句
        }
    }
}
```

该程序隐藏了 using,但可以通过编辑器左上角的"全局 using"图标浏览本程序集自动插入的全局 using 语句,如图 1-16 所示。具体语句代码如下:

```
//<auto-generated/>
global using global::System;
global using global::System.Collections.Generic; //使用泛型集合类
global using global::System.IO;
global using global::System.Linq;
global using global::System.Net.Http;
global using global::System.Threading;
global using global::System.Threading.Tasks;
```

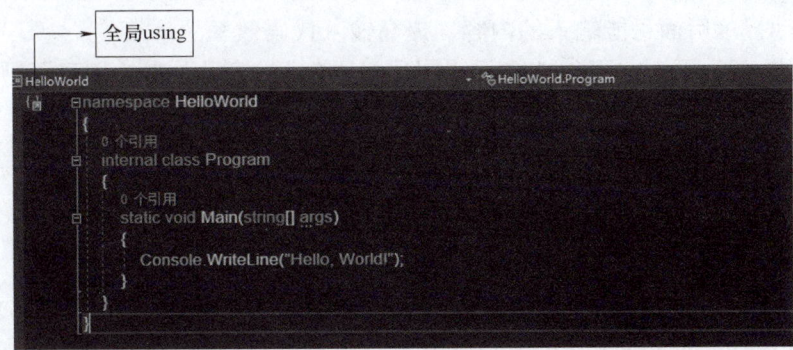

图 1-16　全局 using 语句

程序框架说明如下。

1）global using:通知编译器（Compiler）寻找对应命名空间（Namespace）中的类和方法,以便在本程序集中可以使用。其中:"Collections.Generic;"表示使用泛型集合类;"Linq;"表示使用语言集中查询（Language Integrated Query）,即数据源执行筛选、排序和分组等。

2）C# 中,所有的程序都必须包含在一个类当中,类中包含的程序将用来执行数据与方法的定义。这个类名不一定要和源程序文件名称一致,名称可以自行设置。类的开始与结束用花括号{ }表示。本程序 Program 类中并没有包含任何数据,不过它拥有一个 Main 方法,这个方法定义了该类的行为。

3）一个扩展名为 .cs 的 C# 源程序文件,可以包含多个不同的类。

4）static void Main（string[ ] args）定义了一个静态方法,Main 是程序执行的入口点。static 是指调用这个方法之前不需要建立一个对象的实例（Instance）。

5）C# 语言区分字母大小写,因此要注意 Main 方法首字母一定要大写,其余的字母为

小写。好在软件自动生成 Main 框架。只要记住：在修改 Main 方法时，不能改动 static 和 Main。除非有其他需要，否则不要去变动它。

6）在 C# 中，每个方法都要有一个返回值，而 Main 方法的返回值只能声明为 void 或 int。void 代表 Main 方法没有返回值，int 则代表这个程序将返回一个整数类型值。每个项目都要有一个 Main 方法，它是程序的进入点。Main 后面的圆括号（ ）是必须的，不能省略；若 Main 方法有参数，便可以将参数列在括号内。

7）Console.WriteLine（"Hello，World！"）语句的意思是调用控制台类（Console）中的方法 WriteLine，用来在屏幕显示字符串"Hello，World！"。该类来自命名空间 System。Console.Read（）的用处是等待按键。如果没有该语句，程序运行结果会一闪而过。所以该语句的作用是显示结果后，等待用户按键才结束。

8）程序中注释语句。为了使程序易读，通常要给程序关键性的位置添加注释，即对程序模块、语句或命令进行文字解释。运行程序时，注释不会作为命令的一部分而被执行。C# 语言中的注释有两种形式：①组合符号 /* 与 */ 成对使用，表示它们之间的内容为注释，为多行注释符；②符号 // 表示在该符号之后的内容为注释，为单行注释符。

9）Visual Studio 继承开发环境的代码编辑器，在显示不同类型的代码时，通过使用不同的颜色来区分，因此在编程过程中需要留意代码的颜色，且输入代码时有智能响应功能，即输入代码时自动提示后面可能输入的内容，提高输入代码效率。

若在图 1-13 所示页面，不勾选"不使用顶级语句"，然后单击"创建"，则完成新版代码的创建：

```
//See https://aka.ms/new-console-template for more information
Console.WriteLine("Hello,World!");
```

1.7.3 新版样式代码

通过传统样式代码可以发现，如果只想用 C# 在控制台上输出一行"Hello World！"，不能用"Console.WriteLine（"Hello World！"）；"一条语句就实现，还涉及其他必要基础代码（如定义类和入口函数 Main）。这对于初学者来说不仅麻烦，而且代码凌乱，增加了缩进层级。为了解决这些问题，就提出了顶级语句。

在 C# 9.0 中，将 Class 的定义和主函数 Main 的声明省略掉，只写出核心业务代码，就成了顶级语句。例如，对于输出"HelloWorld！"的这段代码，可以用顶级语句写为：

```
using System;
Console.WriteLine("Hello World!");
```

编译器将为应用程序生成类和 Main 方法入口点。

1.8 命名空间

客观世界中的对象都有其活动空间或作用空间，C# 程序是利用命名空间组织起来的。命名空间既用作程序的"内部"组织系统，也用作向"外部"公开的组织系统（即一种向其他程序公开自己拥有的程序元素的方法）。命名空间内用来声明类型，一个 .cs 文件内可以包含多个命名空间。

1.8.1 命名空间声明

C# 中，命名空间就好像仓库，命名空间名就是仓库名，using 指令就好比打开仓库的钥匙，可以通过钥匙打开指定的仓库，从而在仓库中获取所需的物品。

C# 程序通过命名空间来组织，框架如下：

```
//----------------------------------------------------------
using  引入的命名空间名；
namespace 空间标识符 {              // 在定义的命名空间内组织程序
类的定义与程序组织
}
//----------------------------------------------------------
```

在命名空间内定义的类，则该类作用域就在此空间内，而其他空间内可以定义同名标识符，这样就避免同名冲突。

对于命名空间的声明，注意事项如下：

1）一个源程序文件的首个命名空间的声明紧跟在源程序开始的 using 语句后面，即 using 语句后的第一行。外层的命名空间是全局命名空间，故不能与其他源程序文件声明的命名空间同名，否则冲突。

2）命名空间可以嵌套声明，即内层命名空间声明嵌套在外层命名空间声明之中。此时内层命名空间声明部分是外层命名空间的成员，属于局部命名空间，作用域仅限于所在层，而最外层的命名空间是全局命名空间。例如：

```
namespace MyNamespace
{
    //类型定义

    namespace SubNamespace
    {
        //嵌套命名空间
        //类型定义
    }
}
```

3）在 C# 中，命名空间不能直接用访问修饰符（如 public、private、protected 等），因为命名空间本身不是类或成员，无法直接控制访问级别。命名空间的访问级别取决于包含它的文件以及命名空间所在的程序集的访问级别。

但是，在特定情况下，可以使用 partial 关键字来修饰命名空间，以便将命名空间的定义分成多个部分，每个部分位于不同的文件中。例如：

```
//File1.cs
partial namespace MyNamespace
{
    //命名空间的内容
```

```
}
//File2.cs
partial namespace MyNamespace
{
    //命名空间的其他内容
}
```

在这种情况下,每个部分的访问级别由该部分所在的文件的访问级别决定。

1.8.2 命名空间的引入——using

C# 的 using 是用来引入已声明的命名空间的。using 可以在源程序开始命名空间声明之前使用,也可以在命名空间声明体中使用。

(1)使用 using 在命名空间外部导入其他命名空间,代码如下:

```
using System;//在命名空间外导入 System 命名空间
namespace MyNamespace
{
    public class MyClass
    {
        //在此处可以直接使用 System 命名空间中的类型,无须完全限定名
        //例如:
        DateTime now=DateTime.Now;
    }
}
```

(2)使用 using 在命名空间内部导入其他命名空间,代码如下:

```
namespace MyNamespace
{
    using System;//在命名空间内导入 System 命名空间

    public class MyClass
    {
        //在此处可以直接使用 System 命名空间中的类型,无须完全限定名
        //例如:
        DateTime now=DateTime.Now;
    }
}
```

可以看到,using 语句可以在命名空间的内部或外部使用,都会在当前代码文件中导入指定的命名空间,可以直接使用其类型。

但需要注意的是,如果在同一个命名空间中有相同名称的类型,或者在不同的命名空间中导入了具有相同名称的类型,就会产生命名冲突。此时,编译器无法确定使用哪个类型,因此需要使用完全限定名来明确指定使用的类型。因此,在使用 using 语句时,要确保导入的类型名称在当前作用域中是唯一的,以避免潜在的命名冲突。例如:

```
using System;
using  Ex2；//使用using指令引入命名空间Ex2
//--------------- 定义命名空间Ex1------------
namespace Ex1{
    class program{
        static void Main(string[ ] args)
        {
            Model model=new Model( ); //实例化Ex2中的类Model
            model.PrintInfo( ); //调用Model类的PrintInfo( )方法
        }
    }
}
//---------------- 定义命名空间Ex2---------
namespace Ex2{
    class Model
    {
        public void PrintInfo( )
        {
            Console.WriteLine(" 中南大学 "); //输出字符串
            Console.ReadLine( );
        }
    }
}
```

从上面的代码中可以发现，外层引入了System命名空间，所以在Ex1、Ex2命名空间中都可以使用System命名空间定义的类及方法，如Console类及Console类的方法；命名空间Ex1的声明与命名空间Ex2的声明级别虽然相同，但其内部定义的类和方法属于不同命名空间，所以在Ex1命名空间中要使用命名空间Ex2中定义的Model类，则需要引入Ex2命名空间。当然本例语句"using Ex2;"也可以写在Ex1命名空间定义体的开始。

 特别提示：

1）在使用Visual Sutdio 2022创建项目时，编译器会根据项目类型在.cs文件中自动添加一组using指令。对于控制台应用程序，以下指令隐式包含在应用程序中：

using System;
using System.IO;
using System.Collections.Generic;
using System.Linq;
using System.Net.Http;
using System.Threading;
using System.Threading.Tasks;

编程者可以手动添加using将其他所需的命名空间引进来。这种使用using引入的命名空间只对该单个文件有效。

2）可以使用全局using指令"global using"导入命名空间，通过这种形式引入的命名空间对整个应用程序有效。

1.9 控制台程序中的标准输入输出

使用 C# 可以编写三种类型的应用程序。第一种是标准的 Windows 应用程序，扩展名为 .exe，执行在窗口环境下，具有图形界面的可执行文件。第二种是程序库应用程序，扩展名为 .dll，主要用来共享程序代码。第三种就是 Console 应用程序，扩展名为 .exe，执行在 DOS 命令模式下。

在学习 Windows 环境可视化编程之前，控制台应用程序是很好的编程学习平台，因为仅需采用 Console 类的 Read 方法和 Write 方法来进行键盘输入和屏幕输出，其中 Console 类的常用方法见表 1-3。

表 1-3 Console 类的常用方法

方法	说明
public static int Read()	从标准输入流中读取下一个字符，并返回其 ASCII 码值作为整数
public static string ReadLine()	从标准输入流读取下一行字符，直到遇到换行符位置，并返回字符串
public static ConsoleKeyInfo ReadKey([bool intercept])	这个方法返回一个 ConsoleKeyInfo 结构，其中包含按下的按键信息。可选参数 intercept 指示是否在控制台窗口中显示按键。如果设置为 true，则按键不会显示在控制台窗口中；如果设置为 false，则按键会显示在控制台窗口中
public static void Write(string format, params object [] arg)	这个方法允许以指定的格式写入数据到标准输出流。format 参数是一个字符串，包含了要写入的数据以及格式化指令。arg 参数是一个可变参数，表示要写入的数据的对象列表
public static void WriteLine() public static void WriteLine(string format, params object [] arg) public static void WriteLine(object value)	这个方法可以用不同的参数形式来写入数据到标准输出流。第一行语句允许在不指定任何内容的情况下写入一个空行。第二行语句允许以指定的格式写入数据，并在写入后添加换行符。第三行语句允许直接写入一个对象的内容，并在写入后添加换行符

1.9.1 格式字符串

Write、WriteLine 语句中可以有一个以上参数。如果不止一个参数，参数间用逗号隔开。

（1）替代标记 格式字符串可以包含替代标记，以标出位置。每个替代标记用｛索引号｝表示，索引号从 0 开始。格式串中｛n｝的意思是把对应输出对象的值替换｛n｝，并插入输出文本中。另外，也可以在输出格式中为值指定宽度，调整文本在该宽度中的位置，正值表示右对齐，负值表示左对齐，为此可以使用格式｛索引号, 宽度｝。在 C# 中，可以使用任意数量的替代标记，且替代顺序可以随意。

例如：

```
Console.WriteLine("Three integrers are{1},{0},and{1}",3,6);
```

输出：

```
Three integers  6,3 and 6
```

替代标记的索引号不能超出提供的输出参数范围，如果超出参数数目，编译时不会报错，但运行时会抛出 Format Exception 异常，提示索引超出了参数列表的范围。

（2）字符串插值　C# 6.0 引入了一种允许以更加简单易懂的方式表述参数化字符串的语法，称为字符串插值。它是通过直接在替代标记内插入变量名实现的。实际上，替代标记告诉编译器这个变量名将被视为一个变量，而不是字符串字面量，前提是在字符串前面加上 $ 符号。例如：

```
int  var1=30;
int  var2=60;
Console.WriteLine($"Two sample integers are{var1}and{var2}");
```

上述代码输出：

```
Two sample integers are  30  and 60
```

在复杂的输出例子中，字符串插值的价值会更明显。

（3）格式化数字字符串　对于数值的输出，可以采用格式化数字字符串来提供更加具体的格式控制，如货币符号、位数等。格式化数字字符串的输出如图 1-17 所示。

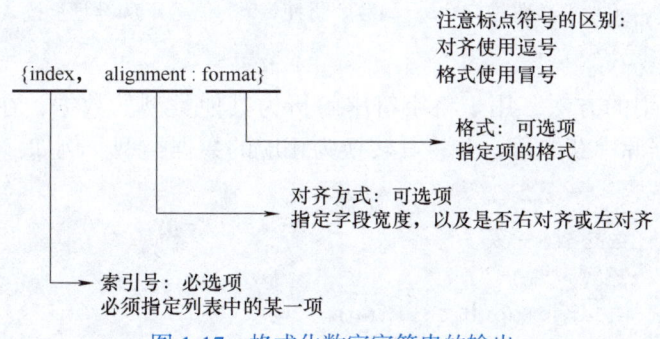

图 1-17　格式化数字字符串的输出

1）对齐方式：可选项。由一个正整数或负整数表示，数值表示字段宽度，符号为负表示左对齐，否则为右对齐。

2）格式：可选项。冒号与格式之间不能有空格。格式由 1 位预设的字母格式说明符后跟 1~2 位数字精度。其中精度说明符是可选项。常用的格式说明符有：

C、c：表示货币，精度表示小数位数。

D、d：十进制数字串，精度表示数字串位数，不足左补 0。

F、f：定点十进制数字串，精度表示小数点后位数。

X、x：十六进制数字串，十六进制数字 A~F 会匹配说明符的大小写形式。

E、e：具有尾数和指数的科学记数法串，字母 E 的大小写会匹配格式说明符。精度表示小数位数。

例如：

```
Console.WriteLine("{0:F4}",12.34567);    //输出:12.3457
Console.WriteLine("{0,10:F4}",12.3456789);    //输出:00012.3457
```

1.9.2 获取键盘输入

C# 从键盘上读取数据的三种方式。

方式一：

```
int i=Console.Read( );
```

注意：如果从键盘上输入 2，那么 i=50；因为 Read 函数读取的是 ASCII，返回的是 int 类型。所以要想得到与键盘上对应的数字，只需要使用"int i=Console.Read( )-48"即可。不过更有趣的是，它也可以从键盘上读取字母，例如输入 a，它就会返回 a 的 ASSCII 值 97。

方式二：

```
int i=Convert.ToInt32(Console.ReadLine( ));
double j=Convert.ToDouble(Console.ReadLine( ));
```

注意：ReadLine 函数返回的是 string 类型，使用 Convert 函数可以将它转换为数值类型。这样不仅可以得到数字，还可以得到字符和字符串。

方法三：

```
string sq=Console.ReadLine( );
int aq=int.Parse(sq);    //通过 Parse 函数解析使 sq 的值等于从键盘上读入的数据
        Console.WriteLine(aq);
```

Parse 是一个常用的方法，用于将字符串解析为其他类型的数据，在 C# 中经常用于从用户输入或其他数据源中获取值，并将其转换为相应的数据类型。例如：

```
string numberString="123";
int number=int.Parse(numberString);
string doubleString="3.14";
double pi=double.Parse(doubleString);
string dateString="2023-07-25";
DateTime date=DateTime.Parse(dateString);
```

习　题

一、判断题

1. 面向对象的程序设计中的类是从具有相同行为与属性的对象中抽象出来的。（　　）
2. 封装指的是对其数据成员与方法成员进行封装，同时指定成员的访问特性。（　　）
3. C# 程序设计语言是不完全面向对象的程序设计语言。（　　）

4. 类是用来定义对象的。某个类定义的多个对象具有共同的行为，相同的属性。（   ）
5. C# 语言中，声明标识符不能与系统关键字相同，且必须遵守 Pascal 约定。（   ）
6. 命名空间标识符可以采用 public、private 等来修饰。（   ）
7. using 语句可以在命名空间的内部或外部使用。（   ）
8. 命名空间隐式地使用 public 修饰符，命名空间声明时不允许使用任何修饰符。（   ）
9. Main 方法只能声明为静态方法，可以有返回值。（   ）
10. global using 引入的命名空间，其空间内的方法可以在程序集中使用。（   ）
11. C# 是以项目来组织程序的。（   ）
12. C# 控制台程序设计可以使用 Console 类中的方法进行输入输出。（   ）
13. 一个编译单元就是一个程序集。（   ）
14. 一个 C# 项目可以包含多个 .cs 源程序文件。（   ）

二、选择题

1. Console 类来自（   ）空间。

A. System   B. System.Linq
C. System.Threading   D. System.Text

2. 若有如下类声明，则其对外有（   ）个接口。

```
public class Student
{
    private  int id;
    private string name;
    private int age;
    public  Student(int Id,string Name,int Age)
    {
        this.id=Id;
        this.name=Name;
        this.age=Age;
    }
    public void PrintInfo( )
    {
        Console.WriteLine(id+ name+age);
    }
}
```

A. 1   B. 2   C. 3   D. 4

3. 若有如下类声明，则属于成员数据的是（   ）。

```
public class Student
{
    private  int id;
    private string name;
    private int age;
    public  Student(int Id,string Name,int Age)
```

```
        {
            this.id=Id;
            this.name=Name;
            this.age=Age;
        }
        public void PrintInfo()
        {
            Console.WriteLine(id+ name+age);
        }
}
```

A. id,name,age B. Student
C. PrintInfo D. id,name,age,Student

4. 关于 C# 语言的基本语法,下列说法正确的是(　　)。

A. C# 语言使用 using 关键字来引用 .NET 预定义的命名空间

B. 用 C# 编写的程序中,Main 函数是唯一允许的全局函数

C. C# 语言中使用的名称不区分大小写

D. C# 中一条语句必须写在一行内

5. 在 C# 中,表示一个字符串的变量应使用(　　)语句定义。

A. CString str; B. string str;
C. Dim str as string; D. char*str;

第 2 章　C# 的数据类型与表达式

教学设计
重点：数据类型；运算符。
难点：引用类型；运算符优先级。

计算机程序设计语言设置对象类型的目的是合理表达对象成员的数值特性（数据范围、数据精度、存取特性），达到节省内存开销、易于编程、提高程序运行速度的目的。

当应用程序运行时，程序代码、对象名称、对象数据均存储于内存中，且随着程序的不断运行，对象数据也在不断更替，对象名称会不断产生，也会不断消亡，数据也在不断产生与传送。对象的数据有其类型，称之为数据类型，标识对象的变量的数据类型简称为变量的数据类型。

2.1　计算机内存结构与管理

计算机内存就像一个仓库，这个仓库由成千上万个大小相等的房间构成，一个房间就是一个字节（byte），每个房间都有唯一的"房间号"，就是该字节的"地址"，地址一般以十六进制无符号整数表示。

64 位操作系统的内存地址转化为二进制后是一个 8 字节的无符号整数，32 位则是 4 字节（这也是 32 位操作系统的内存上限是 4GB 的原因）。

我们将这些房间分为五个区：栈区、堆区、静态区（全局区）、常量区、代码区，如图 2-1 所示。

栈区：由编译器在需要的时候分配、存储变量的数据，在不需要的时候自动清除的存储区。栈区里面的变量通常是局部变量、函数参数等。对于栈来讲，它的生长方向是向下的，即向着内存地址减小的方向增长。栈是机器系统提供的数据结构，计算机会在底层对栈提供支持：分配专门的寄存器存放栈的地址，压栈和出栈都有专门的指令执行，这就决定了栈的效率比较高。

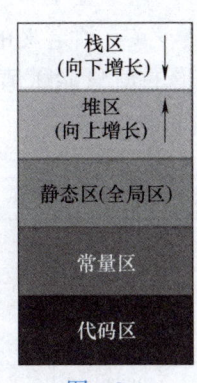

图 2-1

堆区：由 new 动态分配的内存块。对于 C#，动态内存的释放由编译器的垃圾回收机制去处理，程序员不用管。对于堆来讲，生长方向是向上的，也就是向着内存地址增加的方向增长。堆则是 .NET 类库提供的，它的机制是很复杂的，堆的效率比栈要低得多。

静态区：全局变量和静态变量被分配到同一块内存中。特别说明：全局变量和静态类、静态成员，都在静态区，但是它们的地址仍放在栈区，为什么会保存住呢？因为在 .NET 程序编译时这些静态和全局都是最先编译的，所以最先压栈，那么也就只能等程序结束时才会出栈，因此全程可用。缺点是启动慢、编译时间长。

常量区：一块比较特殊的存储区，存放的是常量，如字符串，一般不允许修改。

代码区:存放程序代码的地方。

公共语言运行库(Common Language Runtime)和 Java 虚拟机一样也是一个运行环境,它负责资源管理(内存分配和垃圾收集等)。

数据的类型表征数据在内存中的存储方式、存储空间大小、取值范围,同时也确定了数据的读取操作、运算操作等规则。计算机只能进行数字运算,对表达式的计算就是通过运算符对各操作对象值的运算。所以,计算机语言中,一切数据最终都需要转化为数字(整型或实型)。C# 语言中的数据可以分为字面常量和符号常量,符号常量原则上需要隐式自动转换为字面常量。符号常量就是通过修饰符 const 或 readonly 声明的量。数据存储位置与其声明方式有关,可以存放在栈区、堆区、静态区或常量区。

C# 的数据类型都以与平台无关的方式来定义。C# 的预定义类型并没有内置于语言中,而是内置于 .NET Framework 中。.NET 使用通用类型系统(CTS)定义了可以在中间语言(IL)中使用的预定义数据类型,所有面向 .NET 的语言都最终被编译为 IL(IL 是 .NET 框架中间语言 Intermediate Language 的缩写),即编译为基于 CTS 类型的代码。

2.2 常　　量

常量是程序运行过程中其值不改变的量。C# 常量包括字面常量和符号常量。字面常量指的是从字面表示上就可以看出的常量,如具体的数,而符号常量是通过符号表示的常量。

2.2.1 字面常量

C# 程序中字面常量包括整型、实型、字符型、字符串型、布尔型、地址型等。

1. 整型常量

C# 预定义的 8 个整数类型,其类型名、CTS 类型、数值范围和格式见表 2-1。整型变量的值只能赋值对应一致类型的数据,定义整型变量类型的关键字连同整型数据一并列举如下。

表 2-1　C# 语言中的整数类型

	整数类型	CTS 类型	数值范围	格式
有符号 singal	sbyte	System.SByte	$-128\sim127$($-2^7\sim2^7-1$)	带符号 8 位整数
	short	System.Int16	$-32768\sim32767$($-2^{15}\sim2^{15}-1$)	带符号 16 位整数
	int	System.Int32	$-2147483648\sim2147483647$	带符号 32 位整数
	long	System.Int64	$-2^{63}\sim2^{63}-1$	带符号 64 位整数
无符号 unsingal	byte	System.Byte	$0\sim255$($0\sim2^8-1$)	无符号 8 位整数
	ushort	System.Uint16	$0\sim65535$($0\sim2^{16}-1$)	无符号 16 位整数
	uint	System.Uint32	$0\sim4294967295$($0\sim2^{32}-1$)	无符号 32 位整数
	ulong	System.Uint64	$0\sim2^{64}-1$	无符号 64 位整数

整型常量是整数类型的数据,有二进制、八进制、十进制和十六进制这四种表示形式。具体如下。

1）二进制：由数字 0 和 1 组成的数字序列，例如 01000000、10000001。

2）八进制：以数字 0 开头，且其后是由 0~7 的整数组成的数字序列，例如 0347。

3）十进制：由数字 0~9 组成的整数数字序列，例如 1987。注意，十进制数的第 1 位不能是 0（0 本身除外）。

4）十六进制：以 0x 或者 0X 开头，并且后跟 0~9、A~F 组成的数字序列，例如 0x25AF。

整数默认为十进制 int 型，若整数大小超出 int 范围，则必须在整数后面加上 L（或 l）以表明为长整型数。

2. 实型常量

实型常量就是数学中的小数，也叫浮点型常量。根据实数的精度、范围等要求，C# 为实数定义了浮点类型（float、double）和 decimal 类型。C# 语言中的实数类型见表 2-2。

表 2-2 C# 语言中的实数类型

实数类型	CTS 类型	数值范围	小数位	格式
float	System.Single	$\pm 1.5 \times 10^{-45} \sim \pm 3.4 \times 10^{38}$	7	32 位单精度浮点数
double	System.Double	$\pm 5.0 \times 10^{-324} \sim \pm 1.7 \times 10^{308}$	15/16	64 位双精度浮点数
decimal	System.Decimal	$\pm 1.0 \times 10^{-28} \sim \pm 7.9 \times 10^{28}$	28	128 位高精度实数

对于实型常量，单精度数后面用 F 或 f 结尾，而双精度浮点数以 D 或 d 结尾，以标识对应的精度。如果希望一个小数被当成 decimal 类型使用，需要使用后缀 m 或 M。

特别说明：decimal 类型用 128 位来表示，其精度可以达到 28 位，由于 decimal 的高精度性，更适合于财务和货币计算。

浮点型常量还可以用指数形式来表示，例如，2e3f，3.6D，3.02e+23f。

3. 字符常量

字符常量用来表示单个字符。字符值用一对单引号来表示，如 'A'、'1' 等。字符变量用 char 关键字来声明。C# 语言中的字符类型见表 2-3。

表 2-3 C# 语言中的字符类型

字符类型	CTS 类型	说明
char	System.Char	表示一个 16 位 Unicode 的字符

char 表示的是一个 16 位的 Unicode，即占 2 个字节，不再是 8 位的 ACSII。虽然 8 位 ASCII 可以表示 256 个字符，但对于数字庞大的汉字及其他语言字符，ASCII 远远不够，因此，对 ASCII 进行扩展演变为 16 位 Unicode。可以说，ASCII 是 Unicode 的一个子集，Unicode 的前 256 个字符与 ASCII 字符相同。

有一类特殊字符，用反斜杠"\"引导，称为转义字符，用于表示一些无法直接表示的字符，见表 2-4。除此之外，Unicode 转义序列可用 \u 后跟 4 位十六进制字符（必须指定全部 4 位十六进制值）表示，或 \x 后跟不多于 4 位十六进制字符表示（可以省略前导零）。例如：'\u006A' 是一个有效的转义序列，而 '\u06A' 和 '\u6A' 是无效的，'\x006A'、'\x06A' 和

'\x6A' 转义序列是有效的，并且对应于同一个字符。'\u0000' 表示一个空白字符，即在单引号之间只有一个表示空白的空格。

表 2-4　C# 语言中的常用转义字符

转义字符	字符名	Unicode 编码	转义字符	字符名	Unicode 编码
\'	单引号	0x0027	\f	换页	0x000C
\"	双引号	0x0022	\n	换行	0x000A
\\	反斜杠	0x005c	\r	回车	0x000D
\0	空字符	0x0000	\t	水平制表符	0x0009
\a	感叹号	0x0007	\v	垂直制表符	0x000B
\b	退格	0x008			

由于字符常量本质上是 ASCII 值，因此可以与整型数据、实型数据进行运算。

4. 布尔常量

布尔常量用于表示逻辑结果真与假，占一个字节。C# 语言预定义了两个常量标识符 true 和 false，分别表示真和假。C# 语言中的布尔型变量用 bool 关键字来声明，布尔类型见表 2-5。

表 2-5　C# 语言中的布尔类型

布尔类型	CTS 类型	数值范围
bool	System.Boolean	true 或 false

特别提示：在 C# 语言中，布尔类型与整数类型截然不同，布尔类型不能与整数类型相互转换，因此，布尔型变量不能用整数来赋值。例如：
Bool flag;
flag=false; // 正确
flag=0; // 错误

5. 字符串常量

字符串常量用于表示一串连续的字符，一个字符串常量要用一对双引号""引起来。字符串变量用 string 关键字来声明。字符串具体实例："abcd123" "12345" "welcome to China\n" " "。

一个字符串可以包含一个字符或多个字符，也可以不包含任何字符，即长度为 0。

特别提示：由于 C++ 中没有字符串这个类型，所以字符串都以 \0 作为结束标志。而在 C# 中有 string 类，是字符串类型，因此字符串不用指定结束符标志。

6. null 常量

null 常量只有一个值 null，表示一个空引用或空对象。例如：

object obj=null;

2.2.2 符号常量

用 const 声明的符号常量属于用户自定义的本地常量，必须声明在块的内部且必须初始化。C# 中的本地常量一旦被初始化就不能改变。在程序中，它们在编译时就会被解析为赋予的值。声明格式如下：

［修饰符］　const　数据类型　常量名＝值；

修饰符可以是：new、public、protected、internal 和 private。

例如：

```
public  const double PI=3.14159;
private  const float Price=100.;
public   const string AutuorName="Macro";
```

在 C# 中，用 const 声明的符号常量的缺省修饰符是 private。这意味着如果没有显式地指定访问修饰符，常量将默认为私有，并且只能在声明它的类内部访问。使用符号常量的好处是：第一，直观，例如 PI 一看就是圆周率；第二，一改全改，例如一旦市场价格 Price 的值发生变化，只需要在程序的常量声明处进行修改即可，其他所有使用该常量的地方不必修改。

2.2.3 进制转换操作

任何数据在计算机内部都是以二进制保存的。由于二进制数在 C# 中无法直接表示，所以所有二进制数都用一个字符串来表示。例如：二进制 1010 表示为字符串 "1010"。对于进制转换，我们只关心字符串中的结果。Convert.ToString（数，进制）方法可以将数字转换成字符串，也可将某进制的数字串转换成指定进制的数字串，而 Convert.ToInt32（数字串，进制）方法可以将数字串转换成十进制数。特别说明：若需要将某进制数字串转换成另一进制数字串，则可分两步进行，首先用 Convert.ToInt32（）方法将其转换成十进制数，然后用 Convert.ToString（）方法将其转换成指定进制的数字串；还有一种方法就是直接在输出显示时给予进制格式说明。十六进制的格式说明符是 "x" 或者 "X"，使用这两种格式说明符的区别主要在于："x" 代表使用小写字母 a~f 表示，而 "X" 表示使用大字字母 A~F 表示。

（1）数转换成指定进制的数字串

```
int d=10;
//十进制数转二进制字符串
Console.WriteLine(Convert.ToString(d,2));　//输出:1010
//十进制数转八进制字符串
Console.WriteLine(Convert.ToString(d,8));　//输出:12
//十进制数转十六进制字符串
Console.WriteLine(Convert.ToString(d,16));　//输出:a
//十六进制数转二进制字符串
Console.WriteLine(Convert.ToString(0xa,2));　//输出:1010
//十六进制转十进制数
Console.WriteLine(Convert.ToString(0xa,10));　//输出:10
```

（2）给定进制数字串转换成对应进制数

```
//二进制数字串转十进制数
string bin="1010";
Console.WriteLine(Convert.ToInt32(bin,2)); //输出:10
//八进制数字串转十六进制数
Console.WriteLine(string.Format("{0:x}",Convert.ToInt32("1237",8))); //输出:29f
Console.WriteLine(Convert.ToString(0xa,10)); //输出:10
```

2.3 变　　量

变量指的是在程序的运行过程中，其值可以改变的量。变量包括类的成员变量（字段变量、属性变量）以及类方法中声明的局部变量。为描述方便，这里统一称为变量。变量有变量名称、数据类型、值等要素。变量用数据类型来声明。

2.3.1 变量的声明语法

从广义的角度看，C#程序中的变量包括对象及其成员变量、方法中的局部变量等。数据类型可以是预定义类型，也可以是自定义类型。预定义类型在学习字面常量时已经介绍过。自定义类型有数组、结构体、枚举、类、接口、委托等。变量的声明可以分为以下几种情况。

（1）类方法中的变量的声明

［const］　数据类型　变量名列表；

（2）类的字段变量的声明

［访问修饰符］［限定修饰符］　数据类型　字段名列表；

访问修饰符包括 public、internal、private、protected 等。

限定修饰符包括 static、readonly 等。

说明：

1）字段名、变量名都是标识符，这里统一称为变量名。

2）变量声明语句只能位于类的定义中，即字段成员变量、局部变量（包括方法参数变量、方法体中局部变量等）。一旦变量的类型被指定，就只能对变量执行该变量类型支持的操作。

3）变量名列表中的变量与变量之间用逗号分隔开。

4）变量在定义时可以初始化，也可以不进行初始化。初始化语法与变量类型有关。

本章主要介绍方法中的局部变量，其他变量将在相应章节中进行介绍。

2.3.2 变量的数据类型及变量的声明与初始化

C#是强数据类型语言。根据变量将来要赋予的值是简单还是复杂，变量数据类型可以是 C# 预定义类型和即将介绍的自定义类型。变量的初始化指的是在声明变量的同时还为变量提供初值，以后可以通过赋值语句对变量赋予其他值。初始化有两种方式：一是使用"= 初始化数据"或"= { 初始化数据列表 }"，二是通过"new 运算符附加构造函数调用"。

1. 预定义类型变量的声明与初始化

预定义类型有整型（8种）、实型（3种）、布尔型、字符型、字符串型。整型、实型、布尔型、字符型的变量在内存有固定的字节长度，用于存放对应类型的值。这些类型的关键字前面已经介绍过，如 short、int、long、float、double、char、string 等。示例如下：

```
using System;
class Program
{
    static void Main( )
    {
        ComprehensiveExample( );
    }
    static void ComprehensiveExample( )
    {
        //使用初始化器声明和初始化基本数据类型的局部变量
        int intValue=10;
        const int constantIntValue=20;
        float floatValue=5.5f;
        const float constantFloatValue=3.14f;
        char charValue='C';
        const char constantCharValue='D';
        string stringValue="Initial String";
        const string constantStringValue="Constant String";
        bool boolValue=true;
        const bool constantBoolValue=false;
        //使用初始化列表声明和初始化数组
        int[ ] intArray={1,2,3,4,5};
        float[ ] floatArray={1.1f,2.2f,3.3f};
        char[ ] charArray={'A','B','C'};
        string[ ] stringArray={"One","Two","Three"};
        //打印所有变量(以下省略)
    }
}
```

2．自定义类型变量的声明与初始化

自定义类型有数组类型、结构体类型、枚举类型、类类型、接口类型、委托类型等。这里只简要介绍数组、结构体、枚举、类等自定义类型，以备后续学习所需。

（1）数组类型　数组是有序的、同一类型数据的集合。数组由多个同类型的元素组成。数组元素可以通过索引号进行访问。C#语言中，索引号是从 0 开始的。数组可以是一维的、二维的或多维的。数组中的元素按索引顺序在内存中连续存放，每个元素所占空间大小相同。数组数据类型即元素值的类型。数组属于引用类型。

声明数组主要是声明数组元素的类型、数组名称和数组的维数。

格式：

数据类型[ ]　数组名；　//一维数组声明
数据类型[,]　数组名；//二维数组的声明

例如：

```
int[ ]  a;
float[,] b;
```

说明：

1）数据类型可以是 C# 语言中任意的数据类型，数组名为一个合法的标识符；[ ] 指明该标识符是一个数组类型变量。

2）C# 语言中，数组的声明并不为数组元素分配内存，因此，[ ] 中不能给定数组中元素的个数，即数组的大小。由于定义语句仅仅是基本信息定义，此时还不能访问数组元素，必须待分配内存后方可访问元素。

3）数组的内存分配。

在定义完数组后，必须通过运算符 new 为它分配内存，才能对数组元素进行访问。

格式：

```
数组名 =new 数组类型［数组大小］；  //一维数组
数组名 =new 数组类型［第一维大小,第二维大小］；  //二维数组
```

例如：

```
a=new int[5]；  //数组 a 有 5 个元素,分别是 a[0]、a[1]、a[2]、a[3]、a[4]
b=new float[3,4]； /* 数组 b 有 3 行 4 列,对于元素分别为 a[0][0]、a[0][1]、a[0][2]、a[0][3]、a[1][0]、…、a[2][0]、a[2][1]、a[2][2]、a[2][3]共 12 个元素 */
```

通常，将数组定义与内存分配合在一起，简化编程代码。例如：

```
int[ ] a=new int[10]；
float[,] b=new float[3,4]；
```

4）数组元素的访问。

数组初始化成功后，可以通过索引的方式来访问其中的元素。索引只可以是整数或整型变量，索引不能越界。例如 myArray[0]、numArray[2,3]、myArray[i]、numArray[i,j] 等。若将循环变量当作索引，则通过循环可以遍历这个数组元素。

说明：

1）C# 并不将数组当作一种类型，它只是一种数据结构。

2）可以在声明数组并分配内存时，对全部元素进行初始化。若对全部元素显式初始化，则数组实例化时，不需要指定数组中元素的个数，因为初始化列表中包含的元素就确定了数组中元素的个数。例如：

```
int[ ]myArray=new int[ ]{1,3,5,8,10};
string[ ]weekDays=new string[ ]{"Sun","Mon","Tue","Wed","Thu","Fri","Sat"};
int[,]numArray=new int[,]{{1,2},{3,4},{6,7}};
```

上述代码是一种标准化的初始化方式，也可以对其简化。以二维数组为例，简化后的代码如下：

```
int[,]numArray={{1,2},{3,4},{6,7}};
```

（2）结构体类型　在 C# 中，结构体（Struct）是一种用户自定义的值类型数据结构。结构体可以用于存储一组相关的数据。结构体是值类型。

在 C# 中，结构体（Struct）的定义语法如下：

```
//----------------------------------------
struct StructName
{
    // 可以在这里声明结构体的字段(成员变量)
    // 可以在这里声明结构体的属性(getters 和 setters)
    // 可以在这里声明结构体的方法
    // 可以包含构造函数
}
//----------------------------------------
```

说明：结构体定义的基本语法由以下部分组成。

1）struct：这是 C# 中声明结构体的关键字。

2）StructName：这是为结构体选择的标识符名称。

3）成员变量、属性和方法：在结构体的大括号 { } 内，可以定义结构体的成员变量、属性和方法等。

4）构造函数：结构体可以包含构造函数，用于初始化结构体的实例。

以下是一个简单的结构体类型的例子。

```
struct Point
{
    public int X;
    public int Y;

    // 结构体可以包含构造函数
    public Point(int x,int y)
    {
        X=x;
        Y=y;
    }

    // 结构体也可以包含方法
    public void Move(int offsetX,int offsetY)
    {
        X += offsetX;
        Y += offsetY;
    }
}
```

在上述例子中，定义了一个名为 Point 的结构体，它有两个整数字段 X 和 Y，以及一个移动点的方法 Move。

创建结构体的实例时，可以使用 new 关键字来调用结构体的默认构造函数，或者使用带参数的构造函数进行初始化。例如：

```
Point p1=new Point( ); //使用默认构造函数,X 和 Y 将初始化为 0
Point p2=new Point(10,20); //使用带参数的构造函数
```

结构体实例的访问和修改与类的实例类似，可以通过点运算符"."来访问结构体的成员，如：p1.X、p1.Move(1, 3)。有关结构体类型的使用详见后续章节。

（3）枚举类型　枚举类型（Enumerated）是一种独特的值类型，它用于声明一组命名的符号常量。

枚举类型的声明格式：

```
enum  枚举变量名{成员1[=值1],成员2[=值2], …};
```

例如：

```
enum Week{Sunday,Monday,Tuesday,Wednesday,Thursday,Friday,Saturday};
week Today
```

定义了枚举类型之后，给枚举变量 Today 赋值时，就只能赋予7个符号常量中的某一个，否则出错。

说明：

1）枚举元素的默认基础类型为 int，在默认的情况下，第一个枚举数的值为0，第2个枚举数的值为1，以此类推。也可以在枚举定义中给定枚举元素的枚举数值。例如：

```
enum WeekDays{Sunday=1,Monday,Tuesday,Wednesday,Thursday=5,Friday,Saturday};
```

在此枚举类型定义中，Monday 的枚举数为2，Saturday 的枚举数为7。

2）从枚举类型到整型的转换需要显式转换来完成。例如：

```
int  x=(int)WeekDays.Monday;
```

3）在有限组数的描述中，使用枚举类型比使用无符号的整数更加直观、易读。
示例如下：

```
namespace
{
    internal class Program
    {
        enum TMonth {Jan,Feb,Mar,Apr,May,Jun,Jul,Aug,Sep,Oct,Nov,Dec};
        struct TDate
        {
            public int Year,Day;
            public TMonth Month;
        }
```

```
static void Main(string[ ] args)
{
    TDate BirthDay,Today;
    BirthDay.Year=1997; BirthDay.Month=TMonth.Sep;
    BirthDay.Day=23;
    Console.WriteLine("BirthDay={0}-{1}-{2}",BirthDay.Year,BirthDay.Month,BirthDay.Day);
    Today=BirthDay; Today.Year=2023;
    Console.WriteLine("Today={0}-{1}-{2}",Today.Year,Today.Month,Today.Day);
    Console.ReadLine( );
}
}
}
```

（4）类类型　声明类后，则可以使用该类创建对象。类属于引用类型，因此，创建的对象本身在栈中，对象的数据在堆中，类的变量（对象）存储着引用数据的首地址。例如，声明一个 point 类，成员包含 x、y 两个坐标，创建声明及对象的程序代码如下，其内存结构如图 2-2 所示。

```
class point
{
    private double x;
    private double y;
    public point(double xx,double yy){
        x=xx;
        y=yy;
    }
    public void Display( ){
        Console.WriteLine("x={0},y={1}",x,y);
    }
    public static void Main(string[ ] args)
    {
        point p1=new point(10.0,20.0);
        p1.Display( );
        Console.ReadKey(true);
    }
}
```

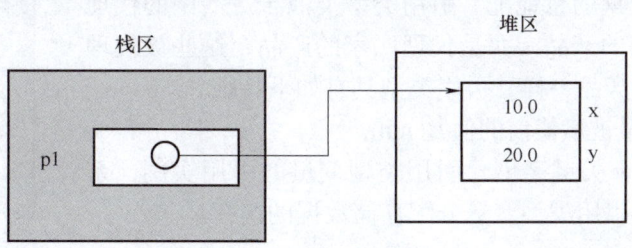

图 2-2　point 类实例的内存结构

2.4 值类型变量与引用类型变量

C# 中，从变量值的性质又可以将变量的类型分为值类型和引用类型。如果变量本身的存储单元存放的是数据，则这种变量也被称为值类型变量；如果变量本身的存储单元存放的是数据的引用地址，则这种变量也被称为引用变量。之所以要这样区分，是因为值类型和引用类型在方法参数传递时会产生不同的效果，与 C++ 中的传值（单向传递）、传地址（双向传递）类似，也就是形参的改变是否会影响实参。

（1）值类型变量　值类型又称为实值类型，特点是：数据位于栈中，值类型变量的变量名就是套间名称，直接拥有自己的数据。值类型的结构如图 2-3 所示。

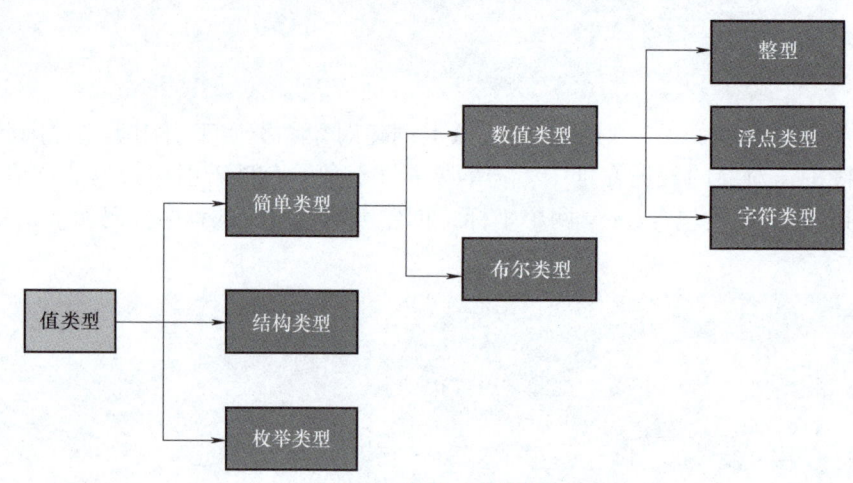

图 2-3　值类型的结构

值类型变量及值存储在栈中，访问速度快。值类型是从 System.ValueType 类继承而来。C# 预定义了 13 个简单类型的值类型，分别是 8 个整型、2 个浮点类型和 1 个 decimal 类型、1 个布尔类型和 1 个字符类型。例如：

```
int  a=10;
double x=20.0;
char ch='A';
```

以上 3 个局部变量在栈中的存储如图 2-4 所示。

（2）引用类型　引用类型是 C# 应用程序中的主要对象数据类型。引用类型变量的数据存储在堆中，而变量本身位于栈中，变量名下存储引用数据的首地址。引用类型类似于生活中的代理商，代理商没有自己的产品，而是代理厂家的产品，这些被代理的产品就好像自己的产品一样。引用类型具有如下特征。

1）引用类型变量被赋值前的值是 null。

2）必须使用 new 关键字创建引用类型变量的引用实例，系统自动在托管堆中为引用类型变量分配存储数据的内存。

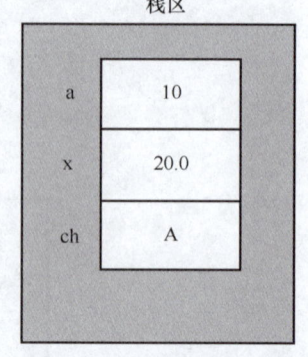

图 2-4　变量在栈中的存储

3）引用类型对象是由垃圾回收机制来管理的。

4）对于引用类型，若两个变量引用同一对象，则对一个变量执行的操作会影响另一个变量所引用的对象。对于值类型，每个变量都具有自己的数据副本，对一个变量执行的操作不会影响另一个变量（in、ref 和 out 参数变量除外）。

C# 语言中，引用类型的结构如图 2-5 所示。

例如：

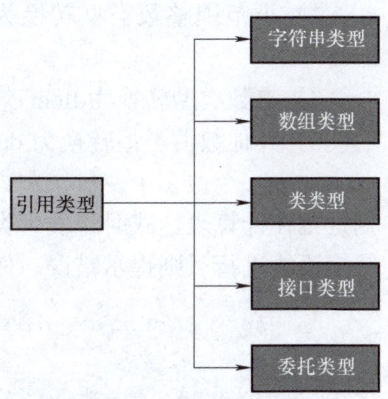

图 2-5　引用类型的结构

```
int[ ]arr=new int[5];
```

数组 arr 在内存中的存储结构如图 2-6 所示。

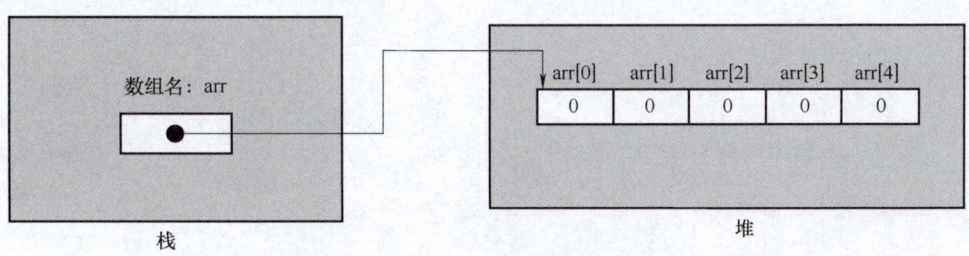

图 2-6　数组 arr 在内存中的存储结构

2.5　变量的类型转换

在 C# 程序中，当把一种数据类型的值赋给另外一种数据类型的变量时，需要进行数据类型转换。根据转换方式的不同，数据类型转换可以分为自动类型转换和强制类型转换。将值类型转换为引用类型的过程叫作装箱，这是隐式自动进行的；反之，将引用类型转换为值类型的过程叫作拆箱，拆箱必须通过强制转换来实现。

2.5.1　自动类型转换

自动类型转换也叫隐式类型转换，是指两种数据类型在转换的过程中不需要显式操作，程序隐式自动完成。自动类型转换需要满足的条件：两种数据类型彼此兼容，目标类型的范围大于被转换对象的取值范围。例如：

```
byte x=5;
int  y=x;  //程序把 byte 类型的变量 x 转换成 int 类型,无须特殊声明
```

上述语句中，目标类型 int 的范围大于原类型 byte 的数据范围，编译器在处理赋值操作时不会造成数据丢失。因此，编译器能够自动完成这种数据类型转换，在编译时不报告任何错误。

常见的数据类型自动转换如下：

1）小范围整数类型转换为大范围整数类型：byte->short->int->long；char、short->int->long。

2）整数类型转换为 float 类型：byte、char、short、int->float。

3）其他数值类型转换为 double 类型：byte、char、short、int、long、folat->double。

对于一个由多个变量、常数、运算符等组成的表达式，若表达式中存在类型不相同的数据，则在计算表达式时将发生类型的自动转换，小范围的类型将向大范围类型转换。若自动转换不能进行，则提示错误。例如：

```
namespace ConsoleApp1
{
    Internal class Program
    {
        static void Main(string[ ] args)
        {
            int a=3;
            byte b=4;
            byte c=a +b;
            Console.WriteLine("c=" +c);
        }
    }
}
```

该程序提示第 9 行存在错误，如图 2-7 所示，错误提示是"int 类型隐式转换为 byte"有问题，并建议进行强制转换。这时只要将第 9 行改为"byte c =（byte）（a+b）;"即可。

图 2-7　类型转换错误

2.5.2　强制类型转换

强制类型转换也叫显式类型转换，是指两种数据类型之间的转换需要进行显式声明。当两种数据类型彼此不兼容或者目标类型的取值范围小于原类型时，自动转换无法进行，这时就需要采用强制类型转换。

强制类型转换的声明格式：

（目标数据类型）表达式；　// 对表达式的值进行强制转换

例如：

```
int num=4;
short  b=(short)num;
```

> **特别提示**：在对变量进行强制转换时，若将取值范围大的类型向取值范围小的类型转换，极容易造成数据精度的丢失，需要引起高度重视。一旦精度丢失过大将造成程序结果的不可信，因此必须避免数据精度的丢失。

下面通过一个案例说明强制类型转换丢失精度的问题。

```
static void Main(string[ ]args)
    {
        byte a;
        int b=298;
        a=(byte)b;
        Console.WriteLine("b="+b);
        Console.WriteLine("a="+a);
    }
```

程序输出结果：

```
b=298
a=42
```

上述代码中，将 int 类型变量 b 的数据按 byte 类型进行强制转换后，赋给 byte 类型变量 a 的过程中发生了精度丢失，且精度丢失严重。这种现象是怎样发生的呢？

对于 int 类型变量 b，其值为 298，在内存中是以二进制存储的，占 4 个字节，当被强制转换为 byte 类型（占 1 个字节）时，前面 3 个高位字节的数据被丢失，仅将低位 1 个字节的数据保留下来赋给变量 a。因此，在转换过程中，数值发生了变化，其过程如图 2-8 所示。

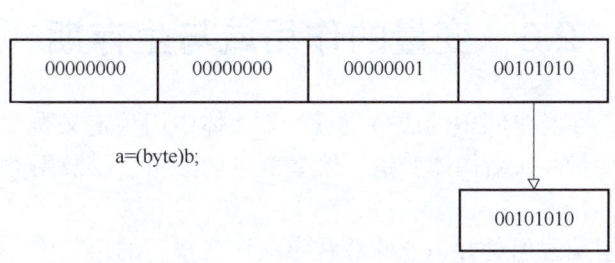

图 2-8　强制类型转换时的问题

2.5.3　装箱与拆箱

在 C# 中，object 是所有数据类型的根类型。它是一种通用类型，可以用来表示任何其他类型的值。在 C# 中，所有的数据类型都直接或间接地继承自 object 类。因此，object 是 .NET 框架中的基本类型。

由于所有数据类型都可以隐式地转换为 object 类型，因此可以使用 object 类型来存储各种类型的数据。这使得在需要处理不同类型的数据时变得更加灵活，但同时也可能导致一些类型安全性的问题，因为需要在使用时进行类型转换。

在使用 object 类型时，常见的操作是将特定类型的数据装箱到 object 类型中，以及从 object 类型中拆箱为特定类型。装箱是将值类型（如 int、float、struct 等）转换为 object 类型，而拆箱是将之前装箱的对象转换回原始的值类型。以下是一个简单的示例：

```
public class Program
{
    public static void Main()
    {
        //使用object类型来存储不同类型的值
        object obj1=42;           //装箱:int类型转换为object类型
        object obj2="Hello";      //装箱:string类型转换为object类型

        //从object类型中拆箱为特定类型
        int num=(int)obj1;              //拆箱:object类型转换回int类型
        string message=(string)obj2;    //拆箱:object类型转换回string类型

        Console.WriteLine(num); //输出:42
        Console.WriteLine(message); //输出:Hello
    }
}
```

尽管object类型在某些情况下很有用，但由于装箱和拆箱操作的性能开销较大，可能会导致性能问题。因此，在编写高性能和类型安全的代码时，建议尽量避免过多使用object类型，而是使用具体的数据类型。

拆箱操作是将对象的值的副本赋给值类型变量。拆箱过程中要注意类型的兼容性，例如不能把一个值为string的object类型转换为int类型。

2.6 变量的作用域与生存期

从广义的角度看，在类声明中的成员变量、方法体中用预定义类型声明简单变量或用自定义类型声明的复杂变量（如结构体变量、枚举变量、数组，以及用类创建的对象等）都是变量。

变量要先定义后使用，但这并不意味着在定义该变量后的语句中一定能使用该变量，因为变量只能在它的作用范围内才可以被使用，这个作用范围叫作变量的作用域，也叫可见性。超出变量作用域的一切访问都是非法的，编译时会报错。由于变量被定义后只是暂存在内存中，等到程序执行到某一个点后，该变量就会被释放掉，变量从存在直到消亡的时间称为变量的生存期。

2.6.1 成员变量的作用域

程序设计中，变量一定会定义在类中的某一对"{ }"中。在类中定义的字段变量、属性变量统称为成员变量。在类内，不管采用哪种访问修饰符，成员变量在整个类中都有效。在类外，成员变量能否可见取决于类声明时成员变量前的访问修饰符。成员变量又可分为两种，即静态成员变量和实例成员变量。静态成员变量、静态方法都属于类的对象共享，静态成员变量只能通过静态方法来调用，而实例成员变量只能通过类的对象来调用。

对于程序设计者，了解成员变量的可见性至关重要。首先要清楚类类型是否有效，有效才能用这个类声明对象；之后，对象的成员变量是否可见则取决于成员变量前的访问修饰符。

例如：

```
Internal class Test{
  public   int x=45;
  public   static int y=90;
}
```

Test 类只能在本程序集中使用，因此，在本程序集中可以创建该类的对象。对象创建后，两个成员变量都是对外开放的，可以被外界访问。离开本程序集后，由于不能创建该类的对象，所以不能访问成员变量。本例中，若创建了该类的对象，由于 y 是类中的静态成员，则可以在类内直接访问，在类外通过"Test.y"来访问。而 x 属于实例成员变量，在类内可以直接访问，在类外通过"对象名.x"来访问。成员变量的作用域将在第 3 章详细介绍。

2.6.2　局部变量的作用域

在类的方法中定义的变量称为局部变量。局部变量只能在对应的方法中有效，不能用于其他方法中，其作用域从块中定义位置开始直到本块结束的这段区域。局部变量包括方法的参数、方法中定义的变量，以及方法中复合语句中定义的变量。局部变量的生命周期取决于方法，当方法被调用时，C# 编译器为方法中的局部变量分配内存空间，当该方法的调用结束后，会销毁局部变量。实例如下：

```
internal class Program
{
    static void Main(string[ ] args)
    {
        int a=3;
        ...
        {
          byte  b= 4;
            ...

        }
    }
}
```

变量 a 的作用域从定义位置开始到 Main 函数结束；变量 b 的作用域从定义位置开始到后面紧跟的括号"}"位置结束。

2.7　运算符与表达式

表达式是由运算符、运算对象和分隔符等连接起来的有意义的式子，它指明了一个运算。表达式中的运算对象可以是另一个表达式。最简单的表达式就是一个变量或一个常量，复杂的表达式则是将简单的表达式通过运算符、函数调用、强制类型转换结合在一起。

运算符是表达式的重要元素。C# 中，运算符按照可操作的对象分为算术运算符、赋值运算符、比较运算符、逻辑运算符和位运算符，而按照操作对象的数目可分为单目运算符、双目运算符和三目运算符。

2.7.1 算术运算符与算术表达式

在数学运算中最常见的算术运算符是加、减、乘、除，C# 丰富了数学中的算术运算符，有加（+）、减（−）、乘（*）、除（/）、取模（%）、自增（++）、自减（−−）等。用算术运算符将操作数连接起来的有意义的式子称为算术表达式，其结果是数值。算术表达式主要用来对整型、浮点型数据进行操作。算术运算符看似简单，但在实际应用时有一些值得注意的地方，具体说明如下。

1）在进行除法运算时，当除数和被除数都为整数时，得到的结果为整数，即整商。若其中一个操作数是小数，则得到的结果是小数。例如：2534/100 属于整数相除，结果为 25，而 2534/100.0 的结果是 25.34。

2）在进行取模运算时，运算结果的正负取决于被模数（% 左边的操作数）的符号，与模数（% 右边的操作数）的符号无关。例如：(−5)/3=−2，5%(−3)=2。取模运算符又被称为求余运算符。

3）自增（++）或自减（−−）运算符属于单目运算符。例如 a++，本质就是 a=a+1。但在进行自增（++）或自减（−−）运算时，如果运算符位于操作数的左边，则先进行自增或自减运算，再进行其他运算。反之，如果运算符位于操作数的右边，则先进行其他运算，然后再进行自增或自减运算。例如：

```
int num1=10,num2=20,num3;
num3=num1--+ ++num2;
Console.WriteLine("num3="+num3);
```

运行结果是 31。

4）+ 或 − 表示符号时，是单目运算符，如放在整数、浮点数的前面，则表示正或负。另外，+ 还可以作为字符串运算符，将两个字符串连接起来。

2.7.2 赋值运算符与赋值表达式

赋值运算符的作用就是将赋值号右边的常量、变量或表达式的值赋给赋值号左边的变量，赋值号用 = 表示。赋值运算符左边必须是变量、属性访问、索引器访问或事件访问类型的表达式。用赋值运算符将操作数连接起来的式子称为赋值表达式，其结果就是赋值号左边变量的值。赋值号也可与算术运算符中的加、减、乘、除、求余等组合使用，构成复合赋值运算符如 +=、−=、*=、/=、%= 等，以简化代码的编写。赋值运算符见表 2-6。

表 2-6 赋值运算符

名称	运算符	运算规则	意义
赋值	=	将表达式赋给变量	将右边的值赋给左边
加赋值	+=	x+=y	x=x+y
减赋值	−=	x−=y	x=x−y
乘赋值	*=	x*=y	x=x*y

（续）

名称	运算符	运算规则	意义
除赋值	/=	x/=y	x=x/y
模赋值	%=	x%=y	x=x%y
位与赋值	&=	x%=y	x=x%y
位或赋值	|=	x|=y	x=x|y
右移赋值	>>=	x>>=y	x=x>>y
左移赋值	<<=	x<<=y	x=x<<y
异或赋值	^=	x^=y	x=x^y

说明如下：

1）若"int a=3，b;"，则赋值表达式"b=a+4"就是把 a+4 的结果 7 赋给变量 b，b 的值就是 7。当右边表达式的值类型与左边变量的类型不一致时，将进行类型自动转换。若不能实现转换则报错。

2）复合赋值运算符是一种对运算符的特殊简化表达，如 a/=b，本质就是 a=a/b，a+=b 本质就是 a=a+b。其他同理。

2.7.3 关系运算符与关系表达式

关系运算符主要用于对两个数值类型、字符串等操作数进行大小比较。用关系运算符将操作数连接起来的有意义的式子称为关系表达式，其结果是一个逻辑值，即布尔值 true 或 false。C# 中的关系运算符有 <、<=、>、>=、= =、! =，分别表示小于、小于等于、大于、大于等于、相等、不相等。关系运算符使用格式如下：

操作数1　关系运算符　操作数2　//关系运算符属于双目运算符

C# 语言中的关系运算符见表 2-7。

表 2-7　关系运算符

名称	运算符	运算规则	操作数据
小于	<	比较左操作数是否小于右操作数	整型、浮点型、字符型
大于	>	比较左操作数是否大于右操作数	整型、浮点型、字符型
小于等于	<=	比较左操作数是否小于等于右操作数	整型、浮点型、字符型
大于等于	>=	比较左操作数是否大于等于右操作数	整型、浮点型、字符型
相等	= =	比较左操作数是否等于右操作数	基本数据类型、引用型
不相等	! =	比较左操作数是否不等于右操作数	基本数据类型、引用型

需要注意的是：

1）相等运算符是 = =，不是 =。符号 = 在数学中是相等的意思，但在计算机语言中是赋值号。

2）判断两个操作数是否相等一定要注意数据类型。若对整数进行相等判断，由于整数是精确表示，则可直接使用"左操作数＝＝右操作数"；但若两个操作数中含有小数，则只能使用两个数的差的绝对值小于一个很小的数来判断。例如：

```
static void Main(string[ ] args)
{
        int num1=10,num2=10;
        if (num1==num2)        // 两个整数相等判断
        {
             Console.WriteLine("两个整数相等!");
        }
        // 两个实数相等判断
        float a=3.14F,b=3.14F;
        if (Math.Abs(a-b)<1e-3)
        {
             Console.WriteLine("两个实数相等!");
        }

        if (Math.Equals(a,b))
        {
             Console.WriteLine("两个实数相等!");
        }
}
```

2.7.4　逻辑运算符与逻辑表达式

逻辑运算符用于对布尔量进行操作，其结果是布尔值。用逻辑运算符将布尔量连接起来的式子称为逻辑表达式。由于比较表达式、逻辑表达式的结果都是布尔值，因此，逻辑运算符可以对比较表达式、逻辑运算进行操作。C# 中的逻辑运算符有逻辑非!、逻辑与&&、逻辑或||、异或^ 等。逻辑运算符的使用格式如下：

```
布尔量1  逻辑运算符  布尔量2     //除逻辑非外，其他都是双目运算符
!布尔量                         //逻辑非属于单目运算符
```

C# 语言中的逻辑运算符见表 2-8。

表 2-8　逻辑运算符

名称	运算符	运算式	运算规则
逻辑与	&&	布尔量1 && 布尔量2	全为真，则结果为真，否则为假
逻辑或	||	布尔量1 || 布尔量2	只要一个为真，则结果为真，否则为假
异或	^	布尔量1 ^ 布尔量2	当运算符左右两边的布尔量相异时，则结果为真，否则为假
逻辑非	!	!布尔量	如果布尔量为假，则结果为真；否则反之

实例1：三角形三条边长分别为 a、b、c，则 a、b、c 构成三角形的条件是任意两边之

和大于第三边。其逻辑表达式是:

```
(a+b>c)&&(a+c>b)&&(b+c>a)    //三个关系表达式必须同时成立
```

实例 2: 判断某年是否为闰年。若某年用整数 year 表示, 闰年的条件是年号 year 能被 4 整除, 但不能被 100 整除; 年号 year 能被 400 整除。其逻辑表达式是:

```
Year%4==0  &&  year%100!=0  ||  year%400==0
```

使用逻辑运算符时的注意事项:

1) 逻辑运算符只能连接布尔量的操作表达式。最简单的布尔量表达式就是单独的 true 或 false。

2) 逻辑与表示与操作, 其本意是运算符两边同时成立, 表达式才成立, 可以推断, 运算符两边只要有一个为 false, 则结果为 false。因此, 快速得到结果的方法就是看左边的布尔量是否为 false, 如果是, 则表达式结果肯定是 flase。&& 具有短路特性, 如果第一个布尔量为 false, 则不计算第二个布尔量。

3) 逻辑或表示或操作, 其本意是只要有一个为 ture, 则结果为 true, 关键是看第一个布尔量(或操作的左布尔量)是否为 true。|| 也具有短路特性, 如果第一个布尔量为 true, 则不计算第二个布尔量。

4) 对于异或运算符, 称之为逻辑异运算符更加直观, 因为该运算符的特点是: 当运算符左右两边的布尔量相异时, 则结果为 true, 否则为 flase。即: ^ 运算符的计算结果与不相等运算符!= 相同。

2.7.5 位运算符

位运算能够高效完成数值的计算, 因为机器本身就是基于二进制的存储和计算, 所有的数值或者对象最终都要转化为二进制。可以说机器运算只有加法和移位, 乘法最终是通过加法和移位操作完成的, 而除法首先需要转换为乘法。

1. 位运算符的运算规则

位运算符一共有 7 种, 这些位运算符都是作用在二进制的数上的。位运算符见表 2-9。

表 2-9 位运算符

位运算符	描述	运算规则
<<	左移	各二进位全部左移若干位, 高位丢弃, 低位补 0
>>	右移	各二进位全部右移若干位, 正数高位补 0, 负数高位补 1
>>>	无符号右移	各二进位全部右移若干位, 高位补 0
&	位与	两个位都为 1 时, 结果才为 1
|	位或	两个位都是 0 时, 结果才为 0
~	位非	0 变 1, 1 变 0
^	位异或	两个位相同时为 0, 相异时为 1

（1）按位或操作符 |　例如，十进制数 38 和 53 进行按位或计算，结果是 55。经过计算，十进制数 38 的二进制表达是 00100110，十进制数 53 的二进制表达是 00110101，计算过程如图 2-9 所示。

A	0	0	1	0	0	1	1	0
B	0	0	1	1	0	1	0	1
A | B(A or B)	0	0	1	1	0	1	1	1

图 2-9　按位或示例

把得到的 00110111 转换成十进制就是 55，如果用 C# 表示就是 byte result = 38 | 53。

注意：在处理布尔值时也可以用作逻辑或运算符，与 || 不同，它不具有短路特性。

（2）按位与操作符 &　例如，十进制数 76 和 231 进行按位与计算，结果是 68。经过计算，十进制数 76 的二进制表达是 01001100，十进制数 231 的二进制表达是 11100111，计算过程如图 2-10 所示。

把得到的 01000100 转换成十进制就是 68，如果用 C# 表示就是 byte result = 76&231。

注意：在处理布尔值时也可以用作逻辑与运算符，与 && 不同，它不具有短路特性。

（3）按位异或操作符 ^　例如，十进制数 138 和 43 进行按位异或计算，结果是 161。经过计算，十进制数 138 的二进制表达是 10001010，十进制数 43 的二进制表达是 00101011，计算过程如图 2-11 所示。

A	0	1	0	0	1	1	0	0
B	1	1	1	0	0	1	1	1
A&B(A and B)	0	1	0	0	0	1	0	0

图 2-10　按位与示例

A	1	0	0	0	1	0	1	0
B	0	0	1	0	1	0	1	1
A^B(A x or B)	1	0	1	0	0	0	0	1

图 2-11　按位异或示例

把得到的 10100001 转换成十进制就是 161，如果用 C# 表示就是 byte result = 138 ^ 43。

使用 ^ 按位异或交换两个数，代码如下：

```
int x=4;
int y=6;
x ^=y;
y ^=x;
x ^=y;
Console.WriteLine(x); //6
Console.WriteLine(y); //4
```

（4）取反操作符 ~　例如，十进制数 52 进行取反计算，则结果是 203。经过计算，十进制数 52 的二进制表达是 00110100，计算过程如图 2-12 所示。

把得到的 11001011 转换成十进制就是 203，如果用 C# 表示就是 byte result = ~52。

（5）左移运算符 <<　例如，十进制数 154 进行左移，计算过程如图 2-13 所示。

A	0	0	1	1	0	1	0	0
~A	1	1	0	0	1	0	1	1

图 2-12　取反计算示例

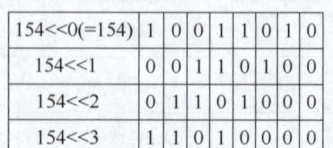

图 2-13　左移运算符示例

用 C# 表示如下：

```
byte b1=154;
byte b2=(byte) b1<<1;
Console.WriteLine(b2); //结果是 52,二进制是 00110100
```

（6）右移运算符 >>　例如，十进制数 155 进行右移，计算过程如图 2-14 所示。

155>>0	1	0	0	1	1	0	1	1
155>>1	0	1	0	0	1	1	0	1
155>>2	0	0	1	0	0	1	1	0
155>>3	0	0	0	1	0	0	1	1

图 2-14　右移运算符示例

用 C# 表示如下：

```
byte b1=155;
byte b2=(byte)(b1>>1);
Console.WriteLine(b2); //结果是 77
```

2．位运算符的使用技巧

（1）判断奇偶数　可以利用＆运算符的特性，来判断二进制数第一位是 0 还是 1。因此，可以用 if((a&1)==0) 代替 if(a%2==0) 来判断 a 是不是偶数。

（2）交换两个数　先来了解一下 ^ 的几个特性：

```
-a ^ a=0
-a ^ 0=a
-(a ^ b) ^ c=a ^ (b ^ c)
```

交换两个数的代码为：

```
a ^ =b;
b ^ =a;
a ^ =b;
```

从数学角度分析如下：

第一步：a=a^b。

第二步：b=a^b=（a^b)^b=a^（b^b）=a^0=a。

第三步：a=a^b=（a^b)^b=（a^a)^b=b^0=b。

2.7.6　其他运算符

C# 语言中，还有一些不能简单归结到某个类型的运算符。

（1）is 运算符　is 运算符检查某个变量是否为指定的类型，如果是返回 true，否则返回 false。

例如：

```
int i=23;
bool result=I is int;
Console.WriteLine(result);
Console.ReadLine( );
```

运行结果：true

（2）条件运算符　条件运算符"？："的语法格式：

<逻辑表达式>？表达式1：表达式2

如果逻辑表达式的值为 true，则计算第一个表达式的值并以其作为结果，否则计算表达式2的值并以其作为结果。

例如：

```
// 使用条件运算符计算较大的值
int a=10;
int b=20;
int max=a > b ? a:b;
Console.WriteLine($"较大的值是：{max}");
```

运行结果：较大的值是：20

（3）new 运算符　在 C# 中，new 关键字可用作运算符、修饰符或约束。

1）new 用作运算符：用于创建对象和调用构造函数。

2）new 用作修饰符：可以显式隐藏从基类继承的成员。

3）new 用作约束：用于在泛型声明中约束可能用作类型参数的参数的类型。

当 new 用作运算符时，用于在堆上创建对象实例并调用构造函数，有以下三种形式。

1）对象创建表达式，用于创建一个类类型或值类型的实例。

2）数组创建表达式，用于创建一个数组类型实例。

3）匿名对象创建表达式，用于创建一个匿名类型的对象。

例如：

```
public class Program: BaseClass
 {
        new public class Test//new 修饰符,显式隐藏从基类继承的成员
        {
            public int x=2;
            public int y=20;
            public int z=40;
        }

        static void Main(string[ ] args)
        {
            var c1=new Test( ); //new 操作符,创建对象和调用构造函数
            var c2=new BaseClass.Test( );
```

```
            Console.WriteLine(c1.x); //2
            Console.WriteLine(c2.y); //10
            Console.ReadKey( );
        }

    public class BaseClass
    {
        public class Test
        {
            public int x=0;
            public int y=10;
        }
    }
}
```

（4）typeof运算符　typeof运算符用于获得原系统原型对象的类型，也就是Type对象。Type类包含关于值类型和引用类型的信息。typeof运算符可以在C#语言中的各种位置使用，以找出关于引用类型和值类型的信息。

例如：获取字符串原始类型。

```
static void Main(string[ ]args)
{
    Type  mytype=typeof(string);
    Console.WriteLine("类型:{0}",mytype);
    Console.ReadLine( );
}
```

输出：

类型:System.String

2.8 运算符的优先级与结合性

对于一个复杂的表达式，在求值的过程中，将涉及哪些运算符优先处理的问题，且对于多个相同的运算符，是从左到右还是从右到左依次处理。这就是运算符的优先级和结合性问题。

2.8.1 运算符的优先级

在数学计算过程中，就有先乘除后加减的运算法则。同理，在C#语言中也规定了运算符的优先等级，这就要求在处理复杂表达式运算时，必须按运算符的优先级别来处理计算的顺序，优先级别高的运算符先执行，级别低的后执行。这种运算符的先后处理顺序称为运算符的优先级。C#运算符的优先级见表2-10。

表 2-10 C# 中运算符的优先级

优先级	运算符类别	运算符
1	基本运算符	., ( ), [ ], new, +（正号）, -（负号）
2	单目运算符	+, -, ! , ~, ++, --
3	乘除运算符	*, /, %
4	加减运算符	+（加号）, -（减号）
5	移位运算符	<<, >>
6	比较运算符	<, >, <=, >=
7	比较运算符	==, !=
8	位逻辑运算符	&, ^, |
9	关系逻辑运算符	&&
10	关系逻辑运算符	||
11	条件运算符	?:
12	赋值运算符	=, *=, /=, %=, +=, -=

编写程序时，可以通过括号来实现想要的运算顺序。

2.8.2 运算符的结合性

运算符的结合性指的是在表达式中存在多个相同优先级的运算符时，这些运算符的计算顺序。左结合性指的是当有多个相同优先级的运算符出现时，它们将按照从左到右的顺序进行计算，右结合性则反之。除赋值运算符、条件运算符是右结合性外，其余运算符都是左结合性。

赋值运算符是右结合的。例如，a = b = c 将首先计算右侧的赋值操作，然后将结果赋给左侧的变量。

左结合运算符实例：

```
static void Main(string[ ] args)
    {
        int a=5;
        int b=3;
        int c=2;
        int result=(a+b) *c/2-a % b;
        Console.WriteLine("Result:"+result);   //输出:Result:6
    }
```

在这个示例中，表达式（a+b)*c/2-a%b 包含了加法、乘法、除法和取模运算符，以及括号用于优先级控制。按照运算符的优先级和左结合性进行计算：

首先，计算括号内的（a+b），得到 8。

然后，乘以 c，得到 16。

接着，除以 2，得到 8。

最后，减去 a%b，即 5%3，得到 2。
因此，最终结果为 6。
赋值运算符的右结合性实例：

```
static void Main(string[ ] args)
    {
        int x,y,z;
        x=y=z=10;

        Console.WriteLine("x:" +x);   //输出:x:10
        Console.WriteLine("y:" +y);   //输出:y:10
        Console.WriteLine("z:" +z);   //输出:z:10
    }
```

在这个例子中，"x=y=z=10;" 将 z 的值赋给 y，然后将 y 的值赋给 x，因此三个变量都被赋值为 10。虽然看起来是多个赋值操作符连续出现，但实际上这是一个链式赋值操作符，其右结合性导致从右向左进行赋值计算。

三目运算符的右结合性实例：

```
static void Main(string[ ] args)
    {
        int x=10;
        int y=5;
        int z=3;
        //右结合性示例
        int result=x>y ? y>z ? x:y:z;
        Console.WriteLine("Result: "+result);   //输出:Result:10
        Console.ReadKey( );
    }
```

在这个例子中，有三个变量 x、y 和 z。条件表达式 x>y ? y>z ? x:y:z 中的三目运算符是右结合的，因此从右向左计算。

首先，y>z ? x:y 这个条件表达式被计算。由于 y 大于 z，所以结果为 x，即 10。
然后，再将 x>y ? 10:z 这个条件表达式进行计算。由于 x 大于 y，所以结果为 10。

2.9　复杂表达式的计算实例

理解和计算复杂表达式的顺序在 C# 中非常重要。在 C# 中计算复杂表达式通常可以通过编写代码来实现。可以使用 C# 中的内置运算符和数学函数来处理各种类型的表达式。下面是一个简单的示例：

```
using System;
class Program
{
```

```
static void Main( )
{
    //定义一个复杂的表达式
    double result=Math.Pow(2,3) * Math.Sqrt(16)/(5+3);
    //输出结果
    Console.WriteLine("结果:"+result);
}
```

在这个示例中,首先计算括号内的表达式(5+3),结果是8。然后,计算Math.Pow(2,3),结果是8。接着,计算Math.Sqrt(16),结果是4。最后,将8乘以4除以8,得到最终结果为4。

正确理解操作符的优先级和括号的作用是解决复杂表达式的关键。如果表达式更复杂,你可能需要使用更多的括号来明确计算顺序。

习 题

一、选择题

1. 经过表达式 a=3+1>5？0：1 的运算,变量 a 的最终值是（ ）。
   A. 3　　　　　　B. 1　　　　　　C. 0　　　　　　D. 4
2. 设double型变量x和y的取值分别为12.5和5.0,那么表达式x/y+（int）（x/y）-（int）x/y 的值为（ ）。
   A. 2.9　　　　　B. 2.5　　　　　C. 2.1　　　　　D. 2
3. 设布尔型变量a和b的取值分别为true和false,那么表达式a&&（a‖!b）和a|（a&！b）的值分别为（ ）。
   A. true true　　B. true false　　C. false false　　D. false true
4. 设 int 型变量 x 的值为9,那么表达式 x-+x-+x- 的值为（ ）。
   A. 27　　　　　B. 24　　　　　C. 21　　　　　D. 18
5. 以下数组声明中,不正确的有（ ）。
   A. int[ ] a　　　　　　　　　　B. int a[ ]＝new int[2]
   C. int[ ] a＝{1,3}　　　　　　D. int[ ] a＝int[ ]{1,3}
6. C# 中每个 char 类型变量占用（ ）字节内存。
   A. 1　　　　　　B. 2　　　　　　C. 3　　　　　　D. 4
7. 在 C# 中,表示一个字符串变量应使用下面（ ）语句定义。
   A. CString str　　　　　　　　B. string str
   C. Dim str as string　　　　　D. char*str
8. （ ）是属于"右结合"的。
   A. 算术运算符　　B. 关系运算符　　C. 逻辑运算符　　D. 赋值运算符
9. 以下数据类型中不可以使用算术运算的是（ ）。
   A. bool　　　　　B. char　　　　　C. decimal　　　　D. sbyte

10. 在 C# 中以下赋值不允许的是（　　）。
A．short b=2；sbyte c；b=c
B．char b='a'；int c；c=b
C．double b=2；long c；c=b
D．decimal b=2m byte c；b=c

二、填空题

1. 元素类型为 double 的 4 行 6 列的二维数组共占用_____字节的存储空间。
2. 在数据类型中，浮点型包括_____、_____和 decimal 三种。
3. C# 中的三目运算符是_____。
4. 声明类之后，通过 new 创建对象，它是一个_____类型的变量。
5. 当整数 a 赋值给一个 object 对象时，整数 a 将会被_____。
6. C# 中有两个逻辑常量，分别是_____和_____。
7. C# 的数据类型从数据存储的角度讲，则可分为_____类型和_____类型。
8. 在 C# 中，装箱操作是将值类型转化成_____类型。
9. 已知 double x=4.3%1.7，则 x 的值是_____。
10. 运算符按操作对象的个对象可分为单目运算符、_____运算符和_____运算符。

第 3 章 类的声明与成员访问

🔵 **教学设计**

重点：类的声明与访问权限；类的方法参数传递、方法重载。
难点：类的访问权限使用；类的方法参数传递、方法重载。

C#是面向对象的程序设计语言，类及其对象是程序设计过程最重要的概念。前面章节已经介绍过类的抽象、类的封装等相关概念，同时介绍了类名、类成员访问权限的概念，并列举了一些简单应用实例。本章将对类的声明及方法的应用等予以详细介绍与应用训练。

3.1　类　的　概　述

类是C#语言的核心，也是面向对象程序设计的基本模块，从定义上讲，类是一种数据结构。在C#中，类的成员可以分为以下几种类型。

1）字段（Field）：字段是类中用于存储数据的成员。它们用于保存对象的状态和属性。字段可以是值类型（如int、float、bool等）或引用类型（如对象、数组等）。

2）属性（Property）：属性是一种特殊的成员（实际上是一种特殊的方法成员），用来提供对私有字段的安全访问。属性通过get和set访问器来获取和设置字段的值，允许类的外部代码以类似于访问字段的方式来读取和写入数据。

3）方法（Method）：方法是类中定义的函数，用于执行特定的操作。方法封装了类的行为，可以访问类的字段，并执行各种操作。方法可以有输入参数和返回值。

4）构造函数（Constructor）：构造函数是特殊的方法，在创建类的实例时被调用，用于初始化对象的状态等。类可以有多个重载构造函数。

5）析构函数：析构函数用于释放分配给对象的空间，它实现了销毁类的一个对象（实例）需要完成的操作。

6）索引器（Indexer）：索引器允许通过类的实例使用类似数组的语法来访问类的成员，类似于属性，但可以通过索引来访问，而不是通过属性名。

7）事件（Event）：事件允许类的对象与其他对象进行通信。事件用于实现观察者模式，其中一个对象（事件源）触发事件，并通知已注册的其他对象（事件处理程序）。

8）嵌套类型（Nested Type）：C#允许在类中定义其他类、结构体、接口或枚举类型。这些类型被称为嵌套类型，在外部类的作用域内可见。

除了以上列出的成员类型，还可以在类中定义常量和静态成员。常量是类的成员，其值在编译时确定且不可更改。静态字段成员是属于类而不是类的实例的字段成员，它们在类的所有实例之间共享相同的值；同样，静态方法属于类而不是类的实例的方法成员，即不需要实例就可调用。限于篇幅，本章只详细介绍字段、属性、方法、构造函数、析构函数等类成员。

3.1.1 类的声明

用户使用 class 关键字定义一个类,类的主题放在"{ }"中。在 C# 语言中,类被当作一个数据类型来定义,语法格式如下:

```
//----------------------------------------------
[类名修饰符] class  类名
{
    [字段修饰符]数据类型  字段名称;
    [方法修饰符]数据类型  方法名称([参数列表]) {方法体代码;}
    其他成员声明;
}
//----------------------------------------------
```

修饰符的作用:类名前的修饰符用来限定类名在外界的可见性或类自身的特殊性,可用于类名的修饰符有 internal、public、abstract、sealed、static、partial 6 种。当类名前省略修饰符时则默认为 internal。类名是一个合法的标识符,一般用名词或名词短语,且每个单词的首字母一般大写。

可用于类成员的修饰符有 public、protected、private、internal、virtual、static、sealed、abstract、override、readonly、const 等,用来限定成员在外界的可见性或类内成员的特性。

> **特别提示**:类声明中的标识符的活动空间包括类的内部、类的外部。而类的外部包括本程序集、其他程序集等。类的内部成员互访总是可以进行的,与类成员使用什么样的修饰符无关。因此,我们真正关心的是类外是否可以访问、是否能跨编译单元访问和是否能在子类中访问等。

3.1.2 类名修饰符释义

在 C# 中,类名修饰符(Class Name Modifier)指的是用于修饰类的关键字,它影响类的可见性、继承特性以及类结构的特殊性。C# 中常用的类名修饰符有以下几种。

1)internal:表示类是内部的,只能在当前程序集(Assembly)内部访问。其他程序集中的代码不能访问该类。当类名前省略修饰符时则默认为 internal。

```
internal class MyInternalClass
{
    //Class members and methods
}
```

2)public:表示类是公共的,对所有类外代码都可见。外界都可以访问该类。通常在不同的代码文件或程序集中使用该类。

```
public class MyClass
{
    //Class members and methods
}
```

3)abstract:表示类是抽象的,不能直接实例化,只能作为其他类的基类。抽象类必须包含抽象方法，即只有声明而没有具体实现的方法。

```
public abstract class MyAbstractClass
{
    //Abstract class members and methods
}
```

4）sealed：表示类是密封的，不能被其他类继承。密封类用于防止其他类继承或重写它的方法。

```
public sealed class MySealedClass
{
    //Class members and methods
}
```

5）static：修饰类时表示该类是静态类，不能够实例化该类的对象，该类的所有成员为静态。

6）partial：部分类（或分布式类），可以将一个类的定义分散写在多个代码段中，这些代码段可以存放于多个不同的 C# 源文件，编译器在编译时将这些分散的部分类合并到一起编译成一个完整的类。

```
public partial class MyPartialClass
{
    //Class members and methods
}
```

> **特别提示**：这些类名修饰符可以单独使用，也可以组合使用。例如，一个类可以同时是 public 和 abstract，表示它是公共的抽象基类，其他类可以继承它。

在实际应用中，需要根据具体的需求和设计选择合适的类名修饰符，以确保代码的可见性、安全性和可维护性。

3.1.3 类成员修饰符释义

在 C# 中，类成员修饰符用于控制类的成员（字段、属性、方法等）的可见性或特性。C# 中常用的类成员修饰符有以下几种。

1）public：表示成员对所有外界都可见，没有访问限制，外界都可以访问该成员。

```
public int MyPublicField;
public void MyPublicMethod()
{
    //Method implementation
}
```

2）protected：表示成员只能在当前类或其派生类中访问。其他类或程序集中的代码不能直接访问该成员。

```
protected int MyProtectedField;
protected void MyProtectedMethod( )
{
    //Method implementation
}
```

3）private：表示成员只能在当前类内部访问。类外都无法直接访问该成员。在 C# 中，类成员的修饰符默认为 private。

```
private int MyPrivateField;
private void MyPrivateMethod( )
{
    //Method implementation
}
public class MyClass
{
    int myPrivateField; //默认为 private

    void MyPrivateMethod( ) //默认为 private
    {
        //Method implementation
    }
}
```

4）internal：表示成员只能在当前程序集内部访问。其他程序集中的代码不能直接访问该成员。

```
internal int MyInternalField;
internal void MyInternalMethod( )
{
    //Method implementation
}
```

5）virtual：用于声明虚方法，表明在派生类中该方法可以被重写，以实现同一方法名称的不同表现行为，即方法的多态。

6）static：修饰类成员时，该成员为类成员（静态成员），为该类的对象共享，因此只能通过"类名.成员名"的方式访问；当 static 修饰构造函数时，构造函数不能含有任何参数，不能有其他修饰符。构造函数不能对对象成员进行初始化操作，但是能够对静态成员进行初始化或者调用。在静态构造函数中初始化的静态成员为最终初始化结果。

例如：

```
class Person
{
    public static int test=0;
    static Person( )  {test=3;}
```

```
static void Main(string[ ] args)
{
    Console.WriteLine(Person.test); // 运行结果为 3
    Console.ReadKey( );
}
}
```

7）sealed：修饰方法时表示该方法不能被覆盖。

8）abstract：修饰方法的时候表示该方法为抽象方法，抽象方法需要由子类来实现，如果子类没实现该抽象方法，那么子类同样是抽象类；含有抽象方法的类一定是抽象类。

9）其他修饰符：

override：表示该方法为覆盖父类的方法。

readonly：只读字段，其值可以在构造时指定。

const：常量字段，编译时必须指定其值，将其值编译到程序中。

new：隐藏从父类成员继承的成员，在不使用 new 修饰符的情况下，隐藏成员是允许的，但会生成警告。显然，new 不能和 abstract 同时使用。new 也可以是运算符，用于创建对象并调用构造函数。

> **特别提示**：成员修饰符也可以适当组合，形成逻辑或的组合意义。

protected internal：表示成员同时具有 protected 和 internal 的特性，即在当前程序集内部和当前类及其派生类中可见。例如：

```
protected internal int MyProtectedInternalField;
protected internal void MyProtectedInternalMethod( )
{
    //Method implementation
}
```

private protected：表示成员同时具有 private 和 protected 的特性，即在当前类及其派生类中可见，但只能在当前程序集内部访问。例如：

```
private protected int MyPrivateProtectedField;
private protected void MyPrivateProtectedMethod( )
{
    //Method implementation
}
```

类成员修饰符的选择很重要，它们决定了类成员在其他代码中的可见性和访问权限。通过合理地使用这些修饰符，可以控制类的封装程度和对外部代码的暴露程度，从而设计更安全和可维护的代码。

3.1.4　对象的实例化

在定义了一个类后，只需把定义的类视作一个用户定义的类型名，用这个类型名去定义对象名，称为声明。当用类声明对象后，此时对象还未引用实例，即引用为 null。**在 C# 语**

言中，类属于引用类型，需通过 new 方法开辟单元，并自动调用构造函数对成员变量初始化。这一过程，称为对象的实例化。语法格式如下：

```
//-------------------------------------------
类名      对象变量名=new     类名( );     // 使用无参构造函数实例化
或
类名      对象变量名=new     类名(参数列表);   // 使用带参数的构造函数实例化
//-------------------------------------------
```

不难理解，将类的两个对象名（两个对象实例）进行比较时，真正比较的是对象变量名内存储的引用的地址。例如：

```
namespace ch7_objectapp
{
    internal class Student
    {
        public int Id{get;set;}
        public string Name{get;set;}
    }
    internal class Program
    {
        static void Main(string[ ] args)
        {
            Student st1;
            Student st2=new Student( );
            Student st3=new Student( );
            st1=st2;
            st2.Id=123456;st2.Name="ZhangSan";
            st3.Id=345678;st3.Name="LiSi";
            if(st1==st2)      Console.WriteLine("st1=st2");
            if (st2==st3) Console.WriteLine(st2=st3);
            Console.WriteLine ("ID of st1:"+st1.Id+",\t"+"Name of  st1:"+ st1.Name);
            Console.WriteLine ("ID of st3:"+st3.Id+",\t"+"Name of  st3:"+ st3.Name);
        }
    }
}
```

程序运行结果：

```
st1=st2
ID of st1:123456,     Name of  st1:ZhangSan
ID of st3:345678,     Name of  st3:LiSi
```

此程序中，执行 st1=st2 后，则 st1、st2 引用的是同一对象实例，所以 st1==st2 成立。

3.2 类的字段变量

在 C# 中，类的字段变量是用于存储类实例数据的。字段变量是类的数据成员，表示对象的状态或属性。

3.2.1 字段变量声明与访问级别概述

在 C# 中，字段变量的声明格式通常如下所示：

[字段修饰符] 数据类型 变量名；

说明：

1）常用的字段修饰符包括：

public：可以从任何地方访问。

private：只能在声明该成员的类内部访问。

protected：可以在声明该成员的类及其派生类内部访问。

internal：可以在同一程序集内的任何地方访问。

protected internal：可以在同一程序集内以及派生类中访问。

2）用于声明字段特殊性质的修饰符：如 static、readonly、const 等。这些是可选的。

3）数据类型（Data Type）：数据类型表示字段变量存储的数据的类型，例如，int、string、自定义类等。

4）变量名（Variable Name）：变量名是字段变量的标识符，用于在程序中引用该变量。命名变量时，请遵循 C# 的命名约定，例如使用驼峰命名法。示例如下：

```
public int age;//公共整数型字段变量
private string name;//私有字符串型字段变量
protected static double balance;//受保护的静态双精度浮点型字段变量
internal const int MAX_COUNT=100;//内部常量整数型字段变量
```

字段变量访问级别设定是编程中的难点。以下是一些具体的示例，展示了不同访问级别的字段变量在 C# 中的用法。

（1）实例私有成员变量（private）

```
//类的内部通过私有成员变量名直接访问
public class MyClass
{
    private int privateVariable;//私有成员变量

    public void SetPrivateVariable(int value)
    {
        privateVariable=value;//只能在类内部访问
    }

    public int GetPrivateVariable()
    {
```

```csharp
        return privateVariable; // 只能在类内部访问
    }
}

class Program
{
    static void Main( )
    {
        MyClass obj=new MyClass( );
        obj.SetPrivateVariable(42); // 通过公共方法访问和修改私有变量
        int value=obj.GetPrivateVariable( );
        Console.WriteLine(" 私有成员变量的值为:"+value); // 输出:42
    }
}
```

（2）实例公共字段变量（public）

```csharp
// 类内部直接访问,外部使用"对象名.公共成员变量名"访问
public class MyPublicClass
{
    public int publicVariable; // 公共成员变量
}

class Program
{
    static void Main( )
    {
        MyPublicClass obj=new MyPublicClass( );

        obj.publicVariable=42; // 可以在任何地方直接访问
        Console.WriteLine(" 公共成员变量的值为:"+obj.publicVariable); // 输出:42
    }
}
```

（3）实例受保护字段变量（protected）

```csharp
// 类内部及派生类内部都可访问受保护的字段变量
public class MyBaseClass
{
    protected int protectedVariable; // 受保护字段变量
}

public class MyDerivedClass:MyBaseClass
{
    public void SetProtectedVariable(int value)
    {
        protectedVariable=value; // 在派生类内可以访问
```

```
    }
    public int GetProtectedVariable( )
    {
        return protectedVariable; //在派生类内可以访问
    }
}

class Program
{
    static void Main( )
    {
        MyDerivedClass obj=new MyDerivedClass( );

        obj.SetProtectedVariable(42); //通过公共方法访问和修改受保护字段变量
        int value=obj.GetProtectedVariable( );
        Console.WriteLine(" 受保护字段变量的值为:"+value); //输出:42
    }
}
```

（4）实例内部字段变量（internal）

```
/* 类的内部直接访问,而类的外部只限定在同一程序集内,且通过"对象名.字段变量名"来访问 */
internal class MyInternalClass
{
    internal int internalVariable; //内部字段变量
}

public class AnotherClass
{
    public void AccessInternalVariable( )
    {
        MyInternalClass obj=new MyInternalClass( );
        obj.internalVariable=42; //在同一程序集内可以访问
        Console.WriteLine(" 内部字段变量的值为:"+obj.internalVariable); //输出:42
    }
}
```

（5）实例受保护的、本程序集的字段变量（protected internal）

```
/* 提供了同时拥有 protected、internal 特性的访问特性,即同一程序集中及其派生类可以访问该字段变量 */
public class MyProtectedInternalClass
{
    protected internal int protectedInternalVariable; //受保护的内部字段变量
}
```

```
public class AnotherClass
{
    public void AccessProtectedInternalVariable( )
    {
        MyProtectedInternalClass obj=new MyProtectedInternalClass( );
        obj.protectedInternalVariable=42; //在同一程序集内可以访问
          Console.WriteLine(" 受保护的内部成员变量的值为:"+obj.protectedInternal
Variable); //输出:42
    }
}
```

3.2.2 公共方法间接访问私有字段变量

声明类时，一般将存放数据的字段变量声明为私有访问级别即私有字段，私有字段只能在类的内部访问，这有助于封装类的内部状态。公有字段变量可以直接从类的外部访问和修改。但是不推荐这种访问方式，因为它会破坏封装性，因此在实际中不常见。

由于私有字段变量只能在声明它们的类的内部访问，因此，外部代码无法直接访问或修改这些私有字段变量，但可以使用公共方法或属性（getters 和 setters）来提供间接访问。

下面是一个示例，演示如何通过公共方法来访问和修改私有字段变量：

```
using System;
class MyClass
{
    private int myPrivateVariable; //声明私有字段变量

    //公共方法用于获取私有字段变量的值
    public int GetMyPrivateVariable( )
    {
        return myPrivateVariable;
    }

    //公共方法用于设置私有字段变量的值
    public void SetMyPrivateVariable(int newValue)
    {
        myPrivateVariable=newValue;
    }
}

class Program
{
    static void Main( )
    {
        MyClass obj=new MyClass( );

        //通过公共方法访问和修改私有字段变量
```

```
            obj.SetMyPrivateVariable(42);
            int value=obj.GetMyPrivateVariable( );

            Console.WriteLine(" 私有字段变量的值为:"+value);
        }
}
```

在上面的示例中，MyClass 类包含了私有字段变量 myPrivateVariable，并提供了公共方法 GetMyPrivateVariable 和 SetMyPrivateVariable 来访问和修改该变量的值。外部代码可以通过这些方法来间接访问私有字段变量。在 Main 方法中，创建了一个 MyClass 对象，并使用公共方法来设置和获取私有字段变量的值。

3.2.3 类属性访问器的声明及对私有字段变量的访问

类的字段变量是用来存储对象的数据，这些数据多数是对象的属性。出于数据安全的考虑，字段变量在类内常被封装成私有访问权限。对于私有字段变量虽然可以通过公共方法实现外部的间接访问，但用起来不够方便。**为此 C# 语言中提供了属性访问器，通过 set 访问器、get 访问器来设置对象的属性值、获取属性值，不再需要自己定义方法来读写属性值。**

属性访问器的定义方式如下：

```
//--------------------------------------------
属性修饰符　数据类型　属性方法名
{
  get
  {
    return 属性变量名；
  }
  Set
  {
    属性变量名 =value；
  }
}
//--------------------------------------------
```

说明：

1）属性的访问权限用来确定外界对属性访问器的访问级别。

2）**value 为 set 访问器的隐式参数，此参数的类型是属性的类型。value 是一个特殊的保留字，这个保留字将类外部的数值传递过来，通过赋值运算修改属性变量的值。**

例如，自定义一个 TradeCode 属性访问器，用来访问私有属性 tradcode（表示商品编号），要求该属性访问器为可读可写属性，并设置其访问权限为 public。代码如下：

```
private string tradcode="";  // 属性
public string TradCode
```

```
    {
       get{return tradcode;  }
       Set{tradcode=value;  }
}
```

属性的 set 访问器可以包含多个语句，因此可以对赋予的值进行检查，如果值不符合要求或不安全，则可以进行特殊处理操作，避免错误的属性赋值。例如，模拟学生成绩，学生成绩满分为 100，最低是 0 分。当给学生某科成绩赋予分数时，需要进行安全检查，则可以通过 set 访问器实现。代码如下：

```
class StudentGrade
{
    int score_math;
    public int Score_Math
    {
        get{return score_math;}
        set
        {
         if(value<=100 && value>=0)
            score_math=value;
         else
           Console.WriteLine("成绩输入超界！");
        }
    }
}
```

实例：定义一个 MyClass 类，在该类中定义两个 string 类型的属性变量，分别用来描述用户的编号和姓名，并将用户的编号和姓名用属性访问器去处理。建立类的对象并进行属性赋值，输出对象的编号和姓名。实例如下：

```
   internal class Program
   {
      static void Main(string[ ] args)
      {
          MyClass myclass=new MyClass( );
          myclass.ID="BH001";
          myclass .Name="Milk";
          Console.WriteLine(myclass.ID+"  "+myclass.Name);
      }
      class MyClass
      {
          private string id="";
          private string name="";
          public string ID
          {
```

```
            get {return id;}
            set {id=value;}
        }
        public string Name
        {
            get {return name;}
            set {name=value;}
        }
    }
}
```

另外，**C#** 支持自动实现的属性访问器，即在属性 **set**、**get** 访问器中没有任何语句。在 C# 中，可以使用以下语法来定义自动属性访问器：

```
public DataType PropertyName{get;set;}
```

关于自动实现属性的说明：
1）自动实现的属性必须拥有 get 访问器或 set 访问器，或同时拥有，否则出错。
2）自动实现的属性缺少属性值的有效验证。

在 C# 中，自动属性访问器是一种简化属性定义的方法，它允许创建一个属性，而无须显式定义字段来存储属性的值。自动属性访问器使用隐式的私有字段来存储属性的值，使代码更简洁和易于维护。自动属性访问器使用 public 修饰符，用于封装对象的状态。

以下是一个简单的示例，演示如何使用自动属性访问器：

```
public class Person
{
    public string FirstName {get;set;}
    public string LastName {get;set;}
    public int Age {get;set;}
}

class Program
{
    static void Main( )
    {
        Person person=new Person( );
        person.FirstName="John";
        person.LastName="Doe";
        person.Age=30;

        Console.WriteLine($"Name: {person.FirstName} {person.LastName}, Age: {person.Age}");
    }
}
```

类的属性访问器的本质是对于类的私有字段进行安全、逻辑访问。属性访问器一般用public来修饰,这是因为属性的目的之一是提供对类的数据成员的公共访问和修改。外界通过类的属性访问器可以间接设置/获取私有字段的值(对应的这个被封装的私有字段一般表示类的某个属性),同时在设置值时,可以对要赋予的值进行安全检查(如范围检查),这就是在C#中对类赋予属性访问器的意义。另外,属性访问器本身没有存储任何数据的空间,只是进行一个数据交换的过程。

3.2.4 类公有成员变量的访问

在C#中,类的公有字段(也称为公有成员)变量的声明和访问非常简单。公有成员变量可以在类的外部直接访问,因为它们具有公共访问权限。以下是如何声明和访问类的公有成员变量的示例。声明公有成员变量:

```
public class MyClass
{
    //声明公有成员变量
    public string publicVariable;//公有字符串型成员变量
    public int age;//公有整数型成员变量
}
```

在上述示例中,publicVariable和age都是公有成员变量。

访问公有成员变量:

```
MyClass obj=new MyClass();
obj.publicVariable="Hello,World!";//直接访问并设置公有成员变量的值
int userAge=obj.age;//直接访问公有成员变量的值
```

在上述示例中,首先创建了一个MyClass的对象obj,然后通过对象来访问和修改公有成员变量publicVariable和age的值。

公有成员变量具有公共的访问权限,这意味着它们可以在类的外部任何地方被访问和修改。然而,在实际应用中,通常会更倾向于使用属性(Property)来封装和控制私有成员变量。

3.2.5 类静态成员变量的声明与访问

静态成员(也称为静态字段)变量是属于类而不是类的实例的成员变量。这意味着无论创建了多少个类的实例,静态成员变量只有一个副本,并且可以在类的所有实例之间共享。静态成员变量通常用于存储与类相关的共享数据。

在C#中,可以使用static关键字来声明静态成员变量。例如:

```
public class MyClass
{
    //静态成员变量
    public static int staticVariable;
}
```

关于静态成员变量具有如下特点。

1) 共享性:静态成员变量在整个应用程序域中共享,所有类的实例都可以访问和修改

它，因此其可以用于存储全局或共享状态。

2）访问：公有静态成员变量在类外可以通过"类名.静态成员变量"直接访问，而不需要创建类的实例。例如：MyClass.staticVariable。

3）初始化：静态成员变量通常在声明时初始化，或者在静态构造函数中进行初始化。

4）适用场景：静态成员变量适用于跨实例共享的数据，例如计数器、配置信息、全局状态等。

以下是一个示例，演示如何声明和访问静态成员变量：

```
public class MyClass
{
    //静态成员变量
    public static int staticVariable;

    public MyClass(int value)
    {
        //在构造函数中访问静态成员变量
        staticVariable=value;
    }
}

class Program
{
    static void Main( )
    {
        MyClass obj1=new MyClass(42);
        MyClass obj2=new MyClass(99);

        //通过类名直接访问静态成员变量
        Console.WriteLine(MyClass.staticVariable); //输出:99
    }
}
```

在上述示例中，staticVariable 是一个静态成员变量，可以通过 MyClass.staticVariable 访问。两个 MyClass 类的实例都可以修改和共享这个静态成员变量的值。

静态变量的访问权限与普通实例变量类似，可以使用不同的字段修饰符来控制其访问级别。以下是静态变量可能具有的不同访问权限。

1）公共的（public）：静态变量可以被任何其他类或代码访问，无限制。示例如下：

```
public class MyClass
{
    public static int publicStaticVariable;
}
```

上述代码中，可以在任何地方直接访问 MyClass.publicStaticVariable。

2）私有的（private）：静态变量只能在声明它们的类内部访问，外部无法访问。示例如下：

```
public class MyClass
{
    private static int privateStaticVariable;
}
```

上述代码中，只能在 MyClass 内部访问 privateStaticVariable。

3）受保护的（protected）：静态变量只能在声明它们的类及其派生类内部访问。示例如下：

```
public class MyBaseClass
{
    protected static int protectedStaticVariable;
}

public class MyDerivedClass :MyBaseClass
{
    // 在派生类内部可以访问
    public void SomeMethod( )
    {
        int value=protectedStaticVariable;
    }
}
```

4）内部的（internal）：静态变量可以在同一程序集内的任何类中访问。示例如下：

```
internal class MyInternalClass
{
    internal static int internalStaticVariable;
}
```

上述代码中，可以在同一程序集内的任何类中访问 MyInternalClass.internalStaticVariable。

5）受保护的内部的（protected internal）：静态变量可以在同一程序集内的任何类中访问，并且在派生类内部也可以访问。示例如下：

```
public class MyProtectedInternalClass
{
    protected internal static int protectedInternalStaticVariable;
}

public class MyDerivedClass:MyProtectedInternalClass
{
    // 在同一程序集内的其他类中可以访问
    public void SomeMethod( )
```

```
        {
            int value=protectedInternalStaticVariable;
        }
}
```

这些访问修饰符允许用户控制静态变量的可见性和访问级别,以满足设计需求和封装要求。根据访问级别,用户可以决定是否将静态变量公开给外部或限制其仅在类内部使用。

3.2.6 常量字段的声明与使用

常量字段是其值不能被改变的字段,一般用于定义经常用到的常数,如数学中的 π、e 等,可定义为常量字段 PI、E。常量字段在类中的定义格式如下:

```
//-----------------------------------
[字段修饰符] const   数据类型 常量名 = 初始值;
```

在类中使用 const 关键字来声明某个变量为常量字段,字段修饰符可以用 new、public、private、internal 以及 protected 等声明访问权限。数据类型指定声明引入的成员类型。初始值为常量表达式,但必须是一个可以隐式转换为目标类型的常量表达式。数字、布尔值、字符串或 null 引用是最简单的常量表达式,对于引用类型的常数,可能的值只能是字符串和空引用。

一个声明语句可以同时声明多个常量字段,例如:

```
public const double X=1.0,Y=2.0,Z=3.0;
```

常量可以参与常量表达式:

```
public const int C1=5;
public const int C2=C1+100;
```

示例如下:

```
public class ConstTest
{
    class SampleClass
    {
        public int x;
        public int y;
        public const int C1=5;
        public const int C2=C1+5;

        public SampleClass(int p1,int p2)
        {
            x=p1;
            y=p2;
        }
    }
```

```
static void Main( )
{
    var mC=new SampleClass(11,22);
    Console.WriteLine($"x={mC.x},y={mC.y}");
    Console.WriteLine($"C1={SampleClass.C1},C2={SampleClass.C2}");
}
}
```

输出结果：

```
x=11,y=22
C1=5,C2=10
```

特别说明：readonly 关键字与 const 关键字不同。const 字段只能在该字段的声明中初始化。而用 readonly 修饰的字段变量，根据所使用的构造函数，可能具有不同的值。另外，const 字段是编译时常量，但 readonly 字段可用于运行时常量，例如：

```
public static readonly uint t=(uint)DateTime.Now.Ticks;
```

3.3 类的方法声明及构造、析构函数

类中的函数成员有方法、属性访问器、索引指示器、操作符、构造函数和析构函数。在编程时可以对类的函数成员使用合法的修饰符，从而定义它们的访问级别。

3.3.1 方法的声明与使用

C# 中，类封装了数据成员以及对这些数据的操作，方法是主要用来对这些数据成员实施操作的成员。方法在类中定义，当类创建对象后，对象就拥有这些方法。

方法的声明结构由方法定义头和方法定义体两部分组成，其中方法定义头主要包括方法修饰符、返回数据类型、方法名称、参数列表等，方法定义体包括完成方法所需操作的语句。声明方法的一般格式如下：

```
//------------------------------------------
[方法修饰符][返回数据类型]  方法名称（[参数列表]）
{
      方法定义体；
}
//------------------------------------------
```

说明：

1）方法修饰符可以为：new、public、protected、private、internal、static、virtual、override、abstract、extern。

2）若方法的修饰符使用了 abstract 或 extern 修饰符，则方法定义体将仅由一个分号组成（空语句）。

3）方法的返回数据类型指定方法执行后返回结果的数据类型，它可以是任意合法的 C# 类型。如果方法不返回数值，则返回类型为 void。

4)方法名称用于指定方法的名称,参数列表用于指定方法的参数,参数的值由主调函数中调用该方法的语句传递进来。方法的名称与参数列表定义了方法的签名,方法的签名必须与所在的类中的其他方法的签名不同。

参数列表彼此用逗号分开,每个参数采用"[参数修饰符] 数据类型 参数名"的格式。

3.3.2 实例方法与静态方法

C#中,类的方法有两种:实例方法和静态方法。

(1)实例方法 实例方法遵循方法的声明语法,但修饰符不能使用static、virtual、abstract。实例方法必须通过类的实例来调用。这些方法可以访问类的实例变量和属性,并执行与类相关的操作。以下是一个简单的C#类和实例方法的示例:

```
using System;
class MyClass
{
    private int myField;

    public MyClass(int initialValue)
    {
        myField=initialValue;
    }

    public void InstanceMethod( )
    {
        Console.WriteLine("这是一个实例方法");
        Console.WriteLine("myField的值为:"+myField);
    }
}

class Program
{
    static void Main( )
    {
        //创建MyClass类的实例
        MyClass myObject=new MyClass(42);

        //调用实例方法
        myObject.InstanceMethod( );

        //也可以多次创建不同的实例,并分别调用实例方法
        MyClass anotherObject=new MyClass(99);
        anotherObject.InstanceMethod( );
    }
}
```

上面的示例中,MyClass类定义了一个私有字段myField和一个公有实例方法

InstanceMethod,用于访问该字段的值。在 Main 方法中,首先创建了一个 MyClass 类的实例 myObject,然后调用了 InstanceMethod 方法来输出字段的值。然后,创建了另一个 MyClass 实例 anotherObject,并再次调用 InstanceMethod 方法。

(2)静态方法 在声明方法时,方法的头部用 static 修饰符的方法称为静态方法,否则为实例方法。静态方法不属于类的某个实例,它只能访问类中的静态成员。当然,静态方法可以带参数列表,方法体中也可以定义局部变量。

由于一个静态方法只属于类且只能调用静态成员,在类中不管是公有静态成员还是私有静态成员,都可以被该类中另外的静态方法通过名称直接调用;而类外的静态方法若要调用另一个类的静态成员,就只能调用可见的静态成员,且在名称前冠以"类名."。实例如下:

```
class Test
{
  int x;
  static int y;
  static int opt( )
  {
    x=2;    //错误:静态方法不允许访问类中的非静态成员
    y=2;    //正确:静态方法可以访问类中的静态成员
  }
}
```

实例1:静态方法的类内、类外访问。

```
using System;
class MyClass
{
    private static void MyPrivateStaticMethod( )
    {
        Console.WriteLine("This is a private static method called.");
    }

    public static void MyPublicStaticMethod( )
    {
        Console.WriteLine("This is a public static method called.");
    }
    public  void  CalStaticMethod( ){
        MyPrivateStaticMethod( );
        MyPublicStaticMethod( );
    }
}
class Program
{
    static void Main(string[ ] args)
    {
```

```
            //在类外部,无法直接调用私有静态方法
        //MyClass.MyPrivateStaticMethod( );//这行代码会导致编译错误

            //但可以通过类名直接调用公共静态方法
            MyClass.CalStaticMethod( );
            Console.ReadKey( );
        }
}
```

实例2:静态方法应用。

```
namespace ch7_StaticMethod
{
    public class MathHelper
    {
        //静态方法,不依赖于类的实例
        public static int Add(int a,int b)
        {
            return a+b;
        }

        //静态方法可以有任意数量的参数和不同的返回类型
        public static double Divide(double dividend,double divisor)
        {
            if (divisor==0)
            {
                throw new ArgumentException(" 除数不能为零 ");
            }
            return dividend/divisor;
        }
    }

    internal class Program
    {
        static void Main( )
        {
            //调用静态方法,无需创建类的实例
            int sum=MathHelper.Add(10,20);
            Console.WriteLine("Sum:"+sum);

            double result=MathHelper.Divide(100,5);
            Console.WriteLine("Result:"+result);
        }
    }
}
```

在上面的示例中，创建了一个名为 MathHelper 的类，并在其中声明了两个静态方法：Add 和 Divide。这些静态方法不需要创建 MathHelper 类的实例，可以直接通过类名 MathHelper 来调用。

在 Main 方法中，演示了如何调用这两个静态方法。调用 Add 方法时，传入两个整数参数并得到返回值。调用 Divide 方法时，传入两个 double 类型的参数，并得到除法结果。

3.3.3　Main 方法

在 C# 中，Main 方法通常是静态的，这意味着它属于类而不是类的实例。静态方法只能访问静态成员（静态方法、静态字段、静态属性等），因为它们不依赖于特定的对象实例。所以，如果程序中公有方法不是静态的，Main 方法将无法直接访问它们。如果希望 Main 方法能够访问所在类的公有实例方法，需要创建该类的一个实例，然后使用该实例来调用公有方法。

在 C# 中，Main 方法通常定义在一个类中，这个类可以是任何希望的，但通常是程序的入口类。Main 方法所在的类不一定叫作 Program，但是习惯上经常将它命名为 Program。

Main 方法是程序的起点，当运行程序时，操作系统会首先查找并执行 Main 方法。因此，Main 方法所在的类及其所属的命名空间对于程序的执行非常重要。

在 C# 中，Main 方法可以有返回值，但是返回值的类型必须是 int。这个返回值通常用来指示程序的退出状态，一般约定为 0 表示程序成功执行，非 0 表示出现了某种错误或异常情况。

实例：Main 方法访问所在类及其他类的静态成员。

```
using System;
class OtherClass
{
    public static void AnotherStaticMethod( )
    {
        Console.WriteLine("This is another static method from OtherClass.");
    }
}

class Program
{
    public static int StaticField=10;
    public static int StaticProperty {get;set;}=20; //初始化属性

    public static void StaticMethod( )
    {
        Console.WriteLine("This is a static method from MyClass.");
    }
    static void Main(string[ ] args)
    {
        //访问所在类的静态成员
        Console.WriteLine(StaticField);
```

```
            Console.WriteLine(StaticProperty);
            StaticMethod( );

            // 访问其他类的静态成员
            OtherClass.AnotherStaticMethod( );
        }
    }
```

运行结果如下：

```
10
20
This is a static method from MyClass.
This is another static method from OtherClass.
```

3.3.4 构造函数

构造函数是一个特殊的方法，一般用来初始化类实例的数据成员。构造函数具有如下特征：构造函数没有返回值类型，也不能用 void；构造函数名总是使用类名；构造函数总是在创建类的对象时自动被调用。

构造函数可以重载，且通过重载实现类对象实例的多种初始化方式，运行时，根据传递给构造函数的输入参数来确定调用哪一个构造函数。

与类的其他成员一样，构造函数也可以用 public、private、internal 和 protected 访问修饰符，其中最常用的是 public。

如果没有显示定义构造函数，系统将自动产生一个默认的、不带参数的 public 构造函数，它将把数据成员初始化为默认值。

```
public class Person
{
    public string Name {get;set;}
    public int Age {get;set;}

    // 默认构造函数
    public Person( )
    {
        Name="John Doe";
        Age=30;
    }

    // 带参数的构造函数
    public Person(string name,int age)
    {
        Name=name;
        Age=age;
    }
```

```
    public void DisplayInfo()
    {
        Console.WriteLine($"Name:{Name},Age:{Age}");
    }
}
```

在上述示例中,Person 类具有两个构造函数。默认构造函数没有参数,它在创建对象时会将 Name 属性设置为"John Doe",Age 属性设置为 30。带参数的构造函数接受一个名称和一个年龄,用于在创建对象时设置相应的属性值。

可以使用构造函数创建 Person 类的实例,并设置属性的初始值:

```
Person person1=new Person();
person1.DisplayInfo();          // 输出:"Name:John Doe,Age:30"

Person person2=new Person("Alice",25);
person2.DisplayInfo();          // 输出:"Name:Alice,Age:25"
```

在上述代码中,通过调用构造函数 Person() 和 Person("Alice", 25),分别创建了两个 Person 类的实例。每个实例在创建时会自动调用相应的构造函数,并设置属性的初始值。随后,可以通过调用 DisplayInfo() 方法来显示每个实例的属性值。

构造函数允许用户在创建对象时执行必要的初始化操作,从而确保对象的合理状态。通过不同的构造函数重载,可以为对象提供多种创建方式,以适应不同的需求。

3.3.5 字段变量的初始化

在 C# 中,字段变量可以通过以下几种方式进行初始化。

1)直接初始化:在声明字段变量的同时进行初始化。

```
public class MyClass
{
    public int myVariable=10;
}
```

2)构造函数:对象实例化时,自动调用构造函数对字段变量进行初始化。

3)初始化器:使用对象初始化器来初始化成员变量。

```
public class MyClass
{
    public int myVariable;
    
    public MyClass()
    {
    }
    
    public void Initialize()
    {
        MyClass obj=new MyClass {myVariable=10};
    }
}
```

这些方法都可以根据需求来选择。直接初始化适用于常量或者固定值，构造函数、初始化器适用于在对象创建后立即进行初始化。

3.3.6 析构函数

析构函数用于释放分配给对象的空间，它实现了销毁类的一个对象（实例）需要完成的操作。析构函数具有如下特征：析构函数不能带参数；析构函数的函数名称是：~类名称；析构函数允许使用访问修饰符；析构函数不能被继承，也不能被显式调用，只能被系统隐式自动调用。程序允许时，当某个类的实例不再被使用，那么系统可能执行类实例的析构函数。

声明析构函数的一般格式为：

```
［修饰符］ ~类名（）
｝
    函数体；
｝
```

> 📖 **特别提示**：除非迫不得已，一般不要在类中声明析构函数，而应把类实例的销毁工作交给系统去完成。鉴于此，对于析构函数，程序员可以不予关注。

3.4 方法深度学习

方法是一种具有名称的代码，它是专供调用而设计的，通过方法名（参数表）的形式生成调用，方法名找到内存中的代码，参数表传入数据并接受数据输出。同时方法执行结束也可以通过 return 语句返回一个结果数据。

方法是类的函数成员，包含方法头和方法体两个部分。方法头指定方法的特征，包括方法修饰符、返回数据类型、方法名、参数表等。方法体包含可执行代码的语句序列，用一对｛｝封装起来。执行过程从方法体的第 1 条语句开始，直到方法结束。方法体中的语句序列包括局部变量、控制流结构、方法调用、内嵌的块、局部函数等。

3.4.1 方法体

1. 局部变量

类中的字段变量用来保存和对象状态有关的数据，而类中方法内的局部变量用于保存临时计算数据。局部变量的声明语法是：

```
数据类型  变量名[＝初始值][,变量名[＝初始值]...];
```

例如：

```
int a=10,b=50;
```

局部变量的作用域从方法中定义位置开始直到块的结束处所在区间，生存期则是从执行定义语句开始直到块执行结束。

例如：

```
public static void Main(string[ ] args)
    {
        int   sum=0; //局部变量 sum
        for(int i=0;i<=10;)    //局部变量 i
        {
            
            sum=sum+i;
            i++;
        }
        Console.Write("Result="+sum); //方法调用
    Console.ReadKey(true);
    }
```

上述代码段中,局部变量 sum 的作用域是从声明位置开始直到方法体的结束,生存期是从 Main 方法被调用后,从 sum 的声明开始直到 Main 方法执行结束;而局部变量 i 的作用域是 for 结构内部,生存期是 for 开始执行直到 for 执行结束。

2. 类型推断与 var 关键字

对于局部变量的声明,一般是采用显式指定数据类型的方式,但也可以采用类型推断的方式来指定变量的数据类型,这种方式就需要用到关键字 var。

例如:

```
var  total=15;
var  obj=new myClass( );
```

上述代码中,15 是 int 型,则局部变量 total 就是 int 型,同理推断出 obj 是 myClass 类型。使用 var 关键字有一些重要的条件:

1)只能用于局部变量。
2)只能在变量声明中包含初始化时使用。
3)一旦编译器推断出变量的类型,它就是固定且不能更改的。

以下是使用 var 关键字的示例:

```
var number=42; //编译器会推断 number 是 int 类型
var name="John Doe"; //编译器会推断 name 是 string 类型

//下面的代码将导致编译错误,因为 var 要求在声明时进行初始化
//var x;

//初始化后不能更改推断的类型,下面的代码也会导致错误
//var someVar=10;
//someVar="Hello"; //错误:不能隐式地将类型 string 转换为 int

//var 也可以与复杂类型如数组或匿名类型一起使用
var numbersArray=new int[ ]{1,2,3,4};
var person=new{Name="Alice",Age=30};
```

```
// 对于匿名类型,需谨慎使用,因为它们在其作用域之外的使用有限制

//var 并不限于单个变量声明
var a=10,b=20,c=30;

//var 在编译时会被解析,实际数据类型仍然为编译器所知
```

虽然 var 提供了更简洁的语法，但请注意使用时要明确初始化，并且在合适的情况下使用，以保持代码的可读性和清晰性。

3. 嵌套块中的局部变量

方法体内可以嵌套任意数量的其他的块（如复合语句），且这些块之间可以是顺序排列，也可以是嵌套且嵌套任意级别深度。不管是顺序平行块还是嵌套块，都可以在块内定义局部变量，但其作用域和生存期仅限于定义语句的块及其深层次的嵌套块。

要特别留意局部变量的作用域和生存期，只能在其作用域内使用。而生存期指的是该局部变量是否存在。作用域和生存期是两个完全不同的概念。

```
public static void Main(string[ ] args)
    {
        int   sum=0;
        for(int i=0;i<10;i++)
{
            for(int j=1;j<=i;j++)
                Console.Write("{0}*{1}={2}\t",i,j,i*j);
                Console.WriteLine( );
        }
        Console.WriteLine("i={0},j={1}",i,j); //语法错误
Console.ReadKey(true);
    }
```

上述程序在编译时，产生错误，提示错误信息为"当前上下文不存在名称 i 和名称 j。"

特别说明的是：在 C# 中不管嵌套级别如何，都不能在第一个名称的有效范围内声明另一个同名的局部变量。这是和 C/C++ 不同的。

4. 局部常量

局部常量就是一种特殊的局部变量，只是一旦被初始化，它的值就不能改变。如同局部变量，局部常量必须声明在块的内部。

局部常量的声明语法：

```
const  数据类型 变量名 = 值;
```

例如：

```
const  double PI=3.14159;
```

局部常量的两个重要特征如下：

1）在声明时必须初始化。

第3章 类的声明与成员访问

2）在声明后不能改变。

初始化值必须在编译期决定，通常是一个预定义的简单类型或由其组成的常量表达式。它可以是 null 引用，但仅限于引用类型的常量；对于值类型的常量，null 不适用。同时，局部常量不能是某个对象实例的引用，因为对象实例的引用是在运行时决定的，而常量要求在编译期确定值。

关键字 const 不是修饰符，而是核心声明的一部分，它必须直接放在类型的前面。

局部变量、局部常量只能声明在方法体里或方法体内的代码块里，并在声明它的块结束的地方失效。

以下示例演示如何声明某个局部常量：

```
public class SealedTest
{
    static void Main( )
    {
        const int C=707;
        Console.WriteLine($"My local constant={C}");
    }
}
//Output:My local constant=707
```

从 C#10 开始，如果使用的所有表达式也是常量字符串，则内插字符串可以是常量。此功能可以改进生成常量字符串的代码：

```
const string Language="C#";
const string Platform=".NET";
const string Version="10.0";
const string FullProductName=$"{Platform}-Language:{Language}Version:{Version}";
```

5．控制流

方法体内的程序代码主要由声明语句、赋值语句、函数调用语句以及流程控制语句组成。在方法体内，程序执行顺序默认是从上到下逐句执行，即顺序结构，程序也允许局部改变执行的顺序，如根据条件选择执行即选择结构，或根据条件循环执行即循环结构。

6．返回值及 return 语句

方法可以向调用语句返回一个值，返回的值被插入调用代码中发起调用的表达式所在的位置。如果方法希望返回值，必须在方法名前面声明一个返回的数据类型。如果方法不返回值，则必须声明 void 返回类型。

声明了返回类型的方法必须使用规定形式的返回语句从方法中返回一个值。返回语句包括关键字 return 及其后面的表达式。每一条贯穿方法的路径都必须以这种形式的 return 语句结束。方法体中若有多条贯穿方法的路径，则需要设置多个 return 语句在不同路径结束时返回。返回值类型可以是任何合法的 C# 数据类型，包括系统预定义类型和用户自构造类型（如结构体、数组、类类型等）。

下面是一个简单的示例，演示了如何在一个方法中使用多个 return 语句：

```
using System;
class Program
{
    static void Main(string[ ] args)
    {
        Console.WriteLine(GetGrade(85));
        Console.WriteLine(GetGrade(60));
        Console.WriteLine(GetGrade(45));
    }

    static string GetGrade(int score)
    {
        if (score >=90)
        {
            return "A";
        }
        else if (score >=80)
        {
            return "B";
        }
        else if (score >=70)
        {
            return "C";
        }
        else if (score >=60)
        {
            return "D";
        }
        else
        {
            return "F";
        }
    }
}
```

下面是一个简单的示例,演示了如何在C#中返回一个对象实例:

```
using System;

class Program
{
    static void Main(string[ ] args)
    {
        Person person1=CreatePerson("John",30);
        Person person2=CreatePerson("Alice",25);
```

```
        Console.WriteLine($"Person 1:{person1.Name},Age:{person1.Age}");
        Console.WriteLine($"Person 2:{person2.Name},Age:{person2.Age}");
    }

    static Person CreatePerson(string name,int age)
    {
        // 根据传入的参数创建一个 Person 对象实例
        Person person=new Person( );

        // 设置对象的属性
        person.Name=name;
        person.Age=age;

        // 返回创建的对象实例
        return person;
    }
}

class Person
{
    public string Name {get;set;}
    public int Age {get;set;}
}
```

void 方法不需要返回值,方法体中一般没有 return 语句,当方法执行结束时控制返回到调用代码中,并且没有值被插入调用代码中。不过当特定条件符合的时候,常会提前退出方法以简化程序逻辑,这时就要用不带参数的 return 语句。下面是一个示例:

```
using System;
class Program
{
    static void Main(string[ ] args)
    {
        PrintMessage(true);
        PrintMessage(false);
    }

    static void PrintMessage(bool condition)
    {
        if (condition)
        {
            Console.WriteLine("Condition is true");
            return; // 提前结束方法的执行
        }
```

```
        // 如果condition为false,不会执行到这里
        Console.WriteLine("Condition is false");
    }
}
```

7. 局部函数

从 C# 7.0 开始,可以在一个方法中嵌入一个局部函数,专供并只能供该方法调用。这种嵌入函数如果使用恰当,可以使代码更加清晰,更容易维护。实例如下:

```
namespace ConsoleApp5
{
    class Program
    {
        public void MethodWithLocalFunction( )
        {
            //------------------------------------------------------------
            int MyLocalFunction(int n)   // 局部函数
            {
                return n*5;
            }
            //------------------------------------------------------------
            int results=MyLocalFunction(5);
            Console.WriteLine("Results of Local Function call:{0}",results);
        }
        public static void Main(string[ ] args)
        {
            Program myProgram=new Program( );
            myProgram.MethodWithLocalFunction( ); // 调用方法

            //TODO:Implement Functionality Here

            Console.Write("Press any key to continue...");
            Console.ReadKey(true);
        }
    }
}
```

8. 局部变量的别名

C# 提供了为变量建立别名的手段,不管是值类型还是引用类型变量,都可以建立别名。建立别名后,操作别名就是操作对应的变量,反之亦然,二者捆绑在一起,位于内存同一位置。创建别名的语法需要使用关键字,语法如下:

ref 数据类型 别名 =ref 变量;

需要说明的是:别名功能不是 ref 变量最常见的功能,而是方法调用中的参数传递和 ref

返回功能。

实例：局部变量别名。

```
using System;

public class Program
{
    public static void Main(string[ ] args)
    {
        //原始变量
        int originalValue=10;
        Console.WriteLine("Original Value:"+originalValue);

        //创建别名
        ref int alias=ref originalValue;

        //修改别名的值
        alias=20;

        //原始变量的值被修改
        Console.WriteLine("Modified Value:"+originalValue);
    }
}
```

上述程序创建了一个整型变量 originalValue，然后通过 ref 关键字创建了一个别名 alias。修改 alias 的值，实际上修改了 originalValue 的值。这样，原始变量和别名指向相同的内存位置，修改其中一个会影响另一个。

3.4.2 方法的参数

方法是可以从程序中很多地方调用的命名代码单元。方法被调用时，一般需要传入数据。另外，方法运行结束时，只能通过 return 语句返回一个值，但如果需要返回多个值呢？参数就是允许用户做这两件事的特殊变量。

1. 形参与实参

形参是局部变量，它声明在方法的参数表中，而不是在方法体中。参数列表的一般形式如下：

数据类型 变量 1,数据类型 变量 2,…,数据类型,变量 n

由于形参是变量，所以它有数据类型和名称，并能被写入和读取。形参在方法被调用时进行初始化，初始化数据来自调用语句的实参，实参与形参按顺序一一对应，进行数据传递。形参的作用域仅限于方法体，生存期是从方法被调用就建立，方法执行结束就销毁。

例如：

```
public double CalFunc(float x,int n)
{
    return Math.Pow(x,n);
}
```

用于初始化形参的表达式或变量称为实参（Actual Parameter）。实参位于方法调用语句中，每一个实参必须与对应的形参的类型相匹配，或是编译器能够完成实参类型到形参类型的隐式自动转换。有关类型的隐式自动转换规则详见第 2 章。调用方法时，每个实参的值最终都被用于初始化相应的形参。方法调用时参数的传递如图 3-1 所示。

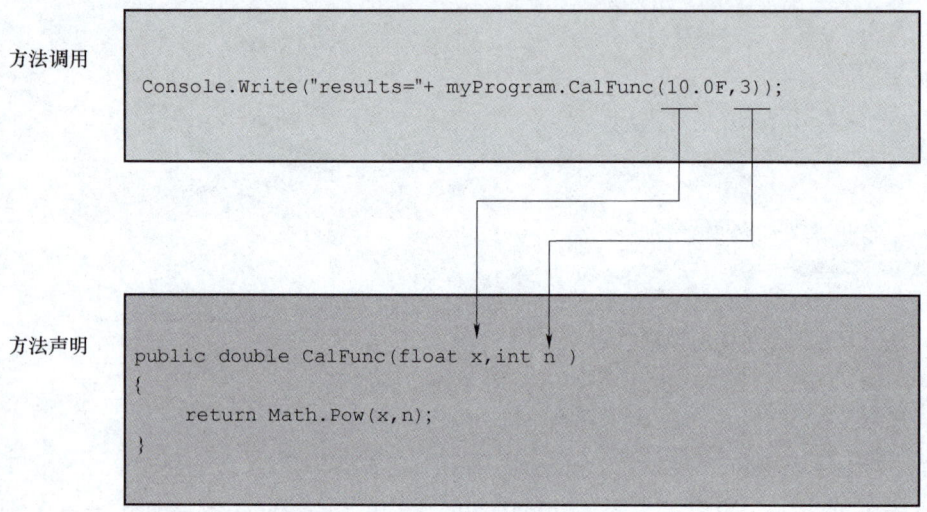

图 3-1　方法调用时参数的传递

2．传值参数调用

当形参采用值参数时，调用方法时是将实参的值复制一份（副本）传递给方法的形参，这种传值方式被称为传值调用。此时，值参数的实参不一定是变量，它可以是任何能计算成相应数据的表达式。形参可以是值类型变量，也可以是引用类型变量。当调用方法时，实参不论是表达式还是变量，都必须有确定的值（除非是输出参数），且值的类型必须与对应的形参相同或兼容。

当形参为值类型变量时，形参从实参获取的是实参数据的副本，形参在方法体中的改变不会影响到实参，即使实参是变量，同样如此。实例如下：

```
class Program
{
    public  void calfun(int x){
        x=x+10;
        Console.WriteLine("function calfun call,x={0}",x);
    }

    public static void Main(string[ ] args)
```

```
        {
            int x=100;
            Program obj=new Program( );
            obj.calfun(x);
            Console.WriteLine("Main function x={0}",x);
            //TODO:Implement Functionality Here

            Console.Write("Press any key to continue ...");
            Console.ReadKey(true);
        }
}
```

输出结果：

```
function calfun call,x=110
Main function x=100
Press any key to continue...
```

当形参为引用类型时，形参从实参获取的仍然是实参数据的副本，但由于这个数据是引用地址，则操作形参等价于操作实参，即形参的改变就是实参的改变，这是必须引起高度注意的方面。但有时需要这种传引用地址数据的方式，从被调方法中返回多个数据。实例如下：

```
class Program
    {
        public  void calfun(int[ ] arr){
        for(int i=0;i<arr.Length;i++){
                    arr[i]=arr[i]+10;
            }
            Console.WriteLine("------function calfun call---------");
            for(int i=0;i<arr.Length;i++)
                Console.Write("arr[{0}]={1}\t",i,arr[i]);
            Console.WriteLine( );
        }

public static void Main(string[ ] args)
        {
            int[ ] intarr=new int[ ]{10,20,30,40,50};
            Program obj=new Program( );
            obj.calfun(intarr);
            Console.WriteLine("---------Main function-------------");
            for(int i=0;i<intarr.Length;i++)
                Console.Write("arr[{0}]={1}\t",i,intarr[i]);
            Console.WriteLine( );
            Console.ReadKey(true);

        }
    }
```

程序运行结果：

```
-----function calfun call-------------
arr[0]=20 arr[1]=30 arr[2]=40 arr[3]=50 arr[4]=60
-----Main function------------
arr[0]=20 arr[1]=30 arr[2]=40 arr[3]=50 arr[4]=60
```

通过该例可以看出，形参是数组引用类型，它从实参获得的是实参的地址，这时实参对该地址上的操作就是对实参引用对象的操作，导致形参引用对象的数据改变就是实参引用对象数据的改变。实参引用对象数据如图 3-2 所示。

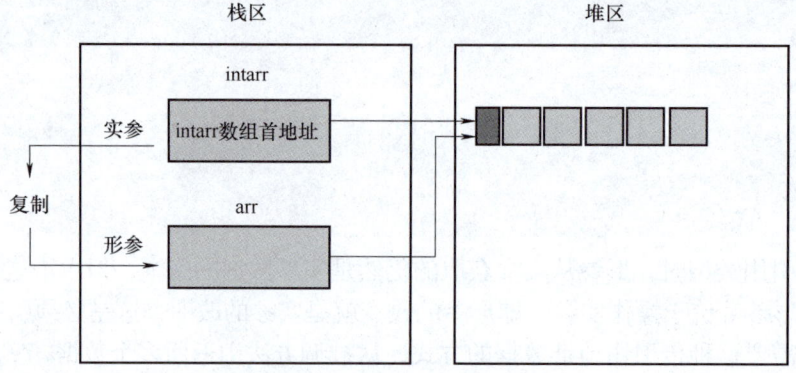

图 3-2　实参引用对象数据

特别说明：前面学习过数据类型分类有值类型和引用类型之分，值类型数据指的是变量本身包含其值，而这里的传值调用指的是把实参的值复制一份（副本）给形参。二者不要混淆，它们是完全不同的概念。

3. 传引用参数调用

传引用参数调用指的是把形参的参数名作为实参的别名，结果是形参和实参位于同一内存位置，加之二者类型相同，所以形参和实参完全重叠，形参的改变就是实参的改变。要实现传引用，必须满足以下条件：

1）实参必须是变量，且被赋值（包括默认值）。如果是引用类型变量，可以赋值为一个引用或 null。

2）调用语句中的实参变量前和方法声明中的形参变量前，都使用 ref 修饰符。

传引用参数调用不会在栈上为形参分配新的内存，而是作为实参的别名指向与实参相同的位置。实例如下：

```
class MyClass
  {
     public int Val=20;
  }
class Program
  {
     static void MyMethod(ref MyClass obj,ref int num)
     {
```

```
            obj.Val=obj.Val+5;
    num=num+5;
            Console.WriteLine("obj.val={0},nmm={1}",obj.Val,num);
        }
        public static void Main(string[ ] args)
        {
            MyClass obj1=new MyClass( );
            int n=10;
            MyMethod(ref obj1,ref n);
            Console.WriteLine("obj1.Val={0},n={1}",obj1.Val,n);
            Console.ReadKey( );
        }
}
```

输出结果：

```
obj.val=25,nmm=15
obj1.Val=25,n=15
```

显然，对于引用型变量，是否使用 ref 修饰，结果是一样的。

4. 引用类型作为传值参数调用和传引用参数调用的差异

从前面的实例可以看出，对于一个引用类型对象，不管是用在传值参数调用还是用在传引用参数调用中，形参在方法中内部的修改就是实参的修改。实际上，当在方法中如果重新设置形参的引用，则引用类型作为传值调用参数和传引用调用参数将存在明显的差异，具体如下。

（1）将引用类型对象作为值参数传递

如果在方法内创建一个新对象并赋值给形参，将切断形参与实参之间的关联。同时，由于新对象是局部变量，则方法调用结束后，新对象将自动销毁。

（2）将引用类型对象作为引用参数传递

如果在方法内部创建一个新对象并赋值给形参，实参与形参始终关联在一起，共同引用新对象，且方法调用结束后，新对象依然存在。这是因为传引用参数调用是建立形参的别名的缘故。

实例 1：将引用类型对象作为值参数传递。

```
class MyClass
    {
        public int Val=20;
    }
    class Program
    {
        static void RefasParameter(MyClass obj)
        {
```

```
            obj.Val=50;
    Console.WriteLine("引用类型形参被重新赋值新对象前:{0}",obj.Val);
            obj=new MyClass( );
            Console.WriteLine("引用类型形参被重新赋值新对象后:{0}",obj.Val);
        }
        public static void Main(string[ ] args)
        {
            MyClass obj1=new MyClass( );
            Console.WriteLine("调用方法前:{0}",obj1.Val);
            RefasParameter(obj1);
            Console.WriteLine("方法调用后:{0}",obj1.Val);
            Console.ReadKey( );
        }
    }
```

输出结果:

```
调用方法前:20
引用类型形参被重新赋值新对象前:50
引用类型形参被重新赋值新对象后:20
方法调用后:50
```

本例中,实参与形参的动态变化过程如图 3-3 所示。

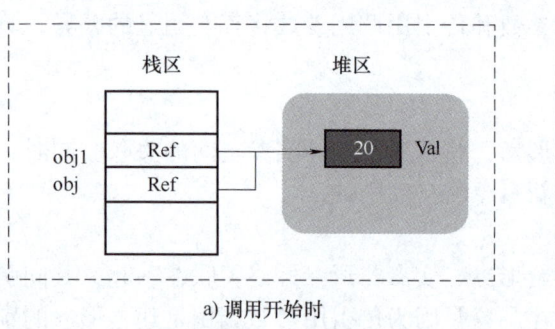

图 3-3　实参与形参的动态变化过程 1

实例 2:将引用类型对象作为引用参数传递。

```
class MyClass
    {
        public int Val=20;
    }
    class Program
    {
        static void RefasParameter(ref MyClass obj)
        {
            obj.Val=50;
Console.WriteLine(" 引用类型形参被重新赋值前:{0}",obj.Val);
            obj=new MyClass( );
            Console.WriteLine(" 引用类型形参被重新赋值后:{0}",obj.Val);
        }

        public static void Main(string[ ] args)
        {
            MyClass obj1=new MyClass( );
            Console.WriteLine(" 调用方法前:{0}",obj1.Val);
            RefasParameter(ref obj1);
            Console.WriteLine(" 方法调用后:{0}",obj1.Val);
            Console.ReadKey( );
        }
    }
```

运行结果：

调用方法前:20
引用类型形参被重新赋值前:50
引用类型形参被重新赋值后:20
方法调用后:20

该例中，实参与形参的动态变化过程如图 3-4 所示。

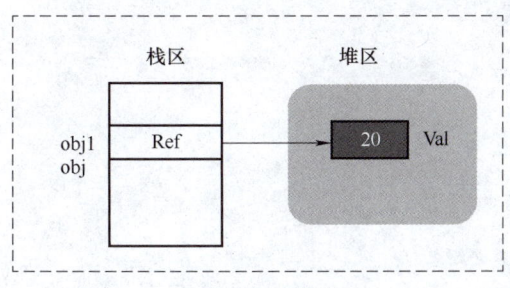
a) 调用开始时

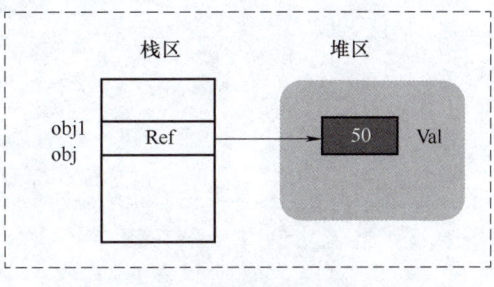
b) 调用中：形参被赋值新对象前

图 3-4　实参与形参的动态变化过程 2

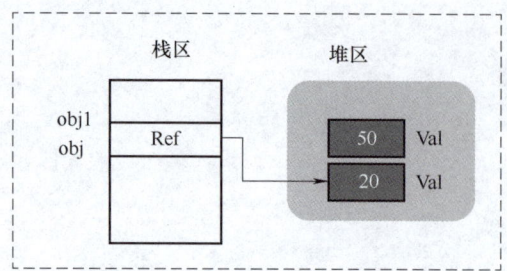
c) 调用中：形参被赋值新对象后

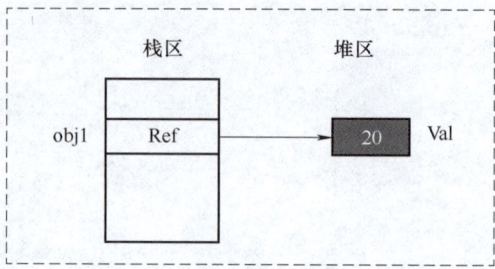
d) 调用结束后

图 3-4　实参与形参的动态变化过程 2（续）

5. 输出参数

输出参数用于从被调方法中把数据输出到调用语句代码中，它们的行为与传引用参数类似。输出参数有以下要求。

1）必须在方法声明和调用语句中都使用 out 修饰符。

2）实参必须是变量，而不能是表达式。

与引用参数类似，输出参数的形参充当实参的别名，形参与实参都是同一内存位置的名称。显然，在方法内对形参的任何改变就是实参变量的改变。与引用参数不同的是：

1）在方法内部，给输出参数赋值之后才能读取它，所以不能在方法调用之前为实参赋值。

2）在方法内部，在方法返回之前，代码中每条可能的路径都必须为所有输出参数赋值。

因为方法内的代码在读取输出参数之前必须对其写入，所以不可能使用输出参数把数据传入方法。如果方法中有任何执行路径试图在方法给输出参数赋值之前读取它，编译器就会产生一条错误信息。

实例 3：输出参数。

```
class MyClass
{
    public int Val=20;
}
class Program
{
    public static void MyMethod(out MyClass obj,out int num)
    {
        obj=new MyClass( );
        obj.Val=30;
        num=20;
    }
    public static void Main(string[ ] args)
    {
        MyClass objA=null;
        int n;
        MyMethod(out objA,out n);
        Console.WriteLine("实参对象的值:{0},局部变量的值:{1}",objA.Val,n);
```

```
            Console.ReadKey(true);
    }
}
```

运行结果：

实参对象的值：30,局部变量的值：20

6．参数数组

在传值参数调用、传引用参数调用以及输出参数中，一个形参必须严格对应一个实参。参数数组则不同，它允许特定类型的**零个或多个实参对应一个特定的形参**。在C#中，参数数组（Parameter Array）通常被称为可变参数（Variable Parameter），使用params关键字定义。可变参数允许向方法传递可变数量的参数，这些参数被视为一个数组。

参数数组的使用要求如下：

1）在一个参数列表中只能有一个参数数组。

2）如果有参数数组，它只能是参数列表中的最后一个。

3）实参列表中欲传入参数数组的所有参数都是同一类型，且与参数数组的数据类型相同。

声明参数数组的语法：

1）在被调方法的头部，声明数据类型前面使用params修饰符，在数据类型后放置［］。

2）主调语句中，实参不允许有修饰符。

实例4：参数数组1。

```
using System;
public class Program
{
    //定义一个接受可变参数的方法
    public static void PrintNumbers(params int[ ] numbers)
    {
        foreach (int num in numbers)
        {
            Console.Write(num+" ");
        }
        Console.WriteLine( );
    }

    public static void Main(string[ ] args)
    {
        //调用方法,传递不定数量的参数
        PrintNumbers(1,2,3,4,5);
        PrintNumbers(10,20,30);
        PrintNumbers(100,200);
        PrintNumbers( );  //也可以传递空参数列表
    }
}
```

实例 5：参数数组 2。

```
using System;
public class Program
{
    //定义方法接受普通参数和参数数组
    public static void PrintInfo(string prefix,params string[ ] messages)
    {
        Console.WriteLine("PrintInfo方法接受的普通参数:");
        Console.WriteLine("Prefix:"+prefix);

        Console.WriteLine("PrintInfo方法接受的参数数组:");
        foreach (string message in messages)
        {
            Console.Write(message+" ");
        }
        Console.WriteLine( );
    }

    public static void Main(string[ ] args)
    {
        //调用同时含有普通参数和参数数组的方法
        PrintInfo("Info:","Message 1","Message 2","Message 3");
        PrintInfo("Warning:"); //也可以只传递普通参数
        PrintInfo("Error:","Error Message 1","Error Message 2");
    }
}
```

3.4.3　方法的 ref 返回功能

ref 返回功能提供了一种使用方法返回变量引用而不是变量值的方法，使用语法及要求如下：

1）方法声明的头部的数据类型前使用关键字 ref。

2）方法声明的方法体中的 return 语句的 return 关键字后，被返回对象的变量名前用关键字 ref。

```
using System;
public class Program
{
    public static void Main(string[ ] args)
    {
        int originalValue=10;
        Console.WriteLine("Original Value:"+originalValue);

        //调用带有 ref 返回值的方法
        ref int modifiedValue=ref GetModifiedValue(ref originalValue);
```

```
            // 修改了返回的引用
            modifiedValue=20;

            // 原始变量的值被修改
            Console.WriteLine("Modified Value:"+originalValue);
        }

        // 带有 ref 返回值的方法
        public static ref int GetModifiedValue(ref int value)
        {
            // 这里可以修改传入的 value 的值
            // 在这个示例中,不对其进行修改,只是返回传入的引用
            return ref value;
        }
    }
}
```

在这个示例中,GetModifiedValue 方法接受一个整型引用作为参数,并且返回一个整型引用。在 Main 方法中,调用 GetModifiedValue 方法,并将 originalValue 作为参数传递给它。然后,将返回的引用保存在 modifiedValue 中,并修改了它的值。由于 modifiedValue 和 originalValue 指向同一内存,所以修改 modifiedValue 的值也会影响 originalValue。

3.4.4　方法重载

重载(Method Overloading)对于面向对象的程序设计编程是一个很重要的概念,而且重载的应用会提高编程的效率、降低程序员的工作强度。使程序员不必为每个功能近似的方法取不同的方法名称而烦恼。C# 允许程序员为功能近似的方法使用同一个方法名,只要它们有不同的参数列表以便区别。例如,若要编写打印机打印方法,对于不同的打印机如 HP 打印机、EPSON 打印机、CANON 打印机等,可以用统一的方法名 print,只需在 print 方法定义的头部用不同的参数列表即可。参数列表的不同可以是参数类型的不同或参数个数或参数的顺序不同。这种方法同名但参数列表不同所构成的多个同名函数,称为函数的重载。方法的重载,可以根据不同的参数类型或数量来调用不同的方法实现。

方法重载的主要优势是可以使用相同的方法名来执行类似但略有不同的操作,从而提高代码的可读性和可维护性。当调用一个重载方法时,编译器会根据提供的参数列表选择最匹配的方法来执行。

实例:方法重载应用。

```
namespace Ch7_MethodOverload
{
    public class Calculator
    {
        // 重载方法:执行整数相加
        public int Add(int num1,int num2)
        {
            return num1+num2;
        }
```

```csharp
        //重载方法:执行双精度浮点数相加
        public double Add(double num1,double num2)
        {
            return num1+num2;
        }

        //重载方法:执行字符串连接
        public string Add(string str1,string str2)
        {
            return str1+str2;
        }
    }
    internal class Program
    {
        static void Main( )
        {
            Calculator calculator=new Calculator( );
            int result1=calculator.Add(5,10);    /*调用整数相加的重载方法 */
            double result2=calculator.Add(3.14,2.71);    /*调用双精度浮点数相加
                                                        的重载方法 */
            string result3=calculator.Add("Hello,","world!");  /*调用字符串连接
                                                            的重载方法 */
            Console.WriteLine("result1:"+result1);
            Console.WriteLine("result2:"+result2);
            Console.WriteLine("result3:"+result3);
        }
    }
}
```

输出结果:

```
result1:15
result2:5.85
result3:Hello,world!
```

在上述示例中，Calculator 类定义了三个重载方法，分别用于执行整数相加、双精度浮点数相加和字符串连接。

值得注意的是：重载方法只能在一个类中完成，不能分散在基类和派生类中完成；一个重载的方法中不能包含 new、static、virtual、abstract 等修饰符。

3.5 静 态 类

静态类是在 C# 中的一种特殊类，它主要用于存放静态成员（字段、方法、属性等），并且不能被实例化。静态类通常用于组织一组相关的静态成员，提供一种逻辑上的组织结构，

而不需要创建类的实例。

以下是静态类的特点：

1）不能被实例化：静态类不能被实例化，也就是说不能使用 new 关键字创建该类的对象。因此，它的构造函数必须是私有的。

2）只能包含静态成员：静态类只能包含静态成员，包括静态字段、静态方法、静态属性等。因为无法创建实例，所以无法在静态类中定义实例成员。

3）不能继承自其他类，并且它自身也不能作为基类。

4）可以包含私有静态构造函数，用于初始化静态成员。

```
public static class MyStaticClass
{
    //静态字段
    public static int myStaticField;

    //静态方法
    public static void MyStaticMethod()
    {
        Console.WriteLine("This is a static method.");
    }

    //静态属性
    public static int MyStaticProperty {get;set;}

    //静态构造函数
    static MyStaticClass()
    {
        //初始化静态成员
        myStaticField=0;
        MyStaticProperty=0;
    }
}
```

在上面的例子中，MyStaticClass 是一个静态类，它包含了静态字段 myStaticField、静态方法 MyStaticMethod、静态属性 MyStaticProperty，以及静态构造函数 MyStaticClass 用于初始化静态成员。

使用静态类时，可以直接通过类名来访问其中的静态成员，不需要创建类的实例。例如：

```
MyStaticClass.MyStaticMethod(); //调用静态方法
int fieldValue=MyStaticClass.myStaticField; //访问静态字段
MyStaticClass.MyStaticProperty=10; //设置静态属性的值
```

静态类通常用于存放一组与类相关的静态方法或静态字段，例如工具类、常量类等。

3.6　Lambda 表达式——匿名函数

Lambda 表达式是 C# 中的一种简洁的语法，用于创建没有名称的函数。Lambda 表达式特别适合于编写简短的函数，并将它们作为参数传递给其他方法，尤其是在 LINQ 查询和事件处理中。

Lambda 表达式的基本语法：

```
(parameters)=>expression
```

如果需要多行语句，则使用块语句：

```
(parameters)=>{statement1;statement2;…}
```

Lambda 表达式的示例：
1）无参数 Lambda 表达式：

```
( )=> Console.WriteLine("Hello,world!");
```

2）单参数 Lambda 表达式（省略参数类型和括号）：

```
x=> x*x;
```

3）多参数 Lambda 表达式：

```
(x,y)=> x+y
```

4）多行 Lambda 表达式：

```
(x,y)=>
{
    int result=x*y;
    return result;
};
```

Lambda 表达式是 C# 中非常强大的特性，它提供了一种简洁、灵活的方式来定义和使用匿名函数。Lambda 表达式可以显著简化代码，尤其是在处理集合和事件时。通过使用 Lambda 表达式，可以使 C# 代码更加高效和易读。

3.7　委托及其应用

在 C# 中，委托（Delegate）是一种引用类型，它定义了一种方法的签名，并可以存储具有该签名的方法的引用。委托允许将方法作为参数进行传递，类似于函数指针。委托在事件处理、回调函数、LINQ 等方面有广泛的应用。Lambda 表达式在 C# 中可以用于创建和使用委托。

3.7.1　内置委托类型

C# 提供了几个常用的内置委托类型：

（1）Func 委托　Func 表示有返回值的方法，可以有 0 个或多个输入参数，最后一个参数为返回值类型。

```
Func<int,int,int> add=(x,y)=> x+y;
Console.WriteLine(add(3,4));   //输出 7
```

Func<int, int, int> add：Fun 表示有返回值的委托，<int，int，int> 中，前两个 int 表示函数有两个参数，均为 int 类型，最后一个参数 int 表示函数的返回值为 int，方法名为 add。

（2）Action 委托　Action 表示没有返回值的方法。可以有 0 个或多个输入参数。由于它没有返回值，所以通常用于执行某些操作而不需要返回结果的场景，比如事件处理、回调函数等。

```
Action<string> greet=name=> Console.WriteLine($"Hello,{name}!");
greet("Alice");   //输出 "Hello,Alice!"
```

Action<string> greet：Action 表示没有返回值的方法，方法有一个参数 string 类型，方法名为 greet。

（3）Predicate 委托　Predicate 表示返回布尔值的方法，通常用于判断某个条件是否成立。

```
Predicate<int> isEven=x=> x%2==0;
Console.WriteLine(isEven(4));   //输出 True
```

3.7.2　自定义委托

使用 delegate 关键字可以定义委托类型。委托类型指定了可以与该委托类型兼容的方法签名。例如：

```
public delegate double MathOperation(int x,int y);
```

MathOperation 是委托类型，即一个带有两个 int 参数并返回 double 的委托类型。

实例化委托，一旦定义了委托类型，就可以声明委托变量并将符合签名的方法赋值给它，例如：

```
public class Program
{
    public static double Add(int x,int y)
    {
        return 1.0*(x+y);
    }
    public static void Main( )
    {
        MathOperation operation=new MathOperation(Add);
        double result=operation(3,4);
        Console.WriteLine(result);   //输出 7
    }
}
```

例如：

```
public delegate int MyDelegate(int x,int y);
MyDelegate add=(x,y)=> x+y;  //Lambda 表达式
int result=add(3,4);  //result=7
```

假设有一个场景，需要计算两个整数的和，并在计算完成后将结果打印出来，可以使用自定义委托来实现这个功能。

```
using System;

//声明一个委托类型
delegate void CalculationDelegate(int x,int y);

class Calculator
{
    //方法,用于计算两个整数的和
    public static void Add(int a,int b)
    {
        int result=a+b;
        Console.WriteLine($"The sum of {a} and {b} is:{result}");
    }
}

class Program
{
    static void Main(string[ ] args)
    {
        //创建委托实例并绑定方法
        CalculationDelegate DelegateInstance=new CalculationDelegate(Calculator.Add);

        //调用委托实例
        DelegateInstance (3,4);
    }
}
```

在这个示例中，首先声明了一个委托类型 CalculationDelegate，它可以代表具有两个整型参数且无返回值的方法。然后在 Calculator 类中定义了一个静态方法 Add，用于计算两个整数的和并打印结果。在 Main 方法中，创建了一个委托实例 CalculationDelegate，并将其绑定到 Calculator.Add 方法。最后，通过调用委托实例来执行 Calculator.Add 方法。

3.8 C# 中常用的预定义类

3.8.1 object 祖先类及方法

在 C# 中，object 是所有数据类型的根类型。它是一种通用类型，可以用来表示任何

其他类型的值。在 C# 中，所有的数据类型都直接或间接地继承自 object 类。因此，object 是 .NET 框架中的基本类型。

由于所有数据类型都可以隐式地转换为 object 类型，因此可以使用 object 类型来存储各种类型的数据。这使得在需要处理不同类型的数据时变得更加灵活，但同时也可能导致一些类型安全性的问题，因为需要在使用时进行类型转换。

在使用 object 类型时，常见的操作是将特定类型的数据装箱到 object 类型中，以及从 object 类型中拆箱为特定类型。装箱是将值类型（如 int、float、struct 等）转换为引用类型（object），而拆箱是将之前装箱的对象转换回原始的值类型。以下是一些 object 类的应用示例。

1）使用 object 类创建通用容器：

```
object myObject="Hello,World"; //任何类型的对象可以存储在 object 类型的变量中
object anotherObject=42;
```

允许用户创建通用的容器，但在访问存储在其中的对象时需要进行类型转换。

2）使用 Equals 方法比较对象相等性：

```
object obj1="Hello";
object obj2="Hello";
bool areEqual=obj1.Equals(obj2); //使用 object 类的 Equals 方法
```

3）使用 GetHashCode 方法：

```
object myObject="Hello,World";
int hashCode=myObject.GetHashCode( );
```

4）使用 ToString 方法：

```
object myObject=42;
string objectString=myObject.ToString( ); //将对象转换为字符串
```

5）使用 GetType 方法获取对象的类型信息：

```
object myObject="Hello";
Type objectType=myObject.GetType( );
```

6）使用 null 值：

在 C# 中，null 是 object 类型的默认值，因此可以将 null 分配给任何 object 类型的变量。示例：

```
object myObject=null;
```

7）使用 as 运算符进行类型转换：

```
object myObject="Hello";
string str=myObject as string;

if(str!=null){
    //类型转换成功
}
```

8）使用反射操作对象：

可以使用反射来获取对象的类型信息、调用其方法、访问其属性等。示例：

```
object myObject="Hello,World";
Type objectType=myObject.GetType( );
MethodInfo[ ]methods=objectType.GetMethods( );// 获取对象的方法列表
```

9）装箱和拆箱：

```
int number=42;
object boxed=number;// 装箱
int unboxed=(int)boxed;// 拆箱
```

总之，object 类在 C# 中是一个通用的基类，允许处理各种不同类型的对象。然而，在实践中，通常会使用具体的类来表示对象，而不是直接使用 object 类。

3.8.2　Math 类及方法

在 C# 中，Math 类是一个静态类，包含许多用于数学计算的静态方法和常量。它位于 System 命名空间中，因此在使用 Math 类之前，需要添加以下 using 声明：

using System;

Math 类提供了各种常用的数学函数和操作，能够执行数学运算，如绝对值、平方根、三角函数、指数函数等。表 3-1 是常见的 Math 类方法和常量。

表 3-1　常见的 Math 类方法和常量

方法	说明
Math.Abs(x)	返回 x 的绝对值
Math.Sqrt(x)	返回 x 的平方根
Math.Pow(x,y)	返回 x 的 y 次幂
Math.Exp(x)	返回 e（自然对数的底数）的 x 次幂
Math.Log(x)	返回 x 的自然对数
Math.Log10(x)	返回 x 的以 10 为底的对数
Math.Sin(x)	返回 x 的正弦值（x 以弧度表示）
Math.Cos(x)	返回 x 的余弦值（x 以弧度表示）
Math.Tan(x)	返回 x 的正切值（x 以弧度表示）
Math.DegreesToRadians(x)	将角度转换为弧度
Math.RadiansToDegrees(x)	将弧度转换为角度
Math.PI	常量 π 的近似值，实际为 3.141592653589793

实例：Math 类方法的应用。

```
public class Program
{
```

```
    public static void Main( )
    {
        int x=-10;
        double y=2.5;
        double angle=45;

        Console.WriteLine("Absolute value of "+x+":"+Math.Abs(x));
        Console.WriteLine("Square root of "+y+":"+Math.Sqrt(y));
        Console.WriteLine("2 to the power of "+y+":"+Math.Pow(2,y));
        Console.WriteLine("e to the power of "+y+":"+Math.Exp(y));
        Console.WriteLine("Natural logarithm of "+y+":"+Math.Log(y));
        Console.WriteLine("Sine of "+angle+" degrees:"+
                    Math.Sin(Math.DegreesToRadians(angle)));
        Console.WriteLine("Cosine of "+angle+" degrees:"+
                    Math.Cos(Math.DegreesToRadians(angle)));
        Console.WriteLine("Tangent of "+angle+" degrees:"+
                    Math.Tan(Math.DegreesToRadians(angle)));
    }
}
```

输出结果：

```
Absolute value of -10:10

Square root of 2.5:1.5811388300841898

2 to the power of 2.5:5.656854249492381

e to the power of 2.5:12.182493960703473

Natural logarithm of 2.5:0.9162907318741551

Sine of 45 degrees:0.7071067811865475

Cosine of 45 degrees:0.7071067811865476
Tangent of 45 degrees:0.9999999999999999
```

3.8.3 Random 类及方法

在 C# 中，随机数的生成可通过 System.Random 类来实现的。Random 类允许生成伪随机数，这些数看起来是随机的，但实际上是通过算法计算得到的。为了使用 Random 类，需要在代码文件的开头添加以下 using 声明：

```
using System;
```

表 3-2 是常用的 Random 类方法。

表 3-2　常用的 Random 类方法

方法	说明
Random()	默认构造函数，使用系统时钟作为种子生成一个新的 Random 实例。Random random = new Random()
Random(int seed)	使用指定的种子生成一个新的 Random 实例，种子是一个整数，相同种子将生成相同的随机数序列
Next()	返回一个非负的随机整数
Next(int maxValue)	返回一个介于 0（包含）和 maxValue（不包含）之间的随机整数
Next(int minValue, int maxValue)	返回一个介于 minValue（包含）和 maxValue（不包含）之间的随机整数
NextDouble()	返回一个介于 0.0（包含）和 1.0（不包含）之间的随机双精度浮点数

实例：Random 类应用。

```
public class Program
{
    public static void Main()
    {
        Random random=new Random();

        //生成随机整数
        int randomInt=random.Next();
        Console.WriteLine("Random Integer:"+randomInt);

        //生成介于 0(包含)和 100(不包含)之间的随机整数
        int randomIntInRange=random.Next(100);
        Console.WriteLine("Random Integer in Range (0-100):"+randomIntInRange);

        //生成介于 50(包含)和 100(不包含)之间的随机整数
        int randomIntInRange2=random.Next(50,100);
        Console.WriteLine("Random Integer in Range (50-100):"+randomIntInRange2);

        //生成随机双精度浮点数
        double randomDouble=random.NextDouble();
        Console.WriteLine("Random Double:"+randomDouble);
    }
}
```

运行以上代码，将得到随机结果输出：

```
Random Integer:767819954
Random Integer in Range(0-100):79
Random Integer in Range(50-100):78
Random Double:0.486803135212792
```

Random 类提供了一种方便的方式来生成随机数,这在模拟、游戏开发和其他需要随机性的场景中非常有用。但需要注意的是,Random 类生成的随机数是伪随机数,不能用于加密或安全性相关的场景。

3.8.4　DateTime 类及方法

在 C# 中,DateTime 类是用于表示日期和时间的类。它位于 System 命名空间下,可以用于处理日期、时间、时间间隔以及与日期时间相关的操作和计算。

以下是 DateTime 类的一些常用属性和方法。

1) Now:获取当前的日期和时间。

```
DateTime now=DateTime.Now;
Console.WriteLine($"当前时间:{now}");
```

2) Today:获取当前日期的日期部分(时间部分为午夜零点)。

```
DateTime today=DateTime.Today;
Console.WriteLine($"当前日期:{today}");
```

3) Year、Month、Day:获取日期的年份、月份和日。

```
DateTime date=new DateTime(2023,7,25);
int year=date.Year; //2023
int month=date.Month; //7
int day=date.Day; //25
```

4) Hour、Minute、Second:获取时间的小时、分钟和秒。

```
DateTime time=new DateTime(2023,7,25,15,30,45);
int hour=time.Hour; //15
int minute=time.Minute; //30
int second=time.Second; //45
```

5) AddXXX 方法:用于在日期时间上进行加减操作。

```
DateTime date=new DateTime(2023,7,25);
DateTime futureDate=date.AddDays(7); //加 7 天
DateTime pastDate=date.AddDays(-7); //减 7 天
```

6) ToString 方法:将日期时间转换为字符串表示形式。

```
DateTime date=new DateTime(2023,7,25);
string dateString=date.ToString("yyyy-MM-dd"); //输出为 "2023-07-25"
```

这里只是 DateTime 类的一些常用属性和方法,它还提供了其他许多功能,比如计算时间间隔、比较日期时间、解析字符串为日期时间等。DateTime 类在 C# 中是处理日期时间的重要工具,可以满足各种日期时间处理的需求。

3.9 类库文件（.dll）的创建与引用操作

动态链接库（Dynamic Link Library，DLL）文件是包含可以由多个程序共享的代码和数据的文件。在 Windows 操作系统中，DLL 文件通常具有 .dll 扩展名。DLL 文件允许程序模块化并促进代码重用，减少内存占用，并且可以由多个应用程序同时使用。

3.9.1 用 C# 创建类库 .dll 文件的步骤

创建一个名为 MyClassLibrary 的类库，其中包含一个简单的数学计算类 MathHelper，以及两个静态方法 Add 和 Subtract。然后，将这个类库编译为 .dll 文件供其他项目使用。

步骤如下。

1）打开 Visual Studio 并选择"创建新项目"。

2）在"创建新项目"对话框中，选择"类库（.NET Standard）"项目模板，单击"下一步"，再单击"创建"。

3）输入项目名称为"MyClassLibrary"，选择保存位置，然后单击"下一步"按钮。

4）在"Solution Explorer"（解决方案资源管理器）中，右击"Program.cs"代码文本，选择"重命名"，改为："MathHelper.cs"。

5）在 MathHelper.cs 文件中编写以下代码。

```csharp
namespace MyLibrary
{
    public static class MathHelper
    {
        public static int Add(int a,int b)
        {
            return a+b;
        }

        public static int Subtract(int a,int b)
        {
            return a-b;
        }
    }
}
```

6）在菜单中选择"生成"->"生成解决方案"或按快捷键 <Ctrl+Shift+B> 来编译项目。如果一切顺利，将编译成功，且将在 MyClassLibrary\bin\Debug\net8.0 目录中生成 MyClassLibrary.dll 文件。

现在，已经创建了名为 MyLibrary.dll 的类库，其中包含 MathHelper 类的定义。了解如何创建和使用 DLL 文件是 C# 和 Windows 开发者的基本技能。

3.9.2 类库 .dll 文件引用步骤

对于已经创建好的 dll 文件，其他项目可以通过在源程序 .cs 文件中使用 using 进行引入。例如，将刚建立的 MyClassLibrary.dll 添加为引用并使用其中的功能，步骤如下：

1）创建一个新的控制台应用程序项目（或使用现有项目）。

2）在"Solution Explorer"中右击项目，选择"添加引用"。

3）在"引用管理器"中，选择"浏览"，并找到之前生成的 MyLibrary.dll 文件，选择它并单击"添加"按钮。

4）在程序中使用 MathHelper 类，实例如下：

```
using System;
using MyClassLibrary; // 使用类库的命名空间
namespace MyConsoleApp
{
    class Program
    {
        static void Main(string[ ] args)
        {
            int result=MathHelper.Add(5,3);
            Console.WriteLine($"Add result:{result}");

            result=MathHelper.Subtract(10,4);
            Console.WriteLine($"Subtract result:{result}");
        }
    }
}
```

5）编译并运行控制台应用程序，将会输出以下结果：

```
Add result:8
Subtract result:6
```

现在，已经成功创建并使用了一个简单的 .dll 文件。这是一个基本的示例，实际中可以创建更复杂的类库，供其他项目使用。

3.10 含多个源程序的项目创建过程

在 C# 中，创建含有多个源程序的项目是很常见的。这样的项目允许将相关的代码模块化，并将它们组织在不同的源文件中，以提高代码的可读性和维护性。

下面是创建含有多个源程序的 C# 项目的基本步骤。

1）打开集成开发环境（IDE），如 Visual Studio。

2）创建一个新的 C# 项目：在 Visual Studio 中，选择 "File"（文件）菜单，然后选择 "New"（新建）→ "Project"（项目）。在 "Create a new project"（创建新项目）对话框中，选择 "C#" 类别，然后选择合适的项目模板，如 "Console App"（控制台应用程序）。

3）在项目中添加新的源文件：在 Visual Studio 中，右击项目，然后选择 "Add"（添加）→ "New Item"（新建项）。选择 "C#File"（C# 文件），然后给文件命名，并单击 "Add"（添加）按钮。

4）将代码写入新添加的源文件中，并定义所需的类、结构、接口等类型。

5）编译和运行项目：在 Visual Studio 中，单击 "Start"（启动）按钮或按 <F5> 键来编译并运行项目。可以重复步骤 3）和步骤 4），添加和编写更多的源文件。

请注意，每个源文件中定义的类和成员必须在项目范围内唯一，否则将会出现命名冲突。在引用其他源文件中的类型时，可以使用 using 语句或完全限定名，确保编译器能够正确解析类型的引用。

通过合理组织代码，将功能相关的代码放在不同的源文件中，可以提高代码的可读性和可维护性，使项目更加结构化和易于管理。

说明：程序集是指包含一个或者多个类文件和资源文件的集合。简而言之，就是一个 C# 项目，经编译后以可执行文件（.exe）或以动态链接库文件（.dll）的形式存在。

习　　题

一、填空题

1. 任何事物都是（　　　　　），它可以是现实世界中的一个物理对象，可以是抽象的概念或规则。

2. 如果一个属性里既有 set 访问器又有 get 访问器，但无访问器的方法体，那么该属性为（　　　　　）属性。

3. 如果一个属性里只有 set 访问器，那么该属性为（　　　　　）属性。

4. 声明为（　　　　　）的一个类成员，只有定义这些成员的类的方法能够访问。

5. （　　　　　）提供了对对象进行初始化的方法，而且它在声明时没有任何返回值。

6. 在 C# 中实参与形参有四种传递方式，它们分别是（　　　　　）、（　　　　　）、（　　　　　）和（　　　　　）。

7. 类的数据成员可以分为静态字段和实例字段。（　　　　　）是和类相关联的，（　　　　　）是和对象相关联的。

8. 在类的方法前加上关键字（　　　　　），则该方法被称为静态方法。

9. 面向对象语言都应至少具有的三个特性是封装、（　　　　　）和多态。

10. 若在方法头部冠以修饰符（　　　　　），则该方法能被外界通过"对象名 . 方法（参数表）"调用。

二、判断题

1. 在类中声明的静态成员，可以通过对象来调用。　　　　　　　　　　　　（　　）

2. 方法的重载指的是在类中可以声明多个同名方法，通过返回类型、形参列表来区分。
　　　　　　　　　　　　　　　　　　　　　　　　　　　　　　　　　　（　　）

3. 调用语句调用方法时，实参与形参的结合可以采用值参数传递、引用参数传递、输出参数、数组型参数等多种形式。　　　　　　　　　　　　　　　　　　　　（　　）

4. 方法的返回值可以是值类型数据、引用类型数据，还可以返回变量的引用（别名）。
　　　　　　　　　　　　　　　　　　　　　　　　　　　　　　　　　　（　　）

5. 类的属性设置、读取仅有 set 和 get 两种访问器能完成。　　　　　　　　（　　）

6. 方法调用结束，只能返回一个结果给主调程序代码，方法中只能有一个 return 语句。

7. 构造函数属于特殊的方法，可以重载。（ ）

8. 声明类时，类名前面的修饰符用 public 和用 internal 所产生的访问权限相同。（ ）

9. 若类名用 public 修饰，而成员方法用 internal 修饰，则该方法只能在本程序集被调用。（ ）

10. 若类名用 public 修饰，而方法用 protected 修饰，则该方法能被本程序集及其他程序集的该类的派生类所调用。（ ）

三、选择题

1. 在 C# 编程中，访问修饰符控制程序对类中成员的访问，如果不写访问修饰符，类的默认访问类型是（   ）。

A. public　　　　B. private　　　　C. internal　　　　D. protected

2. 在下列 C# 代码中，（   ）是类 Teacher 的属性。

```
Public class Teacher{
    int age=13;
    private string Name
    {
        get{return name;}
        set{name=value;}
    }
    public void SaySomething( ){...}
}
```

A. Name　　　　B. name　　　　C. age　　　　D. SaySomething

3. 在 C# 语言中，方法重载的主要方式有两种，包括（   ）和参数类型不同的重载。

A. 参数名称不同的重载　　　　B. 返回类型不同的重载

C. 方法名不同的重载　　　　　D. 参数个数不同的重载

4. 在 C# 中，下列关于属性的使用正确的是（   ）。

A.
```
private int num;
public string Num
{
  get{return num;}
  set{num=value;}
}
```

B.
```
private int num;
public int Num
{
  get{return num;}
  set{num=value;}
}
```

C.
```
private int num;
public int Num
{
  get{return num;}
  set{num=value;}
}
```

D.
```
private int num;
private int Num
{
  get{retuen num;}
  set{num=value;}
}
```

5. 在 C# 中，创建类的实例需要使用的关键字是（　　）。
A. this　　　　　　B. base　　　　　　C. new　　　　　　D. as

四、编程题

1. 建立一个求一元二次方程实数解的类，调用该类对象的方法输出解的情况。要求系数由键盘输入。

2. 声明一个 Circle 类，仅含一个 cal 方法用于求圆的面积和周长，要求有两个 out 输出参数。圆半径从键盘输入，输出圆的面积和周长。

3. 假设 student 类含有一个求三门课平均成绩的方法。试编写该方法且对平均成绩采用传引用参数法。成绩通过键盘输入，调用求平均成绩的方法输出结果。

第 4 章　C# 程序流程控制语句

📌 教学设计

重点：流程控制语句；辅助语句；选择、循环的嵌套。
难点：选择、循环的嵌套。

C# 程序执行时从 Main（ ）进入，然后建立对象并调用对象的方法完成任务。而在对象的方法中，程序代码一般涵盖三大结构，即顺序结构、分支结构、循环结构，以此完成一个复杂任务。本质上程序代码及其执行是一个顺序结构，即从上到下依此执行，只是在顺序执行的过程中局部包含着条件判断执行的过程，恰恰是这种条件判断可能导致循环执行某一段程序或有选择跳跃式跨过一段程序。程序的执行过程就好比看书，总体上看书的方法是从前往后看，每页是从上往下看，这就是顺序执行。当遇到看不懂的部分就会反复看直到看明白，这就是循环执行；当碰到不感兴趣的部分可能就跳过去，这就是选择执行。

4.1　C# 程序常用语句概述

C# 语言提供了多种类型的语句，用于构建程序的控制流、声明变量、执行操作等。语句一般用分号结束。以下是 C# 中常用的语句分类和示例，具体语法在后续章节介绍。

1）声明语句（Declaration Statement）用于声明变量、常量、类型等。示例如下：

```
int number=10;
const double PI=3.14159;
string name="John";
```

2）表达式语句（Expression Statement）用于计算和执行表达式的结果。示例如下：

```
number=20; //赋值语句
Console.WriteLine(name); //方法调用语句
number++; //增量语句
```

3）选择语句（Selection Statement）用于根据条件执行不同的代码块，包括 if 语句与 switch 语句。示例如下：

```
if (number > 10)
{
    Console.WriteLine("Number is greater than 10.");
}
else if (number==10)
{
    Console.WriteLine("Number is equal to 10.");
```

```
}
else
{
    Console.WriteLine("Number is less than 10.");
}

switch (number)
{
    case 1:
        Console.WriteLine("Number is 1.");
        break;
    case 2:
        Console.WriteLine("Number is 2.");
        break;
    default:
        Console.WriteLine("Number is not 1 or 2.");
        break;
}
```

4）迭代语句（Iteration Statement）用于重复执行代码块，包括 for 语句、foreach 语句、while 语句、do-while 语句。示例如下：

```
for (int i=0;i<10;i++)
{
    Console.WriteLine(i);
}

do
{
    number--;
} while (number>0);
```

5）跳转语句（Jump Statement）用于在代码中跳转到其他位置，包括 break 语句、continue 语句、goto 语句、return 语句和 throw 语句等。示例如下：

```
for (int i=0;i<10;i++)
{
    if (i==5)
        break;
    Console.WriteLine(i);
}

for (int i=0;i<10;i++)
{
    if (i%2==0)
        continue;
    Console.WriteLine(i);
}
```

6）异常处理语句（Exception Handling Statement）用于捕获和处理异常。示例如下：

```
try
{
    int result=10/number;
}
catch (DivideByZeroException ex)
{
    Console.WriteLine("Cannot divide by zero.");
}
finally
{
    Console.WriteLine("This will always be executed.");
}
```

7）注释语句。使用"//"来表示单行注释，使用"/* */"来表示多行注释。单行注释用于注释单行代码或简短的注释内容，而多行注释则可以注释多行代码或较长的注释内容。示例如下：

```
// 这是一个单行注释
int x=5; // 这是另一个单行注释

/*
这是一个
多行注释
*/
int y=10;
```

注意：注释语句不会被编译器执行，因此可以用来给代码添加说明、备注或者临时禁用一些代码块。

另外，可以使用反斜杠"\"来表示续行。在一行的末尾使用"\"来告诉编译器下一行是当前语句的续行，将一行长的字符串拆分成多行来增加代码的可读性。示例如下：

```
string message="This is a long string that\
continues on the next line.";
```

4.2 赋值语句

赋值语句的功能是先计算表达式的值，然后将结果赋给变量，属于表达式语句。使用语法：

变量 = 表达式;

执行过程：首先求表达式的值，然后赋值给左边的变量。赋值过程中，若值的类型与变量的类型不一致，则自动将值的类型转换成变量的类型，然后完成赋值，若转换非法则报错。

例如：

```
int x=4,y;
y=x++;
```

4.3 复合语句

在 C# 中，复合语句（Compound Statement）也称为代码块（Block），是由一对 {} 括起来的一组语句，整体等价于一个语句。复合语句可以包含多条语句。例如：

```
int  x=4;
{
   Console.WriteLine("x="+x);
   {
      int x=5;
      Console.WriteLine("x="+x);
      x++;
   }
   Console.WriteLine("x="+x);
}
```

外层 {} 封闭起来的就是一个复合语句，内层 {} 封闭起来的也是一个复合语句。复合语句可以嵌套使用，也允许空的复合语句。空的复合语句就是在一对花括号之间没有任何语句。在以上示例中，{} 中的语句都属于复合语句，会作为一个整体执行。复合语句的使用可以帮助组织代码，使得代码逻辑更加清晰，尤其在处理多条语句的情况下，可以提高代码的可读性和可维护性。

4.4 选择结构语句

在实际生活中需要对当时的环境进行判断，以决定下一步行动。例如汽车驾驶，当驱车来到十字路口时，就需要根据红绿灯的状态决定接下来是等候还是通行。若是绿灯则通行，若是红灯则等候，红绿灯的状态值就是判断条件。选择语句包括 if 语句和 switch 语句。

4.4.1 if 语句

if 条件语句分为三种语法格式，每一种语法格式都有其自身的特点。
（1）if 语句　语法格式：

```
if(条件)语句;
```

if 语句流程框图如图 4-1 所示：
执行过程：如果条件成立（true），则处理执行语句然后进入汇合点，否则直接进入汇合点。所谓汇合点就是执行语句后接的语句。
特别说明：执行语句原则上是一条语句，若执行语句是多个语句，则需要使用复合语句。

实例1：从键盘输入一个角度，如果这个角度为负数，则输出"输入的角度为负数"，同时将其变为正数，最后对正角度求其正弦值；若输入的角度为正数，则直接求其正弦值。程序实例代码如图4-2所示。

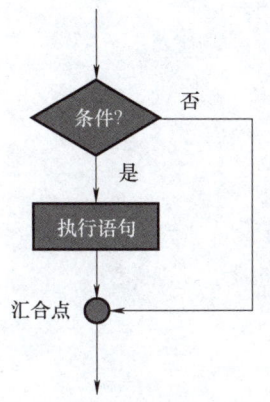

图4-1 if语句流程框图

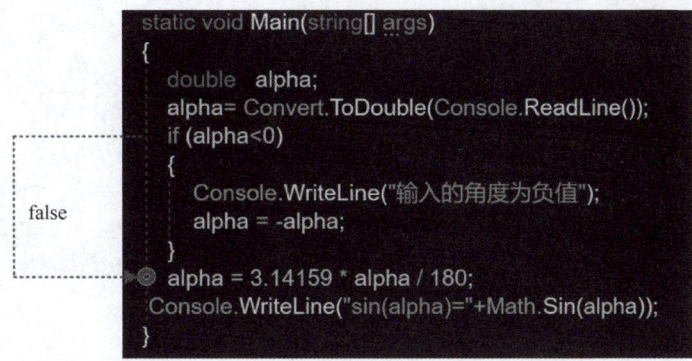

图4-2 程序实例代码

（2）if-else语句 语法格式：

```
if(条件)
    语句1；
else
    语句2；
```

if-else语句流程框图如图4-3所示。

执行过程：如果条件成立，则执行语句1，然后进入汇合点；否则执行语句2，然后进入汇合点。

特别说明：语句1、语句2原则上都是一条语句，如果是多个语句则要使用复合语句。要留意汇合点位置。

实例2：从键盘输入一个整数，如果是偶数则输出"偶数"信息，否则输出"奇数"信息。程序实例代码如图4-4所示。

图4-3 if-else语句流程框图

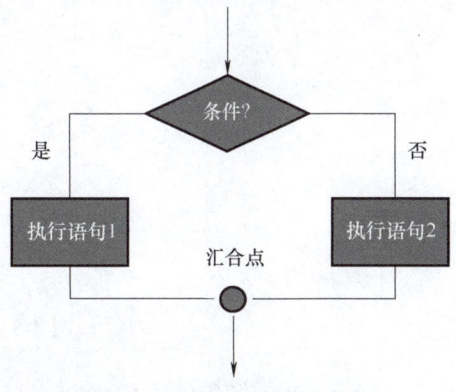

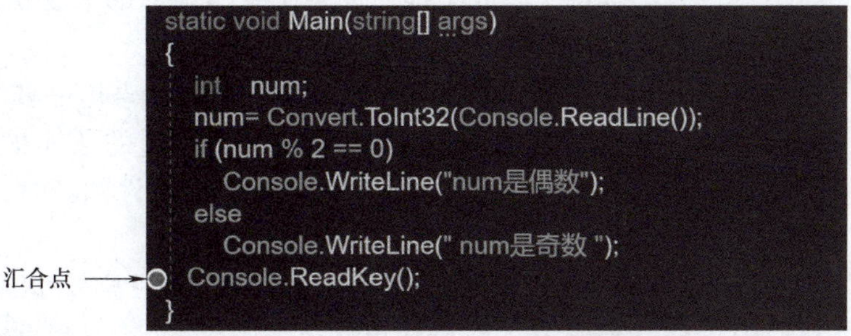

图4-4 程序实例代码

（3）if-else if-else 语句　if-else if-else 语句用于多分支处理，即对多个条件进行判断，进行多种不同的处理。语法格式：

```
if(条件 1)
    语句 1;
else if(条件 2)
    语句 2;
    ……
else if(条件 n)
    语句 n;
……
else
    语句 n+1;
```

if-else if-else 语句流程框图如图 4-5 所示。

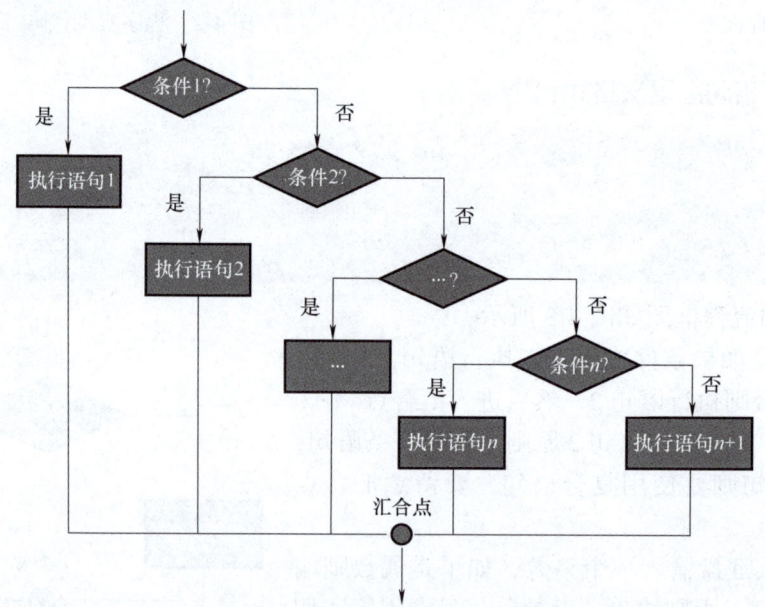

图 4-5　if-else if-else 语句流程框图

执行过程：当条件 1 成立则执行语句 1，然后进入汇合点；若条件 1 不成立但条件 2 成立，则执行语句 2，然后进入汇合点，以此类推；如果所有的条件都不成立，则执行 else 后面的语句 $n+1$。

特别说明：每一个执行语句原则上是一条语句，若某个执行语句是多个语句则需要使用复合语句；条件判断是由上至下顺序进行，因此，前面所判断过的条件非是后面条件判断的基础。例如第一个条件是 x≥100，若不成立，则进入下一个条件判断时，基础是 x<100，以此类推。

实例 3：编写对学生成绩进行等级划分的程序，若成绩≥90，则输出"成绩优秀"，若成绩≥80 则输出"成绩良好"，若成绩≥70 则输出"成绩中等"，若成绩≥60 则输出"成绩及格",否则输出"成绩不及格"。程序实例代码如图4-6所示。

```
static void Main(string[] args)
{
    int   grade;
    grade= Convert.ToInt32(Console.ReadLine());
    if (grade >= 90)
        Console.WriteLine("成绩优秀");
    else if (grade >= 80)
        Console.WriteLine(" 成绩良好 ");
    else if (grade >= 70)
        Console.WriteLine("成绩中等");
    else if (grade >= 60)
        Console.WriteLine("成绩及格");
    else
        Console.WriteLine("成绩不及格");
    汇合点 → Console.ReadKey();
}
```

图 4-6　程序实例代码

4.4.2　switch 语句

switch 语句也是常用的选择语句,一般称为开关语句。语法格式:

```
switch (表达式)
{
    case 模式 1 ［when 条件 1］:
        //语句组 1
        break;
    case 模式 2　［when 条件 2］:
        //语句组 2
        break;

    ……
    default:
        //语句组 n+1
        break;
}
```

执行过程:

1)表达式求值:switch 语句首先对表达式进行求值。

2)匹配模式:switch 语句将表达式的值与每个 case 标签进行模式匹配。

3)执行 when 条件:如果模式匹配成功,则继续检查 when 子句中的条件。

4)执行匹配的代码块:一旦找到匹配的 case 标签,并且 when 条件为真,执行对应的代码块。如果没有匹配的 case 标签,或者所有的 when 条件都为假,则执行 default 代码块(如果存在)。

5)跳出 switch 语句:执行完匹配的 case 代码块后,跳出 switch 语句。

switch 语句流程框图如图 4-7 所示。

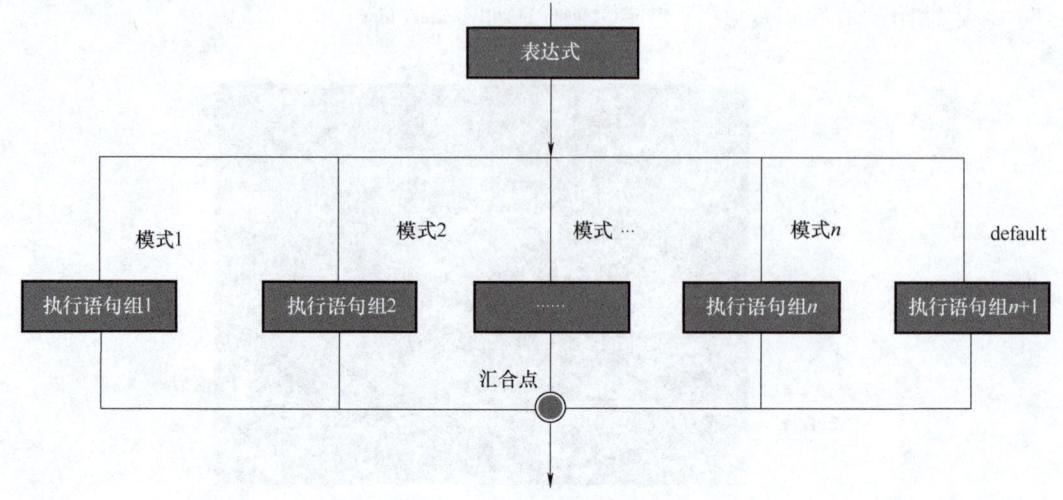

图 4-7 switch 语句流程框图

特别说明：

1）switch 结构中，第一个 case 之前不能有任何其他语句，注释除外。

2）switch 结构中，对于有功能代码的执行语句组，必须用 break 结束，以避免穿透到下一个执行语句组。

3）when 子句必须跟在 case 条件之后，并且条件可以使用任何布尔表达式，用于进一步筛选满足条件的情况。

4）常见的模式类型如下。

① 常量模式（Constant Pattern）：匹配一个具体的常量值，即整型、字符、字符串等字面常量以及枚举量等。

② 类型模式（Type Pattern）：匹配特定类型的对象，并将其转化为该类型的变量。

③ 守卫模式（Guard Pattern）：结合 when 子句进行额外的条件判断。

实例：常量模式——整数在 switch 结构中的应用。

```
static void Main(string[ ] args)
{
    Console.WriteLine("请输入成绩:");
    string input=Console.ReadLine( );
    int score=Convert.ToInt32(input);
    string category;
    // 使用 switch 语句根据成绩进行归类
    switch (score/10)
    {
            // 当成绩在 90 到 100 之间时,归类为 " 优秀 "
            case 10:
            case 9: category=" 优秀 "; break;

            // 当成绩在 80 到 89 之间时,归类为 " 良好 "
            case 8: category=" 良好 ";break;
```

```
            // 当成绩在 70 到 79 之间时,归类为 " 中等 "
            case 7: category=" 中等 ";break;

            // 当成绩在 60 到 69 之间时,归类为 " 及格 "
            case 6: category=" 及格 ";break;

            // 其他情况,归类为 " 不及格 "
            default: category=" 不及格 ";break;
    }

    // 输出成绩的归类结果
    Console.WriteLine(" 成绩归类:"+category);
    Console.ReadLine( );
}
```

4.5 循环结构

在 C# 语言中,常见的循环结构有以下几种:while 循环、do-while 循环、for 循环、foreach 循环。

4.5.1 while 循环

语法格式:

```
while(循环条件)
    循环体语句;
```

while 语句流程框图如图 4-8 所示。

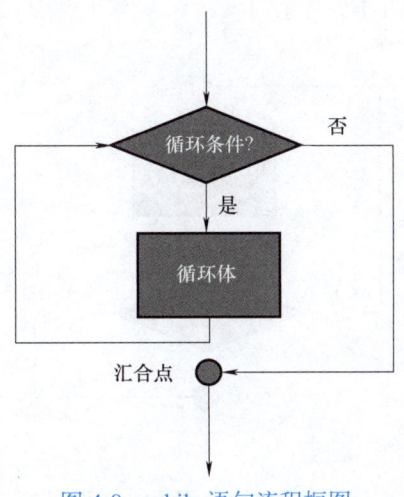

图 4-8 while 语句流程框图

执行过程:while 循环在每次迭代开始之前检查循环条件,并且只要条件为 true,就会重复执行循环体中的代码。

说明：

1）循环体原则上只有 1 条语句，当同时执行多条语句时，必须使用复合语句表示循环体。

2）while 循环是当型循环特性。

实例：

```
using System;
class Program
{
  static void Main( )
  {
    int i=0;
    while (i < 5)
    {
      Console.WriteLine("Value of i:"+i);
      i++;
    }
    Console.ReadKey( );
  }
}
```

4.5.2 do-while 循环

语法格式：

```
do
     循环体语句；
while(循环条件);
```

do-while 语句流程框图如图 4-9 所示。

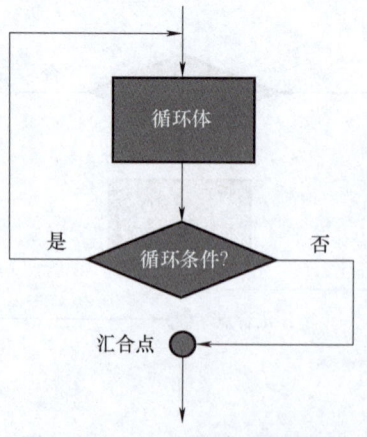

图 4-9　do-while 语句流程框图

说明：

1）循环体原则上只有 1 条语句，当同时执行多条语句时，必须使用复合语句表示循环体，且 while 后面必须带上分号。

2）do-while 循环是直到型循环特性。

实例：

```
using System;
class Program
{
  static void Main( )
  {
    int i=0;
    do
    {
      Console.WriteLine("Value of i:"+i);
      i++;
    }
    while (i<5);
    Console.ReadKey( );
  }
}
```

4.5.3　for 循环

语法格式：

```
for([初始化表达式];[循环条件];[迭代表达式])
    循环体语句；
```

for 语句流程框图如图 4-10 所示。

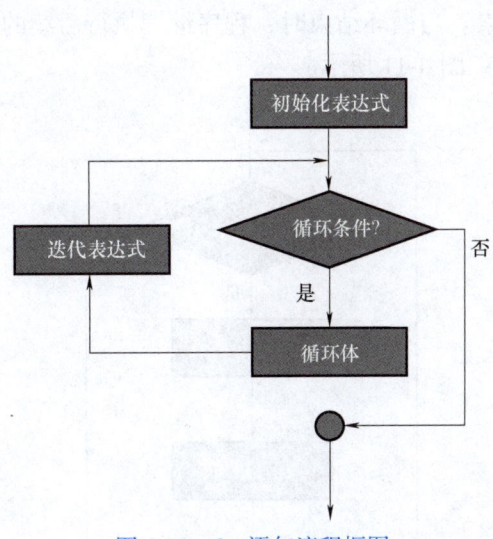

图 4-10　for 语句流程框图

说明：

1）循环体原则上只有 1 条语句，当同时执行多条语句时，必须使用复合语句表示循环体。

2）一般来说，初始化表达式用于初始化循环变量，循环条件用于控制循环的执行，迭代表达式用于更新循环变量的值。

3）初始化表达式、循环条件、迭代表达式可以缺省任何项。

实例：

```
using System;
class Program
{
   static void Main( )
   {
      for (int i=0;i<5;i++)
      {
         Console.WriteLine("Value of i:"+i);
      }
      Console.ReadKey( );
   }
}
```

4.5.4　foreach 循环

语法格式：

```
foreach(元素类型 迭代变量 in 集合)
     循环体语句;
```

语法要点为：元素类型表示集合中元素的类型。迭代变量表示在循环中用于迭代集合元素的临时变量。集合表示要遍历的集合，例如数组、列表等。在每次迭代时，迭代变量将会被设置为集合中的一个元素。当循环结束时，程序继续执行后续的代码。

foreach 语句流程框图如图 4-11 所示。

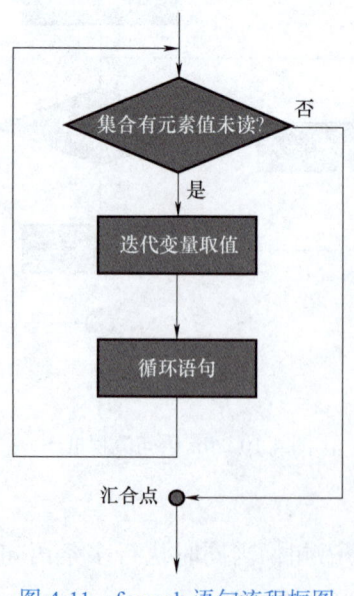

图 4-11　foreach 语句流程框图

实例：遍历数组并输出每个元素。

```
using System;
namespace Test
{
  class Test
  {
    static void Main( )
    {
      int[ ] numbers={1,2,3,4,5};
      foreach (int number in numbers)
      {
        Console.WriteLine(number);
      }
      Console.ReadKey( );
    }
  }
}
```

说明：
1) 循环体原则上只有 1 条语句，当同时执行多条语句时，必须使用复合语句表示循环体。
2) 迭代变量是一个只读的局部变量。

4.6 跳 转 语 句

跳转语句是一种辅助语句，包括 break、continue、goto、return 等。

4.6.1 break 语句

break 语句用于跳出当前 switch 结构以及循环结构，从而结束该结构的运行，它跳转的目标是上述语句结束后的汇合点。break 语句只能用在 switch 以及循环结构中，否则将编译报错。如果 switch、循环结构是嵌套的，那么 break 只是跳出其所在的当前层的 switch 或循环。

（1）在循环语句中使用 break　　实例：求 s=1+2+3+…+n 的和，直到和大于 300 时结束，输出此时的 n 值以及表达式的结果。

```
class Program
{
  static void Main( )
  {
    int n=1;
    int sum=0;
    while (true)
    {
```

```
        sum+=n;
        n++;
        // 如果和大于 300,则输出结果
        if (sum > 300)
        {
            Console.WriteLine("n="+(n-1));
            Console.WriteLine("Sum="+sum);
            break;
        }
    }
    Console.ReadKey( );
}
```

当程序运行时,将输出如下结果:

```
n=25
Sum=325
```

在上述示例中,使用 n 来代表当前的数字,sum 来代表累加的和。通过 while 循环,不断将 n 累加到 sum 中,并在每次循环时检查 sum 是否大于 300。一旦 sum 超过 300,输出 n(此时应减 1,因为循环中已经自增了一次)和 sum。

(2)在 switch 语句中使用 break　实例如下:

```
int dayOfWeek=3;
switch (dayOfWeek)
{
    case 1:
        Console.WriteLine("Monday");
        break;
    case 2:
        Console.WriteLine("Tuesday");
        break;
    case 3:
        Console.WriteLine("Wednesday");
        break;// 当匹配到 case 3 时,会执行相应代码,并跳出 switch 语句
    case 4:
        Console.WriteLine("Thursday");
        break;
    default:
        Console.WriteLine("Other day");
        break;
}
```

4.6.2　continue 语句

在 C# 中,continue 用于提前结束当前循环的迭代,并继续下一次循环迭代。当满足特

定条件时，使用 continue 语句可以跳过当前迭代中的代码，直接进行下一次迭代。

continue 语句通常与循环语句（如 for、while、do-while）一起使用，但不能在非循环代码块中使用。它在循环中的作用是让程序跳过当前迭代，直接开始下一次迭代，从而忽略当前迭代中循环体 continue 后的一部分代码。

以下是一个使用 continue 语句的 C# 示例代码：

```
class Program
{
    static void Main( )
    {
        for (int i=1;i<=10;i++)
        {// 如果 i 是偶数,跳过当前迭代,继续下一次迭代
            if (i%2==0)
            {
                continue;
            }
            Console.WriteLine("Current i value:"+i);
        }
        Console.ReadKey( );
    }
}
```

程序输出如下：

```
Current i value:1
Current i value:3
Current i value:5
Current i value:7
Current i value:9
```

在输出中，只看到了奇数值的 i，因为在偶数值时使用了 continue 语句跳过了输出语句。

4.6.3 goto 语句

在 C# 中，goto 语句允许直接跳转到程序中的标记位置。但是，通常不推荐使用 goto 语句，因为它可能导致代码可读性和可维护性变差，增加程序出错的风险。使用 goto 语句时，需要在目标位置标记一个标签，然后使用 goto 跳转到该标签的位置。

语法如下：

```
label_name:
// 代码逻辑
// 跳转到标签处
goto label_name;
```

示例如下：

```
class Program
{
```

```
    static void Main( )
    {
        int count=0;

startLoop:
        count++;

        if (count <=5)
        {
            Console.WriteLine("Count is:"+count);
            goto startLoop; //跳转回标签 startLoop 处
        }
    }
}
```

在上述示例中，使用 goto 语句在循环中模拟了一个简单的计数器。在标签 startLoop 处，递增计数器 count，并输出当前的计数值。然后，使用 goto 语句将控制跳转回标签 startLoop 处，以便继续下一次循环迭代，直到计数器值大于 5 时停止循环。

4.6.4 return 语句

在 C# 中，return 是一种用于从方法（函数）中返回值的关键字。当一个方法执行完毕后，可以使用 return 语句将结果返回给调用语句。

return 语句可以用于两种情况：

1）被调方法执行结束时返回值给调用语句：当一个方法声明了返回值类型（除了 void），方法中必须使用 return 语句返回一个与返回值类型相符的值。其可以把计算得到的结果传递给调用者。

```
public int Add(int a,int b)
{
    int sum=a+b;
    return sum; //返回计算的结果
}
```

2）提前结束被调 void 型方法的执行：void 表示方法没有返回值，这种方法中也可以使用 return 语句，但它用于提前结束方法的执行。示例如下：

```
public void PrintMessage(string message)
{
    if (string.IsNullOrEmpty(message))
    {
        Console.WriteLine("Message is empty.");
        return; //提前结束方法,不执行后续的代码
    }
    Console.WriteLine("Message:"+message);
}
```

第4章 C#程序流程控制语句

在上述示例中,如果传入的 message 为空或为 null,PrintMessage 方法会输出"Message is empty.",并在 return 语句处提前结束方法。如果 message 不为空,会输出具体的消息。注意,在方法中,一旦执行到 return 语句,方法立即结束,并且后续的代码将不会被执行。对于有返回值类型的方法,return 语句应该返回与方法声明中返回值类型相符的值;对于 void 方法,return 语句只用于提前结束方法的执行,而不返回任何值。

4.7 using 语句

在 C# 中,using 语句用于管理资源的释放,尤其是在使用 IDisposable 接口的对象时。using 语句可以自动释放资源,而不需要手动调用 Dispose 方法。这样可以确保资源得到及时释放,避免资源泄露和内存溢出。

using 语句的常见用法包括:
1)用于处理文件流、网络流等需要手动释放的资源。
2)用于处理数据库连接、网络连接等需要手动释放的资源。
3)用于处理实现了 IDisposable 接口的自定义对象。

以下是 using 语句的基本语法:

```
using(ResourceType resource=new ResourceType())
{
    //使用 resource 对象的代码
}
```

在 using 语句中,ResourceType 是需要处理的资源类型,它必须实现 IDisposable 接口。在 using 代码块内部,可以使用 resource 对象进行相关操作。在 using 代码块结束时,无论代码是否出现异常,系统都会自动调用 resource.Dispose() 方法来释放资源。

实例:使用 using 语句处理文件流的资源释放。

```
using System.IO;
class Program
{
    static void Main()
    {
        string filePath="data.txt";
        using (FileStream fileStream=new FileStream(filePath,FileMode.Open))
        {
            //使用 fileStream 对象读取文件内容
            //...
        } //在这里,fileStream.Dispose()会自动被调用,释放文件流资源
    }
}
```

4.8 选择、循环结构的嵌套

在编程中，选择结构（如 if、else、switch）和循环结构（如 for、while、do-while）可以相互嵌套，即在一个结构的代码块内包含另一个结构。这种嵌套可以帮助实现更复杂的逻辑和控制流程。必须注意的是：这种嵌套是一种完全包含关系，即外层结构完全包含内层结构，不允许在结构上有交叉。

4.8.1 选择结构的嵌套

```csharp
int num=15;
if (num > 0)
{
    if (num % 2==0)
    {
        Console.WriteLine("Positive even number.");
    }
    else
    {
        Console.WriteLine("Positive odd number.");
    }
}
else  if (num < 0)
{
    Console.WriteLine("Negative number.");
}
else
{
    Console.WriteLine("Zero.");
}
```

在这个例子中，首先判断 num 是否为正数（大于 0），如果是，则继续判断是否为偶数或奇数。如果 num 为负数，则输出"Negative number."，如果 num 为 0，则输出"Zero."。

注意：

1）else 总是与前面的、最近的未匹配的 if 相匹配。这意味着如果有多个 if 语句，每个 if 语句后面跟着一个 else，那么 else 会匹配其前面最近的未匹配的 if。

2）在实际编程中，如果 if 嵌套过多，代码可能会变得复杂难读。建议合理使用 else if 和 switch 等结构来优化代码逻辑，避免过度嵌套。

3）else 与 if 的匹配关系与程序代码的缩进编排无关，施加 {} 于 if 块或 else 块，有利于清晰表达匹配关系。

4.8.2 循环结构的嵌套

循环结构的嵌套是指在一个循环结构内部包含另一个或多个循环结构。通过循环结构的嵌套，可以实现更复杂的迭代和控制逻辑。其运行特点是：内循环是外循环的循环体语句，外层循环执行一次，内循环完成全部循环过程。

（1）示例：for 循环的嵌套

```
for (int i=1;i <=3;i++)
{
    for (int j=1;j <=2;j++)
    {
        Console.WriteLine("i:"+i+",j:"+j);
    }
}
```

在这个示例中，使用了两个嵌套的 for 循环。外层循环的变量 i 从 1~3 迭代，内层循环的变量 j 从 1~2 迭代。结果是内层循环的代码块会在外层循环的每一次迭代中执行，输出结果如下：

```
i:1,j:1
i:1,j:2
i:2,j:1
i:2,j:2
i:3,j:1
i:3,j:2
```

（2）示例：while 循环的嵌套

```
for (int i=1;i <=3;i++)
{
    int j=1;
    while (j <=2)
    {
        Console.WriteLine("i:"+i+",j:"+j);
        j++;
    }
}
```

这个示例是将之前的 for 循环嵌套改写成了 while 循环嵌套，结果和之前一样。

（3）示例：for 和 while 循环的嵌套。

```
for (int i=1;i <=3;i++)
{
    int j=1;
    while (j <=2)
    {
        Console.WriteLine("i:"+i+",j:"+j);
        j++;
    }
}
```

这个示例演示了在 for 循环内部嵌套了一个 while 循环。输出结果和前两个示例一样。

4.8.3 选择结构和循环结构的相互嵌套

选择结构和循环结构可以相互嵌套，也就是在一个选择结构的代码块内部包含一个或多个循环结构，或者在一个循环结构的代码块内部包含一个选择结构。这种相互嵌套可以实现更为复杂的逻辑和控制流程。实例如下：

```
for (int i=1;i<=5;i++)
{
    switch (i)
    {
        case 1:
            Console.WriteLine("Case 1");
            break;
        case 2:
            Console.WriteLine("Case 2");
            break;
        default:
            Console.WriteLine("Default Case");
            break;
    }
}
```

4.9 方法的递归调用

递归调用是指在方法的定义中调用自身的过程。递归是一种常用的编程技巧，特别适用于解决问题具有递归性质的情况，例如计算阶乘、斐波那契数列等。在使用递归时，需要定义一个递归出口，以防止无限递归，否则可能导致栈溢出。

实例 1：阶乘的递归实现。阶乘是一个自然数 n 与小于 n 的所有自然数的乘积。用数学符号表示为：$n! = n \times (n-1) \times (n-2) \times \cdots \times 1$。阶乘的递归实现如下：

```
using System;
public class Program
{
    //阶乘的递归实现
    public static int Factorial(int n)
    {
        //递归出口:当 n 为 1 时,返回 1
        if (n==1)
            return 1;

        //递归调用:n 的阶乘等于 n 乘以 (n-1) 的阶乘
        return n*Factorial(n-1);
    }
```

```
    public static void Main( )
    {
        int number=5;
        int result=Factorial(number);
        Console.WriteLine($" 阶乘 {number}!={result}");
    }
}
```

运行上述代码，将输出：

阶乘 5!=120

阶乘的递归实现流程框图如图 4-12 所示。

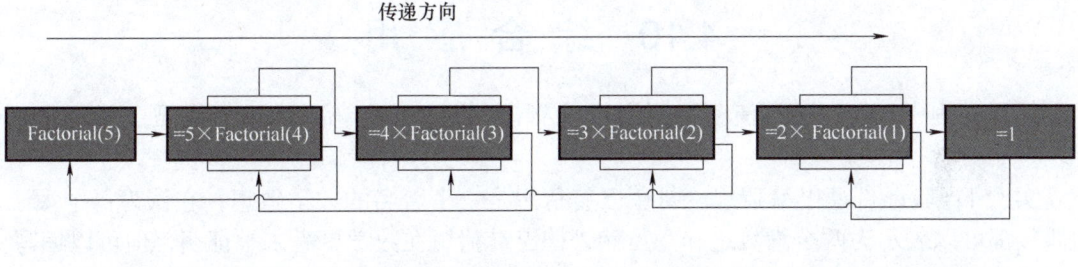

图 4-12　阶乘的递归实现流程框图

实例 2：斐波那契数列的递归实现。斐波那契数列中，每个数字是前两个数字之和，用数学符号表示为：$F(n)=F(n-1)+F(n-2)$，其中 $F(0)=0$，$F(1)=1$。斐波那契数列的递归实现如下：

```
using System;

public class Program
{
    //斐波那契数列的递归实现
    public static int Fibonacci(int n)
    {
        //递归出口:当 n 为 0 或 1 时,返回 n
        if (n==0 || n==1)
            return n;

        //递归调用:第 n 个斐波那契数等于前两个斐波那契数之和
        return Fibonacci(n-1)+Fibonacci(n-2);
    }

    public static void Main( )
    {
```

```
        int number=6;
        int result=Fibonacci(number);
        Console.WriteLine($"第{number}个斐波那契数为:{result}");
    }
}
```

运行上述代码,将输出:

第 6 个斐波那契数为:8

虽然递归是一种强大的编程技巧,但在使用时要小心递归深度过大导致的栈溢出问题。在实际应用中,可以根据问题的规模和性能要求,选择适合的递归深度或使用非递归方法来解决问题。

4.10 综合应用

编程过程中,可以使用流程控制语句以及 C# 类型编写出完整的 C# 代码,完成计算或实现其他功能。

实例1:验证哥德巴赫猜想。哥德巴赫猜想是一个著名的数学猜想,它认为每个大于2的偶数都可以表示为两个素数之和。虽然哥德巴赫猜想在数学界尚未被证明,但可以编写一个简单的程序来验证它对于一些特定的偶数是否成立。实例如下:

```
using System;
public class GoldbachConjecture
{
    //判断一个数是否为素数
    public static bool IsPrime(int number)
    {
        if (number<=1)
            return false;
        if (number==2)
            return true;
        for (int i=2;i<=Math.Sqrt(number);i++)
        {
            if (number%i==0)
                return false;
        }
        return true;
    }

    //验证哥德巴赫猜想
    public static void VerifyGoldbachConjecture(int evenNumber)
    {
        if (evenNumber<=2 || evenNumber%2!=0)
```

```
        {
            Console.WriteLine(" 请输入大于 2 的偶数!");
            return;
        }

        for (int i=2;i<=evenNumber/2;i++)
        {
            if (IsPrime(i) && IsPrime(evenNumber-i))
            {
                Console.WriteLine($"{evenNumber}={i}+{evenNumber-i}");
                return;
            }
        }

        Console.WriteLine($" 无法找到满足条件的素数和,验证失败。");
    }

    public static void Main(string[ ] args)
    {
        int evenNumber ; // 要验证的偶数
        for(evenNumber=10;evenNumber<=50;evenNumber+=2)
            VerifyGoldbachConjecture(evenNumber);
        Console.ReadKey( );
    }
}
```

在上述实例中,定义了一个 IsPrime 方法用于判断一个数是否为素数,然后编写了 VerifyGoldbachConjecture 方法来验证哥德巴赫猜想。在 Main 方法中,可以更改 evenNumber 变量的值来验证其他的偶数。

实例 2:利用近似多项式求 $\sin(x)$。泰勒级数是一种数学级数,可以用来近似表示函数。对于 $\sin(x)$,它的泰勒级数展开如下:

$\sin(x) = x - (x^3)/3! + (x^5)/5! - (x^7)/7! + \cdots$

根据泰勒级数展开,可以编写一个函数来计算 $\sin(x)$ 的近似值。实例如下:

```
using System;
public class Program
{
    // 计算阶乘
    public static int Factorial(int n)
    {
        if (n==0)
            return 1;
        return n*Factorial(n-1);
    }
```

```
// 计算 sin(x) 的近似值
public static double Sin(double x,int numTerms)
{
    double result=0.0;
    for (int n=0;n < numTerms;n++)
    {
        int sign=(n % 2==0)?1 :-1;
        double term=Math.Pow(x,2*n+1)/Factorial(2*n+1);
        result +=sign*term;
    }
    return result;
}

public static void Main( )
{
    double x=Math.PI/4;// 以弧度表示的角度,例如 pi/4 表示 45 度
    int numTerms=10;// 使用 10 项来近似计算 sin(x)
    double sinValue=Sin(x,numTerms);
    Console.WriteLine($"sin({x})≈{sinValue}");
    Console.ReadKey( );
}
}
```

在上述实例中,使用了 10 项来近似计算 sin(x) 的值,也可以根据需要调整 numTerms 的值来提高或降低近似的精度。

运行上述代码,将输出:

```
sin(0.785398163397448)≈ 0.7071067811865475
```

实例 3:找到给定范围内的所有水仙花数。水仙花数,也称为自恋数、自幂数或阿姆斯特朗数,是指一个 n 位数($n \geq 3$),其各个位上的数字的 n 次幂之和等于它本身。例如:

153 是一个水仙花数,因为 $1^3+5^3+3^3=1+125+27=153$。

370 也是一个水仙花数,因为 $3^3+7^3+0^3=27+343+0=370$。

实例如下:

```
using System;

public class Program
{
    // 计算一个数的各个位上的数字的 n 次幂之和
    public static int CalculatePowerSum(int number,int power)
    {
        int sum=0;
        int temp=number;
        while (temp!=0)
```

```csharp
        {
            int digit=temp%10;
            sum +=(int)Math.Pow(digit,power);
            temp /=10;
        }
        return sum;
    }

    // 查找水仙花数
    public static void FindNarcissisticNumbers(int start,int end,int power)
    {
        for (int i=start;i<=end;i++)
        {
            int sum=CalculatePowerSum(i,power);
            if (sum==i)
            {
                Console.WriteLine($"{i} 是一个水仙花数。");
            }
        }
    }

    public static void Main( )
    {
        int start=100;
        int end=999;
        int power=3; // 对于水仙花数,幂数为 3
        FindNarcissisticNumbers(start,end,power);
        Console.ReadKey( );
    }
}
```

在上述实例中,定义了 CalculatePowerSum 方法来计算一个数的各个位上的数字的 n 次幂之和。然后,编写了 FindNarcissisticNumbers 方法来查找给定范围内的所有水仙花数。在 Main 方法中,找到了三位数的水仙花数。

运行上述代码,将输出:

153 是一个水仙花数。
370 是一个水仙花数。
371 是一个水仙花数。
407 是一个水仙花数。

这是三位数范围内的所有水仙花数,也可以根据需要修改 start 和 end 的值来查找其他范围内的水仙花数。

习 题

一、填空题

1. 在 C# 语言中，实现循环的主要语句有 while，do-while，for 和_____语句。
2. 当在程序中执行到_____语句时，将提前结束本次循环而提前进入下一次循环。
3. 在 switch 语句中，每个语句标号所含关键字 case 后面的表达式必须是_____。
4. 在 while 循环语句中，一定要有修改循环条件的语句，否则，可能造成_____。
5. 在 C# 程序中，程序的执行总是从_____方法开始的。
6. 在循环执行过程中，希望当某个条件满足时退出循环，使用_____语句。
7. 浮点类型包括 float、double 和_____。
8. 在 switch 语句中，_____语句是可选的，且若存在，只能有一个。
9. 结构化的程序设计的 3 种基本结构是顺序结构、_____和循环结构。
10. 循环语句"for(int i=30; i>=10; i=i-5)"，循环体被执行的循环次数为_____次。

二、分析程序段的功能

程序如下：

```
using System;
namespace Test
{
  internal class Program
  {
    static void Main(string[ ] args)
    {
      long res=0;
      int num;
      Console.Write(" 请输入一个20以内的正整数:");
      num=Convert.ToInt32 (Console.ReadLine( ));
      for (int i=1;i<=num ;i++)
        res=res+(Program.AddFunc(i));
      Console.WriteLine("res="+res);
      Console.ReadKey( );
    }
    static long AddFunc(int n)
    {
      int s=0;
      for (int i=1;i <=n;i++)
        s=s+i;
      return s;
    }
  }
}
```

(1) 方法 AddFunc 的功能是：_____
(2) 方法 Main 的功能是：_____

三、程序填空题

求出所有的 5 位数的回文数，显示在屏幕上。回文数是指一个数字从左到右读和从右到左读都相同的数，例如，121、12321 都是回文数，而 12345 不是回文数。针对现有程序，在空白处填写适当代码，实现问题求解。程序如下：

```
using _____(1)_____ ;
namespace TEST
{
  class Program
  {
    ____(2)____ void Main(string[ ] args)
    {
      for (int i=10000;_____(3)_____ ;i++)
      {
        int ww,qw,bw,sw,gw;//定义各个位数
        ww=i/10000;//万位
        qw=i/1000％10;//千位
        bw=i/10/10％10;//百位
        sw=i/10％10;//十位
        gw=i％10;//个位
        if (_____(4)_____)//判断个位与万位,十位与千位是否相同
        {
          Console.WriteLine(i);//为 true。则输出 i
        }
      }
      _____(5)_____ ;  //等待键盘输入一个字符
    }
  }
}
```

四、阅读程序分析运行结果

程序如下：

```
namespace ch3_while
{
    internal class Program
    {
        static void Main(string[ ] args)
        {
            int n;
            long y;
            Console.WriteLine("请输入一个整数:");
```

```
            n=Convert.ToInt32(Console.ReadLine( ));
            y=fun(n);
            Console.WriteLine("y="+y);
        }
        static long fun(int n)
        {
            long f=0;
            if (n < 0)
                Console.WriteLine("n<0,输入错误 ");
            else if (n==0)
                f=1;
            else
                f=n+fun(n-1);
            return f;
        }
    }
}
```

若运行时输入的参数是 5，则程序的运行结果是：_____。

五、程序设计题

1. 编写程序，求区间 [1，100] 中所有能被 3 整除但不能被 7 整除的整数之和。要求用方法实现判断某个数 *n* 是否满足条件 "能被 3 整除但不能被 7 整除"，方法原型为：public static bool　fun(int n)。

2. 利用泰勒展开式 π/4=1−1/3+1/5−1/7+⋯，计算 π 的值，直到上述展开式的最后一项小于 10^{-6}。

第 5 章　字符及字符串操作

🔹**教学设计**

重点：char 类型常用方法；引用类型的特性、字符串对象的建立及其初始化；字符串变量的常用操作；可变字符串类及其常用操作。

难点：字符串、可变字符串类及其常用方法。

C# 中，使用 char 关键词定义字符变量，字符属于值类型。使用 string 或 String 关键词定义字符串变量，字符串属于引用类型。string 是 String 的别名，string 是 C# 中的类，String 是 Framework 的类。如果用 string，编译器会把它编译成 String，所以如果直接用 String 就可以让编译器少做一点工作。

5.1　char 字符类

char 类主要用来存储单个字符，占用 16 位（2 个字节）的内存空间。在 .NET 中，char 类型表示一个 Unicode 字符，使用的是 UTF-16 编码。UTF-16（16-bit Unicode Transformation Format）是一种可变长度的字符编码方式，每个字符使用 2 或 4 个字节表示。char 只定义一个 Unicode 字符，不能包含两个或以上的字符，也不允许存储空字符，即没有任何值的情况（与存储空格不同）。

5.1.1　字符变量的声明及实例化、初始化

字符常量是用一对单引号封闭起来的单个字符，如 'A'、'1' 等。而字符串常量是用一对双引号封闭起来的多个字符，如 "ABC"、"Good" 等。

字符变量，指其值为一字符常量。字符变量的声明及初始化语法如下：

```
char  变量名；
字符变量的初始化：
char  变量名 = 字符常量；
```

字符变量的赋值：在类方法体中声明字符变量后，可以在方法体中通过赋值操作给字符变量赋值。

> 📖 **特别提示**：如果想表示一个空字符，可以使用字符类型的默认值 '\0'（null 字符），或者使用默认构造函数。
>
> 例如：char c ='\0'；或　char c = default（char）；
>
> 如果使用 char c =' '；语句会导致编译错误。因为 C# 中的 char 类型只能包含一个字符，且不能是空的。

```
public static void Main(string[ ] args)
{
    char myChar='B';//字符变量声明及初始化
    char ch;//字符变量的声明
    myChar='0';//字符变量赋值
    ch='a';
    Console.WriteLine(myChar); //输出字符
    Console.WriteLine((int) myChar); //输出字符 Unicode 值
    Console.WriteLine(ch);
    Console.ReadKey(true);
}
输出:
0
48
a
```

5.1.2 字符类型的方法及应用

char 类为程序设计人员提供了许多静态方法,利用这些方法可实现字符的灵活操作。char 类的常用方法见表 5-1。

表 5-1 char 类的常用方法

方法	说明
public char ToLower()	返回一个新的字符,表示当前字符的小写形式
public char ToUpper()	返回一个新的字符,表示当前字符的大写形式
public string ToString()	返回表示当前字符的字符串
public static bool IsControl(char c)	确定指定的字符是否为控制字符
public static bool IsDigit(char c)	确定指定的字符是否为数字字符
public static bool IsLetter(char c)	确定指定的字符是否为字母字符
public static bool IsLetterOrDigit(char c)	确定指定的字符是否为字母或数字字符
public static bool IsLower(char c)	确定指定的字符是否为小写字符
public static bool IsNumber(char c)	确定指定的字符是否为数字字符
public static bool IsPunctuation(char c)	确定指定的字符是否为标点符号字符
public static bool IsSeparator(char c)	确定指定的字符是否为分隔符字符
public static bool IsSymbol(char c)	确定指定的字符是否为符号字符
public static bool IsUpper(char c)	确定指定的字符是否为大写字符
public static bool IsWhiteSpace(char c)	确定指定的字符是否为空白字符
public static char ToLower(char c)	返回指定字符的小写形式
public static char ToUpper(char c)	返回指定字符的大写形式
public static double GetNumericValue(char c)	获取指定的数值字符的数值
public static UnicodeCategory GetUnicodeCategory(char c)	返回指定的 Unicode 字符的分类

Is 开头的方法用于判断给定的 Unicode 字符是否为某个类别，To 开头的方法主要用于将字符转换为其他 Unicode 字符。实例如下：

```
static void Main(string[ ] args)
{
  bool flag=false;
  char val;
  val=char.Parse("A");
  Console.WriteLine("Value is:"+val);
  flag=char.Equals('A','A');
  if(flag==true)
    Console.WriteLine("Both are equal");
  else
    Console.WriteLine("Both are not equal");
  flag=char.IsDigit('A');
  if(flag==true)
    Console.WriteLine("Given character is digit");
  else
    Console.WriteLine("Given character is not digit");
  flag=char.IsLetter('A');
  if(flag==true)
    Console.WriteLine("Given character is letter");
  else
    Console.WriteLine("Given character is not letter");
  flag=char.IsLower('a');
  if(flag==true)
    Console.WriteLine("Given character is in lowercase");
  else
    Console.WriteLine("Given character is not in lowercase");
  flag=char.IsUpper('a');
  if(flag==true)
    Console.WriteLine("Given character is in uppercase");
  else
    Console.WriteLine("Given character is not in uppercase");
  Console.ReadKey( );
}
```

输出结果：

```
Value is :A
Both are equal
Given character is not digit
Given character is letter
Given character is in lowercase
Given character is not in uppercase
```

5.2　string 字符串类型

在 C# 中，字符串属于引用类型，string 类型的值是不可变的，这意味着一旦创建了 string 对象，它的值就不能更改。然而，可以通过重新赋值来改变字符串变量所引用的对象。

字符串可以视为字符类一维数组，字符串的每个字符元素可以通过索引来操作，只需控制索引取值范围避免越界产生异常即可。每个字符串都包含一个记录字符串长度的字段，使用 Length 属性可以获取字符串的长度。

> **提示**：在 C# 中，字符串常量是用一对双引号封闭起来的字符序列，如 "good"、"12345" 等。C# 中的字符串不是以特殊字符（如空字符 "\0"）来标志结束，因此它不依赖于特殊的结束标志 "\0"，这一点与 C/C++ 语言不同。

实例：

```
static void Main(string[ ] args)
{
    string str="abc\0d1234";
    Console.WriteLine(" 字符串长度 ="+str.Length);
}
```

输出结果为：

字符串长度 =9

从本例可以看出，在 C# 中 "\0" 不再是字符串的终止标志。

5.2.1　字符串变量的声明及实例化、初始化

字符串变量的值即为字符串常量。字符串变量属于引用类型。使用关键字 string 后跟变量名称来声明一个字符串变量。

以下是声明字符串类型变量的基本语法：

```
string variableName;
```

在 C# 中，字符串类型的变量的缺省值（默认值）是 null。这意味着，如果你声明一个字符串变量但没有显式初始化它，它将自动被设置为 null，表示它不引用任何字符串对象。如果尝试在这个变量上执行任何字符串操作，如访问其 Length 属性或尝试连接它，将会引发 NullReferenceException 异常，因为它不引用任何有效的字符串对象。字符串中也可以包含转义符。由于转义符用 "\" 开头，因此，表示文件路径时，要采用连续两个双斜杠。例如：

```
string  FileName="C:\\MyDocments\\ 简历 .doc";
```

C# 语言还提供了另外一种替代方式，就是在字符串常量的前面加上字符 @，在这个字符后的所有字符都会保持原来的含义，而不会解释为转义符。例如：

```
string  FileName=@"C:\MyDocments\简历.doc";
```

字符串变量的实例化与初始化，有两种方式：

1）在声明字符串变量的同时，用初始化器（即赋值号"="）提供初始值。例如：

```
string myString="Hello,World!";
```

等价于：

```
string myString;
myString="Hello,World!";
```

2）使用 new 运算符和构造函数初始化。String 类型的构造函数有多种重载，常用的重载方式如下：

```
public  string(char[ ] val);
public  string(char[ ] val,int strartindex,int length);
public  string(char c,int count);
```

例如：

```
static void Main(string[ ] args)
{
  char[ ] charArray={'A','B','C','D'};
  string str0=new string ('A',5);
  string str1=new string (charArray,1,2);
  string str2=new string (charArray);
  Console.WriteLine("str0="+str0);
  Console.WriteLine("str1="+str1);
  Console.WriteLine("str2="+str2);
  Console.ReadKey( );
}
```

输出结果：

```
str0=AAAAA
str1=BC
str2=ABCD
```

如果想将字符串变量初始化为空字符串，可以使用空字符串文字" "，还可以使用 string.Empty 来初始化一个空字符串：

```
string myString=""; //初始化为空字符串
string myString=string.Empty; //初始化为空字符串
```

字符串常量存储在拘留池中，字符串变量位于栈区，存放了字符串的地址。

5.2.2 字符串拘留池

在 C# 中，string 为引用类型，string 变量实际上存储的是指向字符串数据的引用。尽管

string 是引用类型，但 C# 对其进行了特殊处理，使其在使用上更类似于值类型。string 具有不可变性（Immutability）和字符串池（String Pool）的特性。

不可变性：字符串一旦创建就不能被修改。当对一个字符串进行操作时，实际上是创建了一个新的字符串对象，而不是修改原始字符串，这意味着字符串的内容始终保持不变。例如：

```
string str1="Hello";
string str2=str1; //str2 引用与 str1 相同的字符串
str1="World"; // 创建一个新的字符串 "World",str1 引用它
Console.WriteLine(str1); // 输出 "World"
Console.WriteLine(str2); // 输出 "Hello"
```

在上面的示例中，str1 和 str2 都是引用类型，它们最初引用相同的字符串，但将 str1 更改为"World"时，实际上是创建了一个新的字符串对象，并使 str1 引用该新对象，而不会影响 str2。

字符串池：C# 中的字符串池是一个内部机制，它会尝试重用相同的字符串对象，以减少内存占用。这意味着创建一个字符串时，如果在池中已经存在相同内容的字符串，则会返回对已存在字符串的引用。这可以提高性能并减少内存开销，不管字符串是编译时存储的还是程序运行过程动态存储的。例如：

```
string str1="Hello";
string str2="Hello"; // 实际上是重用了 str1 的引用
```

同一个程序中，若将同一个字符串赋值给多个字符串变量，系统就会多次分配内存空间，这样不仅浪费内存，也会影响系统性能，为此，.Net 提出了字符串拘留池机制。

拘留池机制原理：使用拘留池后，当 CLR 启动后，会在内部创建一个容器，该容器的键为字符串的内容，值是字符串在托管堆上的引用。这样的话，每次需要分配一个新字符串对象时，在分配内存之前会先检测容器中是否包含了该字符串对象，存在则返回已经存在的字符串对象的引用，不存在的话才会分配新对象，把它添加到内部容器中，然后再返回该对象的引用。

定义一个字符串 s1 = "123"，其拘留池单项赋值示意图如图 5-1 所示。

如果此时给 s2 也赋值字符串"123"，则字符串变量 s2 也指向字符串对象"123"，其拘留池多项赋值示意图如图 5-2 所示。

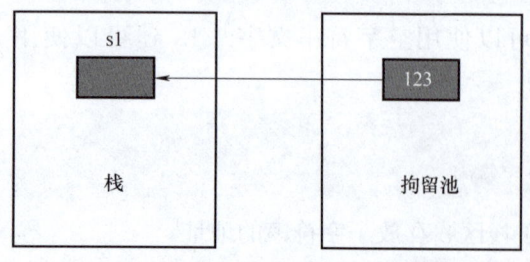

图 5-1 拘留池单项赋值示意图

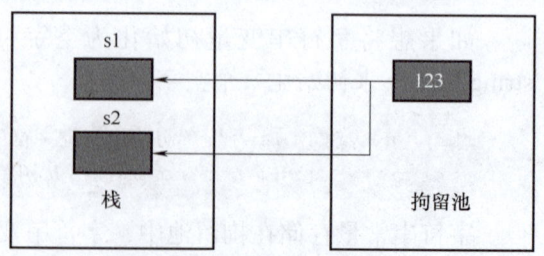

图 5-2 拘留池多项赋值示意图

那么 CLR 保存的字符串拘留池的容器可以访问吗？答案是肯定的，System.String 类中

提供了两个静态方法可以进行访问。

1）public static string Intern（string s）：返回字符串 s 在字符串拘留池中对应的引用，如果该字符串不在字符串拘留池中，那么会分配一个新的字符串对象并添加到字符串拘留池中，同时返回该字符串的引用。

2）public static string IsInterned（string s）：功能与第一个方法相似，只是当字符串 s 不在字符串拘留池中时，不会分配新的对象，并返回 null。

特别提醒：如果用 new 分配一个字符串对象，字符串拘留池机制不会起作用。因为 string 的构造函数使用一维字符数组作为参数，此时返回的是实参字符数组在堆中的地址。

实例：

```
static void Main(string[ ] args)
{
    string str1="I am very happy!!";
    string str2="I am very happy!!";
    Console.WriteLine(object.ReferenceEquals(str1,str2));
    char[ ] array1={'I','','a','m','','v','e','r','y','','h','a','p','p','y','!','!'};
    string str3=new string(array1);
    //new 运算符,导致str3引用的一维数组不在拘留池中
    Console.WriteLine(Object.ReferenceEquals(str1,str3));
    //str2 存在容器中,所以返回的是一个对象的引用
    Console.WriteLine("IsInterned(str2)="+string.IsInterned(str2));
    //Intern( )方法可以将堆区的字符串添加到拘留池中,然后再返回一个对象引用
    string   str4=string.Intern(str3);
    Console.WriteLine("isIntern(str4)="+string.IsInterned(str4));
    Console.WriteLine(object.ReferenceEquals(str3,str4));
    Console.WriteLine(object.ReferenceEquals(str1,str4));
    Console.ReadKey( );
}
```

输出结果：

```
True
False
IsInterned(str2)=I am very happy!!
isIntern(str4)=I am very happy!!
False
True
```

string 在使用上更类似于值类型，可以通过比较运算符（==、!=）来比较它们的内容，而不是引用地址，使得处理字符串更加安全和方便。尽管 string 在使用上类似于值类型，但它在内部仍然是引用类型，因此在传递给方法或函数时，仍然是按引用传递的。

5.2.3　string 字符串类型的属性与方法

C# 中的字符串是由 System.String 类派生而来的引用对象，因此可以使用 string 类的方法来对字符串进行各种操作。常用的 string 方法原型见表 5-2。

表 5-2 　常用的 string 方法原型

构造函数原型	说明
public string(char [ ] value)	用指定的字符数组创建字符串实例
public string(char [ ] value, int startIndex, int length)	新的 string 实例的字符由指定字符数组的子数组提供
public string(char c, int count)	创建一个新的 string 实例，其中包含指定字符重复指定的次数
属性	说明
public int Length{get;}	获取当前字符串中的字符数。返回值是字符串的长度
public char this [int index] {get;}	获取指定索引处的字符
方法原型	说明
public void CopyTo(int sourceIndex, char [ ] destination, int destinationIndex, int count);	从此实例中的指定位置开始，将指定数量的字符复制到目标数组中

public static int Compare(string strA, string strB);
public static int Compare(string strA, string strB, bool ignoreCase);
public static int Compare(string strA, string strB, StringComparison comparisonType);
	用于比较两个字符串的静态方法。该方法根据不同的比较类型进行区分大小写、格式敏感或不敏感的比较。返回一个整数

public static int CompareOrdinal(string strA, string strB);	用于比较两个字符串的静态方法，该方法使用字符编码（序数）比较两个字符串。比较时区分大小写，不考虑格式。字符的比较基于它们的 Unicode 值
public int CompareTo(string strB); public int CompareTo(object obj);	用于比较两个字符串，并返回一个指示它们在排序中相对位置的整数
public bool Contains(string value);	判断当前字符串是否包含指定的子字符串
public bool EndsWith(string value); public bool EndsWith(string value, StringComparison comparisonType);	确定此字符串实例的结尾是否与指定的字符串匹配

public bool Equals(string value);
public bool Equals(string value, StringComparison comparisonType);
public override bool Equals(object obj);
	确定此实例是否与指定的字符串或对象相等

public int IndexOf(char value);
public int IndexOf(char value, int startIndex);
public int IndexOf(string value);
public int IndexOf(string value, int startIndex);
	报告指定字符或字符串在此实例中的第一个匹配项的索引，没有找到则返回 –1

public int LastIndexOf(char value);
public int LastIndexOf(char value, int startIndex);
public int LastIndexOf(char value, int startIndex, int count);
public int LastIndexOf(string value);
public int LastIndexOf(string value, int startIndex);
public int LastIndexOf(string value, int startIndex, int count);
	报告指定字符或字符串在此实例中的最后一个匹配项的索引，没有找到则返回 –1

（续）

方法原型	说明
public string PadRight（int totalWidth）； public string PadRight（int totalWidth，char paddingChar）；	在此字符串的右侧填充指定字符，使其达到指定的总宽度
public string PadLeft（int totalWidth）； public string PadLeft（int totalWidth，char paddingChar）；	在此字符串的左侧填充指定字符，使其达到指定的总宽度
public string Insert（int startIndex，string value）；	在此实例中的指定索引位置插入指定字符串
public string Remove（int startIndex）； public string Remove（int startIndex，int count）；	从此实例中删除指定位置的所有字符或指定数量的字符
public string Replace（char oldChar，char newChar）； public string Replace（string oldValue，string newValue）；	返回一个新字符串，其中此实例中的所有指定字符或子字符串均替换为其他字符或子字符串
public string［］Split（params char［］separator）； public string［］Split（char［］separator，int count）； public string［］Split（char［］separator，StringSplitOptions options）； public string［］Split（char［］separator，int count，StringSplitOptions options）； public string［］Split（string［］separator，StringSplitOptions options）； public string［］Split（string［］separator，int count，StringSplitOptions options）；	返回一个字符串数组，其中包含此实例中被指定字符或字符串分隔的子字符串
public string Substring（int startIndex）； public string Substring（int startIndex，int length）；	从此实例的指定位置开始提取子字符串
public char［］ToCharArray（）； public char［］ToCharArray（int startIndex，int length）；	将此实例中的字符复制到字符数组
public string ToLower（）； public string ToUpper（）；	将此字符串中的所有字符转换为小写或大写
public string Trim（）； public string Trim（params char［］trimChars）；	从此实例的开始和结束位置删除所有指定的字符
public string TrimEnd（params char［］trimChars）；	从此实例的结尾删除所有指定的字符
public string TrimStart（params char［］trimChars）；	从此实例的开始位置删除所有指定的字符
public static string Concat（string str0，string str1）； public static string Concat（string str0，string str1，string str2）； public static string Concat（string str0，string str1，string str2，string str3）； public static string Concat（params string［］values）； ublic static string Concat（object arg0，object arg1，…）； public static string Concat（params object［］args）；	用于连接多个字符串
public static string Join（string separator，params string［］value）；	该方法将字符串数组中的所有元素连接成一个单一的字符串，中间用指定的分隔符进行分隔
public static string Format（string format，object arg0，object arg1，…）； public static string Format（string format，params object［］args）；	format：一个复合格式字符串，它包含零个或多个格式项。格式项是用"｛｝"括起来的编号（从 0 开始）。例如，"｛0｝"是第一个参数的占位符，"｛1｝"是第二个参数的占位符，以此类推

5.2.4　string 类属性、方法的应用

string 类的方法较多，特别是字符串的比较结果与比较规则有关。限于篇幅，本节只介绍重要的、使用时要特别注意的几个方法。

实例1：属性应用。

```
using System;
class Program
{
    static void Main( )
    {
        //Length 示例
        string greeting="Hello,World!";
        Console.WriteLine($"Length:{greeting.Length}"); //输出:13

        //Chars 示例
        char firstChar=greeting[ 0 ];
        char lastChar=greeting[ greeting.Length-1 ];
        Console.WriteLine($"First character:{firstChar}"); //输出:H
        Console.WriteLine($"Last character:{lastChar}");   //输出:!

        //遍历字符串中的每个字符
        for (int i=0;i<greeting.Length;i++)
        {
            Console.WriteLine($"Character at index {i}:{greeting[i]}");
        }
    }
}
```

实例2：字符串的比较。字符串比较的结果与所指定的比较规则有关，或与指定的比较器有关。这里只介绍比较规则。

StringComparison 枚举用于指定在执行字符串比较时使用的比较规则。它提供了几种不同的比较选项，以满足不同的需求，包括是否区分大小写、考虑文化差异等。

以下是 StringComparison 枚举的成员：

1）StringComparison.CurrentCulture：使用当前线程的编程环境进行字符串比较，区分大小写。

2）StringComparison.CurrentCultureIgnoreCase：使用当前线程的编程环境进行字符串比较，不区分大小写。

3）StringComparison.InvariantCulture：使用固定的编程环境进行字符串比较，不考虑当前线程的编程环境，区分大小写。

4）StringComparison.InvariantCultureIgnoreCase：使用固定的编程环境进行字符串比较，不考虑当前线程的编程环境，不区分大小写。

5）StringComparison.Ordinal：基于字符的 Unicode 序号进行简单的比较，区分大小写。

这是一个快速但不考虑区域性的比较,推荐使用。

6)StringComparison.OrdinalIgnoreCase:基于字符的 Unicode 序号进行简单的比较,不区分大小写。

默认情况下,使用 StringComparison.CurrentCulture 比较规则进行比较。

string 类的字符串比较有 4 种方法:Compare()、CompareTo()、CompareOrdinal()和 Equals()。

1)Compare(string strA,string strB,[StringComparison Comp]):该方法是 CompareTo 的静态版本。不指定比较规则时,则按默认比较规则进行。string.Compare(str1,str2):如果 str1 大于 str2 则返回 1,如果 str1 小于 str2 则返回 –1,如果两个相等则返回 0。特别提示:使用此方式时,"A"比"a"大,因为英文字母是按字典顺序排列,而不是按 Unicode 集顺序。一般指定使用 StringComparison.Ordinal 规则,则 Compare(string strA,string strB,StringComparison.Ordinal)返回 strA 和 strB 的 Unicode 差值。

2)StringObj.CompareTo(string value):该方法只能按默认比较规则进行。如果 StringObj 大于 value 则返回 1,如果 StringObj 小于 value 则返回 –1,如果 String Obj 和 value 相等则返回 0。

3)string.CompareOrdinal(str1,str2):将整个字符串中的每 5 个字符(10 个字节)分成一组,然后逐个比较,找到第一个不相同的 ASCII 码后退出循环,并且求出两者的 ASCII 码的差。这个方法比其他方法都要快,所以当比较大小的时候,尽量使用 CompareOrdinal 方法。

4)StringObj.Equals(string value):该方法只能按默认比较规则进行。string.Equals(string strA,string strB,[StringComparison.Ordinal])用于比较两个字符串是否相等。如果字符串 value 和字符串 StringObj 相等则为 true,否则为 false。

实例 3:字符串的分割。C# 中,可以使用 StringObj.Split(SplitCh)实现字符串的分割。其中,SplitCh 为分割的字符,该方法的返回值是一个字符串数组。

应用举例:

```
namespace StringTest
{
    class Program
    {
        static void Main(string[ ] args)
        {
            string str="hello everyOne!!";
            string[ ] destStr=str.Split('e');
            Console.Write("str.Split('e')=");
            foreach (string outstr in destStr)
            {
                Console.Write(outstr);
                Console.Write(" ");
            }
```

```
            Console.WriteLine( );
            Console.Write(destStr.Length);
        }
    }
}
```

输出结果：

```
str.Split('e')=h llo  v ryOn!!
5
```

实例4：字符串的合并。C#中，可以使用string.Concat和string.Join实现字符串的合并，string.Concat用于将两个字符串直接连接起来，例如将str1="hello，"和str2="I am very happy！！"合并成"hello，I am very happy！！"；而string.Join用于将数组中的字符串元素用指定的分隔符连接起来，例如将数组array={"hello"，"I am"，"very happy!!"}通过分隔符"|"合并成"hello|I am|very happy！！"。

应用举例：

```
using system;
namespace StringTest
{
    class Program
    {
        static void Main(string[ ] args)
        {
            string str1="hello,";
            string str2="I am very happy!!";
            string[ ] array={"hello","I am","very happy!!"};
            string ConcatStr=string.Concat(str1,str2);
            string JoinStr=string.Join("|",array);
            Console.WriteLine("string.Concat(str1,str2)="+ConcatStr);
            Console.WriteLine("string.Join('-',array)="+JoinStr);
        }
    }
}
```

输出结果：

```
string.Concat(str1,str2)=hello,I am very happy!!
string.Join('-',array)=hello|I am|very happy!!
```

字符串连接也可以用"+"来实现。例如：

```
namespace StringTest
{
```

```
        class Program
        {
            static void Main(string[] args)
            {
                string str1="hello,";
                string str2="I am very happy!!";
                string DestStr=str1+str2;
                Console.WriteLine("str1+str2="+DestStr);
            }
        }
}
```

输出结果：

```
str1+str2=hello,I am very happy!!
```

在 C# 中，符号 $ 用于定义字符串插值（String Interpolation），它是一种简化字符串拼接的方法，使得在字符串中嵌入表达式更加方便。使用字符串插值可以在字符串中直接引用变量、表达式或方法的返回值，而无须使用传统的字符串连接符（如"+"）。字符串插值的语法是在字符串前面加上 $ 符号，并用"{}"包裹要插入的表达式。例如：

```
string name="Alice";
int age=30;
// 使用字符串插值
string message=$"Hello,my name is{name}and I'm{age}years old.";
Console.WriteLine(message);
// 输出:Hello,my name is Alice and I'm 30 years old.
```

在上述示例中，通过 $ 符号将字符串定义为插值字符串，然后在字符串中使用 {} 来引用变量 name 和 age 的值。编译器会自动将表达式的值插入字符串中，使得最终的输出结果包含了变量的值。

字符串插值的好处是使代码更加简洁和易读，而且避免了烦琐的字符串连接操作。它是自 C# 6.0 版本引入的新特性，并在后续版本中得到了增强和优化。

实例 5：字符串的插入与填充。

```
namespace StringTest
{
    class Program
    {
        static void Main(string[] args)
        {
            string str="I am happy!!";
            string str1=str.Insert(5,"very");
            string str2=str1.PadLeft(30,' ');
            string str3=str1.PadRight(30,' ');
```

```
            Console.WriteLine("str.Insert(6,\"very\")="+str1);
            Console.WriteLine("str1.PadLeft(30,'')="+str2);
            Console.WriteLine("str1.PadRight(30,'')="+str3);
        }
    }
}
```

输出结果:

```
str.Insert(6,"very")=I am very happy!!
str1.PadLeft(30,'')=I am very happy!!
str1.PadRight(30,'')=I am very happy!!
```

实例6：格式化字符串。

```
using System;
namespace StringFormatExample
{
    class Program
    {
        static void Main(string[] args)
        {
            int x=10;
            int y=20;
            string name="Alice";
            double price=19.99;

            // 使用基本格式化
            string result1=string.Format("Coordinates:({0},{1})",x,y);
            Console.WriteLine(result1); // 输出:Coordinates:(10,20)

            // 混合文本和参数
            string result2=string.Format("Name:{0},Age:{1}",name,30);
            Console.WriteLine(result2); // 输出:Name:Alice,Age:30

            // 格式化数值
            string result3=string.Format("Price:{0:C}",price);
            Console.WriteLine(result3); // 输出:Price:$19.99 (或本地货币符号)

            // 指定小数位数
            double number=123.456;
            string result4=string.Format("Formatted number:{0:F2}",number);
            Console.WriteLine(result4); // 输出:Formatted number:123.46

            // 使用逗号分隔符
            int largeNumber=1234567;
```

```
        string result5=string.Format("Large number:{0:N0}",largeNumber);
        Console.WriteLine(result5); //输出:Large number:1,234,567
    }
  }
}
```

5.3 可变字符串类 StringBuilder

创建成功的 String 字符串对象是不可改变的,即内容、长度等都不能被改变。虽然 String 类有许多方法可以进行字符串操作,但必须在内存中创建新的字符串对象。如果重复对字符串进行操作,则不断在内存创建新的字符串对象将极大增加系统占用。为解决这一问题,C# 提供了一个可变字符串的类 StringBuilder,从而实现对字符串的编辑。

5.3.1 StringBuilder 类的构造函数及其方法

StringBuilder 类存在于 System.Text 命名空间中,因此,要使用 StringBuilder 类编程,首先必须引用此命名空间。StringBuilder 类的常用方法见表 5-3。

表 5-3 StringBuilder 类的常用方法

属性	说明
public int Length｛get;set;｝	获取或设置此实例中的字符数
public int Capacity｛get;set;｝	获取或设置此实例的最大容量
public int EnsureCapacity（int capacity）;	确保此实例的容量至少为指定值
public static int MaxCapacity｛get;｝	返回 StringBuilder 对象内部缓冲区的最大容量
构造函数	说明
public StringBuilder（）	默认构造函数
public StringBuilder（int capacity）	指定初始容量的构造函数
public StringBuilder（string value）	指定初始字符串的构造函数
public StringBuilder（string value,int capacity）	指定初始字符串和容量的构造函数
方法	说明
public StringBuilder Append（string value） public StringBuilder Append（char value） public StringBuilder AppendFormat（string format,params object［］args） public StringBuilder AppendLine（） public StringBuilder AppendLine（string value）	将指定的字符串、字符、格式化字符串或行终止符附加到此实例
public StringBuilder Insert（int index,string value） public StringBuilder Insert（int index,char value） public StringBuilder Insert（int index,object value）	将指定的字符串、字符或对象插入此实例的指定位置
public StringBuilder Remove（int startIndex,int length）;	从此实例中移除指定位置开始的子字符串

(续)

方法	说明

public StringBuilder Replace(char oldChar, char newChar);
public StringBuilder Replace(string oldValue, string newValue);
public StringBuilder Replace(char oldChar, char newChar, int startIndex, int count);
public StringBuilder Replace(string oldValue, string newValue, int startIndex, int count);
	将此实例中的所有指定字符或字符串替换为其他字符或字符串

public StringBuilder Clear();	清除此实例的所有内容
public override string ToString(); public string ToString(int startIndex, int length);	将此实例的值转换为字符串

StringBuilder 是动态对象，支持扩展它封装的字符串中的字符数，但也可以指定其容量值以控制对象可保留的字符数上限，即"对象容量"。而字符串长度指的是当前 StringBuilder 对象实际存储的字符数目。不要混淆容量和长度。

在 C# 中，StringBuilder 对象的默认容量是 16 个字符，也可以在创建 StringBuilder 对象时指定初始容量。如果向 StringBuilder 中追加的文本超过了这个容量，它会自动增加其内部容量，并自动分配新的空间以容纳更多字符，通常会以 2 的倍数增加容量，以提高性能。

5.3.2　StringBuilder 类属性、方法的应用

StringBuilder.Insert 方法在指定索引处插入对象的字符串表示形式，但插入对象后一定要转换成字符串。实例如下：

```
using System;
using System.Text;
class Program
{
    static void Main()
    {
        //创建一个 StringBuilder 实例并初始化它
        StringBuilder sb=new StringBuilder("Hello World");
        //在索引 6 处插入一个字符串(在 "World" 之前)
        sb.Insert(6,"Beautiful");
        //输出结果
        Console.WriteLine(sb.ToString()); //输出 "Hello Beautiful World"
        //插入一个整数
        int number=123;
        sb.Insert(0,number);
        //输出结果
        Console.WriteLine(sb.ToString()); //输出 "123Hello Beautiful World"
        //插入一个对象
        object obj=DateTime.Now;
        sb.Insert(16,obj);
        //输出结果
```

```
        Console.WriteLine(sb.ToString( ));/*输出"123Hello Beautiful 5/21/
2024 8:30:00 AM World"(示例日期)*/
    }
}
```

习　　题

一、填空题

1. 在 C# 中用来封装字符串的两个类是_____类和_____类。
2. 字符串可以看成_____。
3. 将当前字符串转换为字符数组的方法是_____。
4. 将当前字符数组转换为字符串的方法是_____。
5. 执行"string s="123"；s=s+"4"；"后，内存中产生_____个字符串。
6. 比较两个字符串是否相等的 Compare( ) 方法的返回值类型是_____。
7. _____类创建的字符串的长度是可变的。
8. String 类中用于返回字符串长度的属性是_____。
9. 向 StringBuilder 对象末尾追加字符串的方法是_____。
10. 使用"string s="Hello,world！";"定义字符串，在此字符串中，字符 w 的索引是_____。

二、判断题

1. char 类中的方法 IsDigit（char c）是静态方法，通过 char.IsDigit 来调用。　　（　　）
2. char c=' '；char ch='\0' 都是合法的。　　（　　）
3. char c='A'，则字符常量"A"存储在栈中，变量 c 的值就是"A"。　　（　　）
4. string str= "ABCD"，则变量 str 以及"ABCD"字面常量存于堆中。　　（　　）
5. string str=new string（"1234"），则 str 变量以及"1234"均存储在常量区。　　（　　）
6. 数字串"12.45"转换为双精度实数可用 double.Parse（"12.45"）实现。　　（　　）
7. 数字串"12.45"转换为双精度实数可用 Convert.ToDouble（"12.45"）实现。
　　　　　　　　　　　　　　　　　　　　　　　　　　　　　　　　（　　）
8. 使用 String 和 StringBuilder 类创建的字符串对象都可以被修改。　　（　　）
9. 用运算符"=="比较字符串对象时，如果两个字符串的值相同，结果为 true。
　　　　　　　　　　　　　　　　　　　　　　　　　　　　　　　　（　　）
10. 字符串可以看成字符数组，可以对其进行修改。　　（　　）
11. String 类的 Substring（int a）方法用于截取"a"字符串。　　（　　）
12. 以下是获取字符串长度的一段程序：

```
string myString="Hello,World！";
int length=myString.Length;
Console.WriteLine("字符串的长度是:"+length);
```

该程序正确。　　（　　）

三、选择题

1. 下列关于 String 类型字符串的描述，错误的是（　　）。
A. 字符串具有不可变性
B. 字符串可以用只读字符数组的方式来访问
C. String 对象可以通过 Length 属性来获取字符串长度
D. 对 String 变量进行修改时，不会生成新的字符串对象

2. 执行 String.Compare（"acc", "aaa"）返回的结果是（　　）。
A. 0　　　　　　　B. –1　　　　　　　C. 1　　　　　　　D. false

3. 若 IndexOf（）方法未能找到所指定的子字符串，则返回（　　）。
A. –1　　　　　　B. 0　　　　　　　C. false　　　　　　D. null

4. string s="abcdedcba"，则 s.Substring（3,2）返回的字符串是（　　）。
A. cd　　　　　　B. de　　　　　　　C. d　　　　　　　D. e

5. 执行 string.Join（"-", new strinn［］｛"ab", "cd", "ef"｝），返回（　　）。
A. abcdef　　　　B. ab-cd-ef　　　　C. -ab-cd-ef-　　　D. a-b-c-d-e-f

6. String 对象的 Split（）方法的返回值类型是（　　）。
A. string　　　　B. string［］　　　　C. char［］　　　　D. char

7. string s="ItCast"，则 s.ToUpper（）返回的字符串是（　　）。
A. itcast　　　　B. ItCast　　　　　C. ITCAST　　　　D. iTcAST

8. 下述程序输出的结果是（　　）。

```
StringBuilder sb=new StringBuilder("Beijing2008");
sb.Insert(7,"@");
Console.WriteLine(sb.ToString( ));
Console.ReadKey( );
```

A. Beijing@2008　　B. @Beijing2008　　C. Beijing2008@　　D. Beijing#2008

9. 对下述程序片段的描述错误的是（　　）。

```
string str1="abc";
string str2="abc";
StringBuilder str3=new StringBuilder("abc");
StringBuilder str4=new StringBuilder("abc");
```

A. str1= =str2 的结果为 true　　　　　B. str1.Equals（str2）的结果为 true
C. str3= =str4 的结果为 True　　　　　D. str3.Equals（str4）的结果为 true

10. 在 C# 中，表示一个字符串的变量应使用（　　）定义。
A. CString str　　　　　　　　　　　B. string str
C. Dim str as string　　　　　　　　　D. char*str

11. 在 C# 中，新建一字符串变量 str，并将字符串 "Tom's Living Room" 保存到 str 中，可使用（　　）。
A. string str = "Tom\'s Living Room"　　B. string str = "Tom's Living Room"
C. string str（"Tom's Living Room"）　　D. string str（"Tom"s Living Room"）

12. 下列字符串中，占用的字节数与 int 型变量值 123 占用的字节数相等的是（   ）。
A．"ABC"   B．"123"   C．"12AB"   D．"12"
13. 在 C# 中，" " 表示（   ）。
A．空字符   B．空字符串   C．空值   D．以上都不是
14. 将数字字符串 "1234" 转换为数值 1234，可以使用的类型转换方法是（   ）。
A．String（"1234"）   B．char（"1234"）
C．CString（"1234"）   D．int.Parse（"1234"）

第 6 章　结构体和枚举

🗣 **教学设计**

重点：结构体的概念声明；结构体变量及使用；结构体数组；枚举类型的概念与声明；枚举变量及使用。

难点：结构体访问权限、结构体集合与应用。

C# 的结构体（Struct）类型是一种用户自定义类型，它为用户多角度综合描述一个对象的特性与行为提供了类型支持。如学生包含姓名（字符串型）、学号（整型）、成绩（单精度浮点型）以及学习行为等，这种类型称为结构体类型。可以说，结构体类型是类类型的前身。

在 C# 中，结构体是一种值类型，用于封装一组相关的数据。与类不同的是，结构体是值类型，实例存储在栈上，而类是引用类型，被引用的实例存储在堆上。另外，结构体是封闭的，即不能被继承。结构体通常用于表示简单的数据对象。结构体可定义在任意命名空间内的类外或类内，但不能声明在类方法体中。

6.1　结构体类型定义

C# 中，结构体类型的完整定义语法如下：

```
public| internal     struct 结构体名称
{
    //字段
    public|private|internal 类型 字段名称1;
    public|private|internal 类型 字段名称2;
    ...
    //构造函数
    public 结构体名称(参数列表)
    {
        //初始化逻辑
    }
    //方法
    public|private|internal 返回类型 方法名称(参数列表)
    {
        //方法主体
    }

    //属性
    public|private|internal 属性名称 {get;set;}
```

```
        //索引器
        public|private|internal 返回类型 this[索引参数]
        {
            get {/* get 逻辑 */}
            set {/* set 逻辑 */}
        }

        //运算符
        public static 返回类型 operator @operator(参数列表)
        {
            //运算符逻辑
        }
         //事件
        public event EventHandler<EventArgs> 事件名称;
         //嵌套类型
        public struct 嵌套结构体名称
        {
            //嵌套结构体定义
        }
}
```

说明：

1）结构体声明各部分的解释。

结构体名访问修饰符：可以是 public，internal（默认）。

字段：用于存储数据的成员变量。字段访问修饰符可以是：public、private（默认）、internal。

构造函数：初始化结构体的特殊方法。

方法：定义结构体的行为。方法的访问修饰符可以是：public、private（默认）、internal。

属性：用于访问和设置结构体数据的成员。

索引器：允许通过索引访问结构体的成员。

运算符：定义结构体的自定义运算符。

事件：允许结构体提供事件机制。

嵌套类型：在结构体内定义的其他类型。

2）结构体类型的定义是借助 struct 关键字向编译器声明了一种新的数据类型。对于该数据类型并没有分配相应的存储空间，因此不能直接对结构体中的变量成员进行访问、赋值等操作，只能在其被实例化之后才可以对其进行操作。

3）结构体是封闭的、不能被继承的。

4）结构体名的访问修饰符决定了结构体标识符对外界的可见性。而内部成员（字段、方法等）的访问修饰符决定了内部对应成员标识符对外界的可见性。类亦如此。实例如下：

```
public struct Point
{
```

```
//字段
public int X;
public int Y;

//构造函数
public Point(int x,int y)
{
   X=x;
   Y=y;
}
   //方法
   public double DistanceTo(Point other)
{
   int dx=X-other.X;
   int dy=Y-other.Y;
   return Math.Sqrt(dx*dx+dy*dy);
}
//属性
public int Sum
{
   get {return X+Y;}
}
}
```

结构体的成员被声明为 private 时，表示它只能在结构体内部访问，其他类或结构体无法直接访问 private 成员。结构体的私有成员可以用于实现内部细节或辅助功能，同时隐藏其实现细节，提供更好的封装性和安全性。以下是结构体私有成员的应用实例：

```
public struct Rectangle
{
    private double width;
    private double height;

    public Rectangle(double width,double height)
    {
        this.width=width;
        this.height=height;
    }

    public double CalculateArea( )
    {
        return width*height;
    }
}
```

5) C#的结构体成员的数据类型并没有限制,可以根据需要选择合适的数据类型来定义结构体的成员,如数值类型、布尔类型、字符类型、字符串类型、数组类型、结构体类型、枚举类型等。

> 提示:可以在命名空间内或类外声明结构体类型。这样声明的结构体是全局可访问的,只要包含它的命名空间都可以被引入。例如:

```
namespace MyNamespace
{
    struct MyStruct
    {
        public int X;
        public int Y;
    }
}
```

也可以在类内声明结构体类型。这样声明的结构体是这个类的成员,类似于嵌套类型。例如:

```
public class MyClass
{
    public struct MyStruct
    {
        public int X;
        public int Y;
    }
}
```

在上述代码中,MyStruct 是 MyClass 的一部分,可以通过 MyClass.MyStruct 来访问。

不能在方法内部声明结构体类型。C#不允许在方法范围内声明类型(无论是结构体、类、枚举等),方法内部只能声明变量和使用已有的类型。例如,下面的代码是非法的。

```
public void MyMethod()
{
    struct MyStruct // 这将导致编译错误
    {
        public int X;
        public int Y;
    }
}
```

这是因为类型声明通常用来定义可以在多个地方重用的结构,而方法内部的局部变量仅在方法执行期间存在。允许在方法内部声明类型会混淆作用域和生命周期管理,增加编译器和运行时的复杂性。因此,C#语言设计中明确禁止了这种用法。

分配结构比分配类的实例需要更少的消耗,所以对于仅由几个基础类型组成的新类型,优先推荐使用结构体。

6.2 结构体变量及其使用

在 C# 中，结构体变量是使用结构体类型声明的变量。结构体是值类型，而结构体变量是该结构体类型的一个实例。与类（引用类型）不同，结构体变量的内存分配在栈上，而不是在堆上。结构体类型被定义后，可以用来声明结构体变量，语法如下：

```
结构体类型名  变量列表；
```

声明结构体变量后，还必须实例化，即为其开辟内存并为字段成员赋值。由于结构体类型属于自定义类型，需要使用 new 运算符开辟内存，系统会根据结构体类型的结构为其分配相应的存储空间。例如：

```csharp
public struct Point
{
    public int X {get;set;}
    public int Y {get;set;}

    public Point(int x,int y)
    {
        X=x;
        Y=y;
    }

    public void Display()
    {
        Console.WriteLine($"Point is at({X},{Y})");
    }
}
```

6.2.1 结构体变量的初始化与赋值

在 C# 中，可以使用结构体的构造函数来初始化结构体变量。另外，也可以使用对象初始化器来为结构体的成员赋值。

实例 1：使用对象初始化器初始化结构体变量。

```csharp
//定义结构体
    public struct Point
    {
        public int X;
        public int Y;
    }
    static void Main(string[] args)
    {
        // 初始化结构体变量
```

```
        Point p2,p3=new Point {X=30,Y=40};//只适合结构体公有成员
        p2=p3;//结构体变量赋值
    }
```

结构体类型定义时，将隐式自动产生无参构造函数，无参构造函数是不允许被重新定义的，并且会一直存在。结构体变量初始化时，若调用无参数构造进行初始化，则所有变量都会被设置为该类型的默认值。若结构体声明时定义带参数的构造函数，则结构体变量的初始化可以通过构造函数完成，为字段成员、属性成员赋值。

实例2：通过构造函数初始化结构体变量。

```
struct Student
    {
        public string name;
        public int age;
        public Student(string name,int age)   //有参构造函数
        {
            this.name=name;
            this.age=age;
        }
    }
class Programma
{
    static void Main(string[ ] args)
    {
        Student s1=new Student( );//调用缺省无参构造函数
        Console.WriteLine(s1.name);//输出:(空)
        Console.WriteLine(s1.age);//输出:0
        s1.name="zhangshan";
        s1.age=11;
        Console.WriteLine(s1.name);//输出:zhangshan
        Console.WriteLine(s1.age);//输出:11

        Student s2=new Student("wangwu",5);
        Console.WriteLine(s2.name);//输出:wangwu
        Console.WriteLine(s2.age); //输出:5
    }
}
```

 特别提示：当声明一个结构体变量时，内存空间确实会分配给这个变量，但其字段并不一定会自动初始化。这意味着结构体的字段可能包含未定义的值（垃圾值）。使用new关键字来初始化结构体变量，会确保所有字段都被设置为构造函数参数值。如果调用默认构造函数，则将所有字段初始化为其默认值（对数值类型来说是0，对布尔类型来说是false）。

在C#中，可以使用sizeof运算符来获取结构体变量所占内存大小。需要注意的是：在C#中，sizeof运算符只能用于值类型，并且只能在unsafe上下文中使用。原因是sizeof运算符涉及直接访问内存的大小，而C#中的内存管理通常是由运行时管理的，为了确保类型安全和防止潜在的内存错误，C#不允许直接访问内存。若要使用sizeof运算符，则要在程序代码使用sizeof运算符的方法上用unsafe修饰，同时在编译时勾选"允许使用不安全代码"。使用unsafe关键字可以告诉编译器，你要进行一些不安全的操作，比如直接访问内存。

实例3：使用sizeof运算符来获取结构体变量的大小。

```
using System;
struct MyStruct
{
  public int intValue;
  public char charValue;
  public double doubleValue;
}
class Program
{
  unsafe static void Main(string[ ] args)
    {
    Console.WriteLine("Size of MyStruct:"+sizeof(MyStruct)+"bytes");
    Console.ReadKey( );
    }
}
```

右击项目名，在弹出的对话框上单击"属性（R）"，再在弹出的菜单中单击"生成"菜单，勾选"允许使用unsafe关键字编译的代码"。

运行程序，输出结果为：

```
Size of MyStruct:16 bytes。
```

请注意，sizeof运算符返回的是结构体的字节数。MyStruct结构体含有三个字段，理论上需要的字节数为4+2+8=14，但实际分配了16字节。实例如下：

```
using System;
struct MyStruct
{
    public int intValue;
    public char[ ] charValue;
    public double doubleValue;
    public MyStruct(int num1,char[ ] arr,double num2)
    {
        intValue=num1;
        charValue=arr;
        doubleValue=num2;
    }
}
```

```
class Program
{
    unsafe static void Main(string[ ] args)
    {
        char[ ] arr=new char[ ] {'a','b'};
        MyStruct st=new MyStruct(12,arr,3.4);
        Console.WriteLine("Size of MyStruct:"+sizeof(MyStruct)+"bytes");
    }
}
```

该程序的运行结果：

Size of MyStruct:24 bytes。

结构体变量所占空间的大小至少是其成员变量大小的总和，而实际占用字节大小与成员的对齐方式以及使用的编译器和操作系统有关。

6.2.2 结构体变量的应用实例

结构体变量（包括结构体数组）主要用来作为局部变量、方法参数或返回值以及类的成员。

（1）结构体变量赋值操作　实例如下：

```
Student s4=new Student("Czhenya",5);
Student s5=s4;
```

为结构体对象赋值时，本质上是把一个对象的内存空间中的全体成员赋值到另一个对象的内存空间中。

（2）作为方法参数和返回值　结构体作为方法的值参数时，将整个结构体副本复制一份到方法的调用空间里，在方法体内对接收结构体实参值的结构体形参进行修改时，不会影响到方法体外作为实参的结构体。因此，结构体作为值参数进行传递时，花销很大。因此，如果存储包含大量数据的结构体数组，就可能造成内存资源紧张，这种情况建议使用后面介绍的类类型数据，因为类中的数据是动态编译的，只有当前使用的数据才放到内存中，这样就弥补了结构体类型的不足。实例如下：

```
using System;
class Programma
{
    static void Main(string[ ] args)
    {
        Student s6=new Student("Czhenya",5);
        Show(s6);
        Show(s6.name,s6.age);
        Student s7=Show( );
        Console.WriteLine(s7.name);
```

```
    Console.WriteLine(s7.age);
}
static void Show(Student stu)
{
    Console.WriteLine("这是使用结构体作为参数的Show方法:"+stu.name+stu.age);
}
static void Show(string name,int age)
{
    Console.WriteLine("这是多个参数的Show方法..."+name+age);
}
static Student Show( )
{
    Console.WriteLine("这是结构体作为返回值的Show方法...");
    return new Student("Czhenya",5);
}
struct Student
{
    public string name;
    public int age;
    public Student(string name,int age)   //有参构造函数
    {
        this.name=name;
        this.age=age;
    }
}
```

结构体不仅可以作为方法的形式参数,也可使用 ref 和 out 作为关键字当作方法的实际参数。

(3) 结构体可以用于类的成员变量或成员方法　在 C# 中,结构体可以用于类的成员变量或成员方法,允许将结构体嵌套在类中,或者在类中声明结构体的实例。结构体在类中的使用有以下几个常见的场景:

1) 结构体作为类的成员变量。实例如下:

```
struct Point
{
    public int X;
    public int Y;
}
class MyClass
{
    public Point MyPoint;  //结构体作为类的成员变量
    public MyClass(int x,int y)
    {
```

```
        MyPoint.X=x;
        MyPoint.Y=y;
    }
    public void PrintPoint( )
    {
        Console.WriteLine($"X={MyPoint.X},Y={MyPoint.Y}");
    }
}
class Program
{
    static void Main( )
    {
        MyClass obj=new MyClass(10,20);
        obj.PrintPoint( ); //Output:X=10,Y=20
    }
}
```

2)结构体作为类的成员方法的参数和返回值。实例如下:

```
struct Point
{
    public int X;
    public int Y;
}
class MyClass
{
    public Point TranslatePoint(Point p,int offsetX,int offsetY)
    {
        p.X+=offsetX;
        p.Y+=offsetY;
        return p;
    }
}
class Program
{
    static void Main( )
    {
        MyClass obj=new MyClass( );
        Point p=new Point {X=5,Y=10 };
        Point translatedPoint=obj.TranslatePoint(p,3,7);
        Console.WriteLine($"Translated Point:X={translatedPoint.X},Y={translatedPoint.Y}");
        //Output:Translated Point:X=8,Y=17
    }
}
```

注意：结构体作方法参数时，是按值传递而不是按引用传递。结构体适合表示简单的值类型数据，而类适合表示具有复杂逻辑和行为的对象。对于大型数据和需要共享和修改的数据，通常应该使用类而不是结构体。

6.3 枚举及其应用

在 C# 中，枚举（Enum）类型是一种用于定义命名常量的数据类型。枚举可以为一组相关的常量赋予有意义的名称，使代码更具可读性和可维护性。与结构体和类相似，枚举也是一种用户定义的类型，可以在命名空间的内部、类外或类中声明。

（1）枚举的定义　在 C# 中，可以使用 enum 关键字来定义枚举。例如：

```
enum DaysOfWeek
{
    Sunday,      //0
    Monday,      //1
    Tuesday,     //2
    Wednesday,   //3
    Thursday,    //4
    Friday,      //5
    Saturday     //6
}
```

这里，DaysOfWeek 是枚举类型的名称，而 Sunday、Monday 等是枚举的成员。

（2）枚举成员的值　枚举成员默认从 0 开始自动分配整数值，也可以手动分配值。例如：

```
enum DaysOfWeek
{
    Sunday=1,
    Monday=2,
    Tuesday=3,
    Wednesday=4,
    Thursday=5,
    Friday=6,
    Saturday=7
}
```

这里，枚举成员被映射到整数值 1~7。

枚举成员的值不必连续。枚举成员的值可以是任何整数，它们可以是连续的、不连续的、负数或零。枚举的主要目的是为了提高代码的可读性，而不是要求成员的值必须按照特定的规则排列。下面是一个示例，演示了不连续的枚举成员值：

```
enum DaysOfWeek
{
    Sunday=1,
```

```
    Monday=2,
    Wednesday=4,
    Thursday=5,
    Friday=6,
    Saturday=7
}
```

（3）使用枚举　可以使用枚举类型来声明变量，并将枚举成员赋值给变量。例如：

```
DaysOfWeek today=DaysOfWeek.Wednesday;
```

（4）转换枚举成员为整数和反向转换　可以将枚举成员转换为整数，也可以通过整数值来获取对应的枚举成员。例如：

```
int dayValue=(int) DaysOfWeek.Monday; //将枚举成员转换为整数
DaysOfWeek someDay=(DaysOfWeek)3; //将整数值转换为枚举成员,不建议这样做
```

在 C# 中，枚举变量的值不能直接赋值整数，主要是为了保持类型安全性和代码的可读性。枚举是为了提供一种有意义的、可读的方式来表示一组相关的常量值，而不仅仅是数字。将整数转型赋值给枚举变量虽然合法但不安全，因为不进行范围检查。实例如下：

```
using System;
namespace enumConsoleApp3
{
    enum DaysOfWeek
    {
        Sunday,
        Monday,
        Tuesday,
        Wednesday,
        Thursday,
        Friday,
        Saturday
    }
    internal class Program
    {
        static void Main(string[ ] args)
        {
            DaysOfWeek day=DaysOfWeek.Monday;
            Console.WriteLine(day);
            day=(DaysOfWeek)3;
            Console.WriteLine(day);
            day=(DaysOfWeek)12; //范围超界
            Console.WriteLine(day);
        }
    }
}
```

输出结果：

```
Monday
Wednesday
12
```

枚举常常用于表示一组相关的常量，例如星期几、月份、状态等。枚举可以增强代码的可读性和可维护性，因为你可以使用有意义的名称来引用常量而不是使用硬编码的整数值。

6.4 综合应用

实例1：存储和处理学生信息。假设有以下学生信息：学生姓名、学号、年龄和三门科目的成绩（语文、数学、英语）。可以使用一个结构体来表示学生信息，并使用数组来存储多个学生的数据。

```csharp
using System;
//定义学生信息的结构体
public struct Student
{
    public string Name;
    public int StudentID;
    public int Age;
    public int ChineseScore;
    public int MathScore;
    public int EnglishScore;
    //计算学生的平均分
    public double CalculateAverage()
    {
        return(ChineseScore+MathScore+EnglishScore)/3.0;
    }
}
public class Program
{
    public static void Main()
    {
        //创建一个学生数组,用于存储多个学生信息
        Student[] students=new Student[3];
        //输入学生信息
        for(int i=0;i<students.Length;i++)
        {
            Console.WriteLine($"请输入第{i+1}个学生的信息:");
            Console.Write("姓名:");
            students[i].Name=Console.ReadLine();
            Console.Write("学号:");
```

```
                students[i].StudentID=int.Parse(Console.ReadLine( ));
                Console.Write(" 年龄:");
                students[i].Age=int.Parse(Console.ReadLine( ));
                Console.Write(" 语文成绩:");
                students[i].ChineseScore=int.Parse(Console.ReadLine( ));
                Console.Write(" 数学成绩:");
                students[i].MathScore=int.Parse(Console.ReadLine( ));
                Console.Write(" 英语成绩:");
                students[i].EnglishScore=int.Parse(Console.ReadLine( ));
                Console.WriteLine( );
            }
            //输出学生信息及平均分
            Console.WriteLine(" 学生信息及平均分:");
            Console.WriteLine(" 姓名 \t 学号 \t 年龄 \t 语文 \t 数学 \t 英语 \t 平均分 ");
            for(int i=0;i<students.Length;i++)
            {
  Console.WriteLine($"{students[i].Name}\t{students[i].StudentID}\t{students[i].Age}\t{students[i].ChineseScore}\t{students[i].MathScore}\t{students[i].EnglishScore}\t{students[i].CalculateAverage( )}");
            }
        }
    }
```

运行上述代码，可以输入多个学生的信息，并得到类似如下的输出：

```
学生信息及平均分:
姓名        学号      年龄      语文      数学      英语      平均分
Alice       1001     20        85        90        78        84.3333333333333
Bob         1002     21        78        88        92        86.0
Carol       1003     19        90        92        88        90.0
```

在这个例子中，定义了一个结构体 Student，用于表示学生信息。结构体中包含学生姓名、学号、年龄和三门科目的成绩，以及一个 CalculateAverage 方法来计算学生的平均分。然后，创建一个学生数组 students，用于存储多个学生的信息。通过循环输入学生信息后，再通过循环输出学生信息及平均分。

实例2：管理图书信息。假设需要管理一本书的信息，包括书名、作者、出版日期和价格，可以使用一个结构体来表示这些数据。

```
using System;
public struct Book
{
    public string Title;
    public string Author;
    public DateTime PublishDate;
    public double Price;
```

```csharp
}
public class Program
{
    public static void Main( )
    {
        // 创建一个 Book 结构体实例
        Book book1;
        book1.Title="C# 入门教程 ";
        book1.Author="John Smith";
        book1.PublishDate=new DateTime(2021,6,15);
        book1.Price=39.99;
        // 创建另一个 Book 结构体实例
        Book book2;
        book2.Title="Python 编程指南 ";
        book2.Author="Alice Johnson";
        book2.PublishDate=new DateTime(2020,10,1);
        book2.Price=29.99;
        // 输出书籍信息
        Console.WriteLine(" 书籍信息:");
        Console.WriteLine($" 书名:{book1.Title}");
        Console.WriteLine($" 作者:{book1.Author}");
        Console.WriteLine($" 出版日期:{book1.PublishDate.ToShortDateString( )}");
        Console.WriteLine($" 价格:${book1.Price}");
        Console.WriteLine( );
        Console.WriteLine(" 书籍信息:");
        Console.WriteLine($" 书名:{book2.Title}");
        Console.WriteLine($" 作者:{book2.Author}");
        Console.WriteLine($" 出版日期:{book2.PublishDate.ToShortDateString( )}");
        Console.WriteLine($" 价格:${book2.Price}");
    }
}
```

运行上述代码,将输出:

```
书籍信息:
书名:C# 入门教程
作者:John Smith
出版日期:2021/6/15
价格:$39.99

书籍信息:
书名:Python 编程指南
作者:Alice Johnson
出版日期:2020/10/1
价格:$29.99
```

在这个例子中,定义了一个 Book 结构体,包含了书名、作者、出版日期和价格这几个字段。然后,创建了两个 Book 结构体的实例 book1 和 book2,分别表示两本书的信息。

这样,成功地使用结构体完成了图书信息的综合应用实例,可以方便地管理和输出书籍信息。结构体在这种场景下非常适合,因为它允许将多个相关的数据字段组合成一个整体,可以更方便地处理和传递数据。

实例 3:联合使用结构体和枚举,以创建更复杂的数据结构和应用程序。下面展示如何在 C# 中联合使用结构体和枚举来创建一个简单的学生管理系统。

```
using System;
// 枚举类型:学生的年级
enum Grade
{
    Freshman,
    Sophomore,
    Junior,
    Senior
}
// 结构体:学生信息
struct Student
{
    public int StudentId;
    public string FirstName;
    public string LastName;
    public Grade CurrentGrade;
    // 构造函数
    public Student(int id,string firstName,string lastName,Grade grade)
    {
        StudentId=id;
        FirstName=firstName;
        LastName=lastName;
        CurrentGrade=grade;
    }
    // 方法:打印学生信息
    public void PrintInfo( )
    {
        Console.WriteLine($"Student ID:{StudentId}");
        Console.WriteLine($"Name:{FirstName} {LastName}");
        Console.WriteLine($"Grade:{CurrentGrade}");
    }
}
class Program
{
    static void Main( )
    {
```

```
        // 创建几个学生对象
        Student student1=new Student(1,"John","Doe",Grade.Sophomore);
        Student student2=new Student(2,"Jane","Smith",Grade.Junior);
        Student student3=new Student(3,"Bob","Johnson",Grade.Freshman);
        // 打印学生信息
        Console.WriteLine("Student 1:");
        student1.PrintInfo( );
        Console.WriteLine("\nStudent 2:");
        student2.PrintInfo( );
        Console.WriteLine("\nStudent 3:");
        student3.PrintInfo( );
    }
}
```

在这个实例中,定义了一个枚举类型 Grade,用于表示学生的年级。然后,定义了一个结构体 Student,包含了学生的信息,包括学生 ID、名字、姓氏和当前年级。

在 Main 方法中,创建了三个学生对象,并使用结构体的方法 PrintInfo 打印每个学生的信息。这个示例中学生的年级使用枚举类型表示,而学生的信息由结构体表示。这种方式可以帮助提高代码的可读性和组织性,使得数据更易于管理。

习　　题

一、填空题

1. 结构变量的内存分配在内存空间的_____上。
2. 结构体属于_____类型。
3. 一个结构变量所占用的空间大小至少是_____总和。
4. 声明结构体名可用的访问修饰符有 public、internal 两种,缺省方式是_____。
5. 结构体成员可以使用的访问修饰符有 public、internal、private 三种,缺省方式是_____。
6. 结构体变量所占内存的大小可以通过_____方法进行获取。
7. 结构体变量实例化时,总可以通过_____对其成员进行数据初始化。
8. 枚举类型的成员的值在定义时,可以声明为_____类型。
9. 若结构体名的访问修饰符为 internal,则该标识符只能在_____进行访问。
10. 若结构体成员变量未显式指定访问修饰符,则结构体变量初始化只能通过_____来完成。

二、判断题

1. 结构体内的成员可以为结构体类型。　　　　　　　　　　　　　　　　(　　)
2. 结构体的构造函数不能重载。　　　　　　　　　　　　　　　　　　　(　　)
3. 在调用方法时,若把一个结构体数组传递给一个结构体形参数组,会复制整个数组。
　　　　　　　　　　　　　　　　　　　　　　　　　　　　　　　　　(　　)
4. 结构体是开放的,可以被继承。　　　　　　　　　　　　　　　　　　(　　)

5. 结构体变量被声明后，则在内存占用空间。　　　　　　　　　　　　　（　　）
6. 若结构体成员被声明为 private，则该成员可以被外界访问。　　　　　（　　）
7. 结构体类型声明可以在类内、命名空间内，但不能在类的方法内。　　（　　）
8. 结构体对象所占内存大小等于各成员类型所需空间的总和。　　　　　（　　）
9. 把整数用枚举类型强制转化后赋给枚举变量，系统不进行安全检查。　（　　）
10. 在 C# 中，枚举变量的值不能直接赋值整数。　　　　　　　　　　　（　　）

三、选择题

1. 对于如下的结构体变量，下列说法正确的是：（　　）。

```
struct st1{public int a,b;public float x,y;}
struct st2{public int a,b;public float x,y;}
st1 s1,s2;
st2 s3,s4;
```

A. s1、s2、s3、s4 可以相互赋值

B. 只有 s1 和 s2、s3 和 s4 之间可以相互赋值

C. s1、s2、s3、s4 之间均不可以相互赋值

D. 结构体变量不可以整体赋值

2. 下面定义中，对成员 x 的引用形式正确的是：（　　）。

```
struct st1
{
   public int a,b;
   public float x,y;
}
struct st2
   {
   public int a,b;
   public st1 s1;
}
```

A. ss.s1.x　　　　　B. s1.x　　　　　C. s1.ss.x　　　　　D. ss.x

3. 若有如下枚举声明：

```
enum DaysOfWeek
{
    Sunday,
    Monday,
    Tuesday,
    Wednesday=4,
    Thursday,
    Friday,
    Saturday
}
```

则以下使用错误的是：（　　）。

A. DaysOfWeek day =（DaysOfWeek）（-1）

B. DaysOfWeek day =3

C. DaysOfWeek day =（DaysOfWeek）3

D. DaysOfWeek day = DaysOfWeek.Friday

4. 设有定义"enum color{red=6, yellow=0, blue=3, white, green};"，则 white 的值为（　　）。

A. 4　　　　　　　B. 0　　　　　　　C. 6　　　　　　　D. 5

5. 设有定义"enum team{my, you=4, his, her=his+10};"，下面程序段的正确输出值是：（　　）。

```
team ex=team.her;
Console.WriteLine(ex);
Console.WriteLine((int)ex);
ex=(team)3;
Console.WriteLine(ex);
```

A. her　15　3　　　　　　　　　　B. 6　10　my

C. his10　10　his　　　　　　　　D. her　his　3

6. 下面对枚举变量定义正确的是：（　　）。

A. enum a={"one", "two", "three"}　　　B. enum a{"one", "two", "three"}

C. enum a={one, two, three}　　　　　D. enum a{one=9, two=-1, three}

7. 若有声明"enum colour{red, blue, white};"，下列操作语法错误的是：（　　）。

A. colour cl=colour.red　　　　　　　B. colour cl=1

C. colour cl=（colour）1　　　　　　　D. colour cl=（colour）5

四、程序设计题

从键盘上输入三个正整数，分别表示某年某月某日，计算它们对应于该年的第多少天并输出结果值。要求年、月、日均作为结构体成员。

> 📖 **提示**：关键在于输入的年份是否为闰年。对于非闰年，有：天数 =1 月天数 +2 月天数 +…+ 上月天数 + 日数；对于闰年，2 月份 29 天（非闰年 28 天），有两种情况：①月份 >3，则天数 =1 月天数 +2 月天数 +…+ 上月天数 + 日数 +1；②若月份 <3，则天数与非闰年一致。

第7章 数组和集合

> **教学设计**
>
> **重点**：数组的概念与实际应用实例；数组的特性；数组的建立与初始化、数组的排序方法；泛型的概念及应用；动态数组的建立与操作。
>
> **难点**：数组的排序方法、泛型的概念及动态数组的建立与操作。

数组是最为常见的一种数据结构，程序设计中引入数组可以更有效地管理或处理数据。实质上，数组是一个简单的线性序列。因此，数组的访问速度很快。在 C# 中，数组是一种数据结构，与结构体和类不同，数组本质上不是类型，因此它不能在类的外部声明，而必须在类方法内部、构造函数内部，或者类的字段、属性等成员中声明。任何数据类型都可以在数组的声明过程中定义。

集合是一种特殊的数组，C# 中最常用的集合主要是泛型 List<T> 集合。

7.1 数组概述与数组的声明

数学中的数列 a_0，a_1，…，a_n，以及矩阵 $[a_{00}, a_{01}, …, a_{0n}; …; a_{i0}; a_{i1}; …; a_{in}]$ 等都可以用下标（索引）来搜索对应的元素。然而，计算机中无法用这种方式表达数组元素，只能通过 a[i] 或 a[i,j] 的形式来模拟，这就是数组。

数组的声明语法如下。

1) 一维数组的声明：

```
类型[ ]变量名列表；
```

例如：

```
long[ ]myArray1；
```

2) 二维数组的声明：

```
类型[,]变量名列表；
```

例如：

```
myclass[,]myArray2；
```

数组实际上是由一个变量名称表示的一组同类型的数据元素集合。描述数组结构的术语如下：

类型：指的是数组元素数据的类型。

维度：数组的维数也称作秩（Rank），秩可以为任何整数。

维度长度：数组的每一个维度长度就是这个方向的位置个数。
数组长度：数组所有维度中的元素总数称为数组长度。
秩说明符：数组声明时，方括号内的逗号，就是秩说明符。
元素：数组的独立数据项称为元素。数组的所有元素数据类型相同，或继承自相同的类型。每个元素通过变量名称和方括号中的一个或多个索引来访问。

类型、括号、秩说明符构成了数组类型，如 int［］、long［,］等。"**数组类型 变量名**"则构成了数组的声明。秩说明符的个数可以使用多个，因需而定。维度长度不是数组类型的一部分，所以在数组类型区域中不能放置维度长度。数组声明后，维度就固定了，而维度长度直到数组实例化时才会确定。

在 C# 中，数组可以从以下多种角度进行分类。

1）按数据类型分类：C# 中的数组可以包含各种数据类型，包括整型、实型、字符型、字符串型、布尔型、结构体型、类类型等，即可以将数组分为基本类型数组和自定义类型数组。

2）按数组的维度分类：

一维数组：只有一个维度的数组，如 int［］, string［］。

二维数组：也称矩形数组，如 int［,］, string［,］。

多维数组：有多个维度的数组，如 int［,,］。

3）按数组的长度分类：

固定长度数组：在声明时指定数组的长度，长度不可变。

可变长度数组：使用 List<T> 或者其他可变长度的数据结构，长度可以动态改变。

4）按数组结构是否规则分类：

规则数组：例如二维数组，每行的列数相同。

交错数组：数组的元素也是数组，每个元素的长度可以不同，也称为数组的数组，int［］［］, string［］［］。

对于一个建立好的数组，可能是以上分类的组合，这些并不矛盾，只是从不同角度看问题而已。

7.2 一维数组和二维数组的实例化与初始化

数组被声明后，即可进行实例化，给数组的每个元素开辟存储单元。数组的初始化指的是在数组实例化的同时给每个元素赋初值。数组的实例化与初始化一般同时完成，以简化操作。

数组实例化使用数组创建表达式："**new 数据类型［秩说明符］**"。数组初始化使用初始化列表或使用快捷语法（初始化器：省略语法的数组创建表达式）。初始化必须与实例化一起进行。数组声明与实例化＋初始化可以分两步进行，也可以一步完成。

（1）一维数组的实例化与初始化

数据类型［］数组名；
数组名=new 数据类型［］{初始化列表}；

或:

数据类型[ ] 数组名 =new 数据类型[ ]{ 初始化列表 };

或:

数据类型[ ] 数组名 ={ 初始化列表 }; // 使用快捷语法

(2) 二维数组的实例化与初始化

数据类型[,] 数组名;
数组名 =new 数据类型[,]{ 初始化列表 };

或

数据类型[,] 数组名 =new 数据类型[,]{ 初始化列表 };

或

数据类型[,] 数组名 ={ 初始化列表 }; // 使用快捷语法

例如:

```
int[ ] intArray1;
intArray1=new int[ ]{10,20,30,40};
```

等价于:

```
int[ ] intArray1=new int[ ]{10,20,30,40};
```

或:

```
int[ ] intArray1={10,20,30,40};
int[ , ] intArray2;
intArray2=new int[ , ]{{10,20,30},{40,50,60},{70,80,90}};
```

等价于:

```
int[ , ] intArray2=new int[ , ]{{10,20,30},{40,50,60},{70,80,90}};
```

或:

```
int[ , ] int Array2={{10,20,30},{40,50,60},{70,80,90}};
```

说明:

1) 数组的维度长度由初始化列表对应维度的数据个数决定。若未提供初始化列表,则必须指定维度大小。例如:

```
int[ , ] xx=new int[3,4];
```

2) 当数组被创建之后,每一个元素被自动初始化为指定的值。若数组实例化时未提供初始化列表,则数组每一个元素自动初始化为指定类型的默认值。对于预定义的类型,整型的默认值是 0,浮点型的默认值是 0.0,布尔型的默认值是 false,而引用类型的默认值

是 null。

3）在 C# 中，数组一旦创建，其大小是固定的，无法动态调整。每个维度的索引号从 0 开始，也就是说，如果某个维度的长度是 n，则该维度的索引范围是从 0 到 $n-1$。虽然 C# 的原生数组（如 int[ ]）是固定大小的，但可以通过使用集合类（如 List<T>）来实现类似动态数组的功能，它们的大小可以根据需要动态调整。

4）数组属于引用类型。数组元素分配在堆上，对于规则数组，每个元素占用固定长度的单元，元素按顺序排列，占有一片连续的存储单元。数组名内存放着全部数组元素存储单元的首地址。数组名一般分配在栈上，但也有在堆上的情况。数组的内存配置和组成部分如图 7-1 所示。

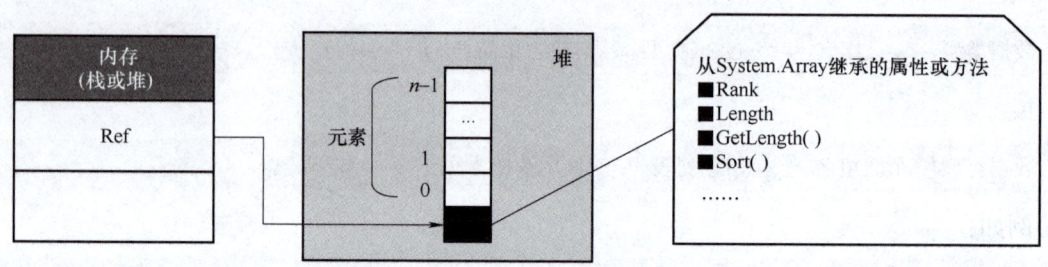

图 7-1　数组的内存配置和组成部分

尽管数组总是引用类型，但是数组的元素可以是值类型，也可以是引用类型。数组元素为值类型和引用类型在内存存储上的差异如图 7-2 所示。

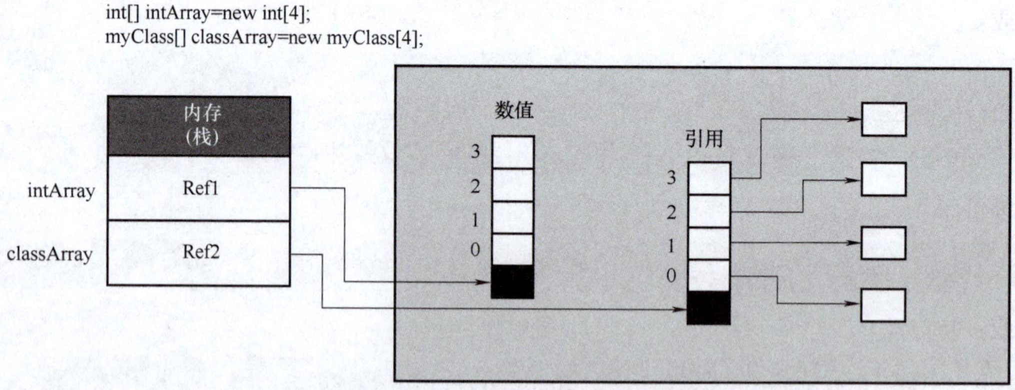

图 7-2　数组元素为值类型和引用类型在内存存储上的差异

7.3　数组元素的访问

数组元素通过数组名与索引（下标）来访问。每一维索引从 0 开始，最后为维度长度 -1。索引可以用整型常量或整型变量来表示，如 arr[10]、arr[i]、a[1,1]、a[i,j]，但取值不能越界，否则将抛出越界异常。

实例:随机产生 10 个在 0~100 范围的整数,完成以下操作:输出 10 个元素的值;输出数组中的偶数。

```
using System;
namespace Example
{
    internal class Program
    {
        static void Main(string[ ] args)
        {
            Random random=new Random( );
            int[ ] array=new int[10];
            Console.WriteLine("随机产生的数组元素为:");
            for(int i=0;i<10;i++)
            {
                array[i]=random.Next(0,100);
                Console.Write("array[{0}]={1}   ",i,array[i]);
            }
            Console.WriteLine( );
            Console.WriteLine("其中偶数元素为:");
            for(int i=0;i<10;i++)
            {
                if(array[i]%2==0)
                    Console.Write("array[{0}]={1}    ",i,array[i]);
            }
            Console.ReadKey( );
        }
    }
}
```

7.4 数组常用属性与方法

数组在 C# 中是一种常见的数据结构,具有许多属性和方法,使其易于使用和操作。对于通过"数据类型[ ]数组名"等方式声明的数组,数组常用的属性和方法原型见表 7-1。

表 7-1 数组常用的属性和方法原型

属性	说明
public int Length{get;}	返回数组的长度,即数组中元素的数量
public int Rank{get;}	返回数组的维数(即数组的秩)
方法原型	说明
public int GetLength(int dimension);	返回指定维度的大小

（续）

方法原型	说明
public virtual object GetValue (int index);	返回指定索引处的数组元素的值
public virtual void SetValue (object value, int index);	将指定索引处的数组元素设置为指定的值
public virtual void CopyTo (Array array, int index);	将整个数组复制到另一个一维数组中,从指定的索引开始

实例：创建一个控制台应用程序,使用二维数组存储火车票信息,输入车次和姓名后模拟预定火车票的功能。

```csharp
using System;
namespace Example
{
    internal class Program
    {
        static void Main(string[ ] args)
        {
            string train="",destination="",startTime="",arrivalTime="";
            string[ ] columName={"车次","出发站-到达站","出发时间","到达时间"};
            string[,] tableValue={{"T40","长春-北京","00:12","12:20"},
{"T298","长春-北京","12:48","21:06"},{"T1","北京-长沙","12:39","2:16"},
{"T126","北京-长沙","9:00","23:20",}};
            //遍历一维数组输出标题
            for(int i=0;i<columName.Length;i++)
            {
                Console.Write("{0,-20}",columName[i]);
            }
            Console.WriteLine( );
            string messages=" ";
            //遍历二维数组显示车次信息
            for(int i=0;i<tableValue.GetLength(0);i++)
            {
                for(int j=0;j<tableValue.GetLength(1);j++)
                {
                    Console.Write("{0,-20}",tableValue[i,j]);
                }
                Console.WriteLine( );
            }
            Console.WriteLine(" 请输入您要购买的车次:");
            string ticket=Console.ReadLine( );
            int flag=0; //购票情况,0表示失败,1表示成功
            for(int i=0;i<tableValue.GetLength(0);i++)
            {
                if(ticket.CompareTo(tableValue[i,0])==0)
                {
```

```
                    flag=1;
                    train=tableValue[i,0];
                    destination=tableValue[i,1];
                    startTime=tableValue[i,2];
                    arrivalTime=tableValue[i,3];
                    messages=" 您已购买:"+" 车次 "+train+","+" 出发站 - 到达站:
"+destination+","+" 出发时间:"+startTime+","+" 到达时间:"+arrivalTime;
                    Console.WriteLine(messages);
                    break;
                }
            }
            if(flag==0)
            {
                Console.WriteLine(" 购票失败!");
            }
            Console.ReadKey( );
        }
    }
}
```

7.5 数组的应用

7.5.1 数组的遍历

遍历数组通过循环语句实现。若不知道数组的维数及各维度大小，可使用数组的 Length 属性（仅对一维数组）或 GetLength 方法来获取。以下是获取一维字符串数组大小的示例：

```
string[ ]myArray={"A","B","C","D","E"};
int arrayLength=myArray.Length; // 获取数组的大小,这里是 5
```

要获取二维字符串数组的行大小和列大小，可以使用 GetLength 方法。GetLength（0）返回行数（第一个维度的大小），而 GetLength（1）返回列数（第二个维度的大小）。例如：

```
string[,]myArray={{"A","B","C"},{"D","E","F"},{"G","H","I"}};
int numRows=myArray.GetLength(0); // 获取行数,这里是 3
int numColumns=myArray.GetLength(1); // 获取列数,这里是 3
```

若已获取数组类型、数组名、维数、维度大小，则可以用循环来遍历数组元素。
（1）for 循环遍历字符串数组
1）一维字符串数组遍历示例：

```
string[ ]myArray={"A","B","C","D","E"};
for(int i=0;i<myArray.Length;i++)
{
    Console.Write($"{myArray[i]}\t");
}
```

输出结果：

A   B   C   D   E

2）二维字符串数组遍历示例：

```
string[,] myArray=new string[3,3]{{"A","B","C"},{"D","E","F"},{"G","H","I"}};
int numRows=myArray.GetLength(0); // 获取行数,这里是 3
int numColumns=myArray.GetLength(1); // 获取列数,这里是 3
// 使用嵌套循环遍历二维字符串数组
for(int i=0;i<numRows;i++)
{
    for(int j=0;j<numColumns;j++)
    {
        Console.Write($"{myArray[i,j]}\t");
    }
    Console.WriteLine( );
}
```

输出结果：

```
A    B    C
D    E    F
G    H    I
```

（2）foreach 循环遍历字符串数组　foreach 原则上只能遍历一维数组。在遍历二维数组时，它只能按自然排列顺序将之处理成一维数组，若要在遍历时按行输出，则需要通过元素个数计算器来实现换行输出。

1）一维字符串数组遍历示例：

```
string[ ] myArray={"Hello","World","C#"};
foreach(string item in myArray)
{
    Console.WriteLine(item);
}
```

输出结果：

```
Hello
World
C#
```

2）二维字符串数组遍历示例：

```
string[,]myArray=new string[3,3]{{"A","B","C"},{"D","E","F"},{"G","H","I"}};
int num=0;
foreach(string str in myArray)
{
```

```
            Console.Write(str+"    ");
            num++;
            if(num % myArray.GetLength(1)==0)
Console.WriteLine( );
}
```

输出结果：

```
A   B   C
D   E   F
G   H   I
```

7.5.2 数组的排序

数组排序是数组常用到的处理技术，排序的目的主要是快速查找到需要的元素。对于一维数值型数组（整型、实型、字符型、字符串型），可以按值升序或降序进行排序。常用的排序法有选择法和冒泡法。虽然 C# 语言中对一维数组的排序提供了 Sort 方法，但学习过程中要学会排序的基础程序设计，这是一种编程技巧锻炼，熟练后可以直接使用数组自带的 Sort 方法。

1. 选择法排序

设已经创建了数组，数组元素分别为 arr[0]，arr[1]，arr[2]，…，arr[k]，…，arr[N-1]，N 为数组长度（元素个数），要求按从小到大的顺序排序。显然，要依次确定每个索引位置的相对最小值，N 个元素需要排 N-1 轮。

选择法排序的基本思想是在确定某个索引位置的最小值时，用该索引位置后面的元素依次与该索引位置的元素进行比较，如果后面的元素更小就交换二者的值。需要注意的是，每一轮比较中，被比较的元素除了第 1 次是相邻元素外，其余都不是相邻元素。

选择法排序的具体过程是：第 0 轮，记作 r=0，定位在 arr[0]，即确定索引 0 位置的最小值，然后用索引 0 后面的元素分别与 arr[0] 进行比较，若条件成立则交换二者的值，则经过第 0 轮操作找到了最小值且置于 arr[0]，以此类推。

该方法可以这样表述：在第 r 轮，确定索引位置 r 的最小值，即 arr[r] 的最小值，则用后面的元素（记作 arr[k]）与 arr[r] 比较，k 的取值是 [r+1,N-1]，k 循环步长 1。由 r=0 开始，依次取 r=1，2，…，N-2，即 r 的取值范围是 [0,N-2]，r 循环步长 1。**由此得到规律**：轮次 r=0~(N-2)，在第 r 轮中定位 arr[r]，被比较的元素范围是 k=(r+1)~(N-1)。利用双重循环实现排序，外循环 r 表示轮次迭代，内循环 k 表示参与比较的元素迭代。

选择法排序思路清晰，但在每轮排序中，元素交换值发生的次数多，影响排序速度。事实上，若是按从小到大的顺序排序（升序），则每轮排序中只要记住值最小元素的索引号，最后把该索引号的元素直接与定位元素交换即可，这样在每轮排序中只有一次数据交换，从而提高速度，实例如下：

```
using System;
namespace Example
{
    internal class Program
```

```
    {
        static void Main(string[ ] args)
        {
            int[ ] array1=new int[ ] {122,45,23,89,67,45,-10 };
            Console.WriteLine(" 原数组:");
            foreach(int number in array1)
            {
                Console.Write(number+"    ");
            }
            Console.WriteLine( );
            int minLocation;
            for(int r=0;r<array1.Length-1;r++)
            {
                minLocation=r;
                for(int k=r+1;k<array1.Length;k++)
                {
                    if(array1[k]<array1[minLocation])
                        minLocation=k;
                }
                int t=array1[minLocation];
                array1[minLocation]=array1[r];
                array1[r]=t;
            }
            Console.WriteLine(" 排序后的数组:");
            foreach(int num in array1)
            {
                Console.Write(num+"    ");
            }
            Console.WriteLine( );
            Console.ReadKey( );
        }
    }
}
```

程序的输出结果:
原数组:

| 122 | 45 | 23 | 89 | 67 | 45 | -10 |

排序后的数组:

| -10 | 23 | 45 | 45 | 67 | 89 | 122 |

2. 冒泡法排序

冒泡法是模拟水中气泡的运动过程,例如,从小到大排序就是假设数组元素依次从水面至水底排列。为了实现对数组元素的有序排列,可以模拟水中气泡的运动规则,即小的气泡上浮，大的气泡下沉。

冒泡排序的基本思想是通过对相邻元素进行比较和交换，将较小的元素逐步"上浮"，较大的元素逐步"下沉"，最终完成数组的排序。具体过程是：第一轮（r=0）从数组末尾开始，依次比较相邻的两个元素 arr［j］和 arr［j-1］，如果满足条件（如 arr［j］<arr［j-1］），就交换它们的位置，此时最大的元素会"下沉"到数组的最后一位；随后进入下一轮（r=1），参与比较的元素范围缩小为 j=［N-1, r+1］，重复上述操作，逐渐定位剩余元素的位置。整个排序过程需要进行（N-1）轮（r=0, 1, …, N-2），每轮通过内层循环控制元素的比较和交换，j 的范围从（N-1）减小到（r+1）。冒泡排序利用外层循环控制轮次，内层循环控制元素比较和交换，最终完成从小到大（或从大到小）的排序。

冒泡法排序过程中，如果对于第 r 轮，在从水底依次向上对比相邻元素的全过程都没有出现数据交换，则表明现阶段数据已经是有序排列，则可提前结束排序，无须继续排序。因此，可在外循环内进入内循环前设置标志变量 flag=1（1 表示数据已经按预期顺序有序排好），若在排序过程中满足交换数据条件，令 flag=0，当本轮的内循环执行完后，若 flag 的值为 0 表示还得进入下一轮继续排序，否则结束排序。冒泡法排序的优点是可以提前发现数据是否已经有序排好，但由于每轮中需要交换数据的次数更多，因此，冒泡法排序效率比选择法低。实例如下：

```
using System;
namespace Example
{
    internal class Program
    {
        static void Main(string[ ] args)
        {
            int[ ] array1=new int[ ]{122,45,23,89,67,45,-10};
            Console.WriteLine(" 原数组:");
            foreach(int number in array1)
            {
                Console.Write(number+"    ");
            }
            Console.WriteLine( );
            for(int r=0;r<array1.Length-1;r++)
            {
                bool flag=true;   //假设数组已经有序排列
                for(int k=array1.Length-1;k >=r+1;k--)
                {
                    if(array1[k]<array1[k-1])
                    {
                        int t=array1[k];
                        array1[k]=array1[k-1];
                        array1[k-1]=t;
                        flag=false;        //假设数组已经有序排列不成立
```

```
            }
        }
        if(flag==true) break;    //假设数组已经有序排列成立
    }
    Console.WriteLine("排序后的数组:");
    foreach(int number in array1)
    {
        Console.Write(number+"    ");
    }
    Console.WriteLine( );
    Console.ReadKey( );
        }
    }
}
```

输出结果:
原数组:

122 45 23 89 67 45 -10

排序后的数组:

-10 23 45 45 67 89 122

7.5.3 字符串与字符数组的相互转换

程序设计中,有时字符串和字符数组需要相互转换。字符串转换成字符数组可以使用字符串的 ToCharArray 方法。实例如下:

```
using System;
namespace Example
{
    internal class Program
    {
        static void Main(string[ ] args)
        {
            string string1="Hello";
            char[ ] charArray=string1.ToCharArray( );
            Console.WriteLine("字符串转换为字符数组:");
            foreach(char c in charArray)
            {
                Console.WriteLine(c);
            }
            Console.ReadKey( );
        }
    }
}
```

在这个实例中,字符串"Hello"被赋给了string1变量。然后使用ToCharArray方法将其转换为字符数组,并将结果存储在charArray变量中。最后,使用foreach循环遍历charArray,并打印每个字符。

要将字符数组转换为字符串,可以使用string类型的构造函数或string.Join()方法。以下是两种方法的示例:

1)使用string类型的构造函数:

```
char[ ]charArray={'H','e','l','l','o'};
string str=new string(charArray);
```

2)使用string.Join()方法:

```
char[ ]charArray={'H','e','l','l','o'};
string str=string.Join("",charArray);
```

这两种方法都可以将字符数组转换为字符串。第一种方法使用了string类型的构造函数,该构造函数接受一个字符数组并将其转换为字符串。第二种方法使用了string.Join()方法,该方法接受一个分隔符和一个字符数组,并将数组中的元素连接成一个字符串,此处令分隔符为空字符串,以保证转换后的字符连接在一起。

7.5.4　StringBuilder类对象数组的声明与实例化

在第5章已经介绍了StringBuilder类,用于声明可变字符串对象。StringBuilder类声明的数组是对象数组,其元素的实例化必须使用new运算符和构造函数来实现,而不能像string字符串数组那样进行初始化。StringBuilder类对象数组的建立必须分两步,先声明数组,然后逐个元素赋值,这是与string类型的不同之处。

实例:StringBuilder对象数组的实例化。

```
using System;
using System.Text;
namespace Example
{
    internal class Program
    {
        static void Main(string[ ] args)
        {
            StringBuilder[ ] stringBuilderArray=new StringBuilder[3]
            {
                new StringBuilder( ),
                new StringBuilder( ),
                new StringBuilder( )
            };
            //使用StringBuilder数组
            stringBuilderArray[0].Append("Hello");
            stringBuilderArray[1].Append("World");
            stringBuilderArray[2].Append("!");
```

```
            foreach(StringBuilder sb in stringBuilderArray)
            {
                Console.WriteLine(sb.ToString( ));
            }
            Console.ReadKey( );
        }
    }
}
```

输出结果：

```
Hello
World
!
```

说明：在 C# 中，对于 string 类型对象的输出，通常情况下不需要显式地调用 ToString 方法，使其返回对象本身的值。因为在 C# 中直接打印一个字符串对象时，会隐式地调用 ToString 方法来获取字符串的值。但 StringBuilder 类并没有像字符串类那样隐式地将其实例转换为字符串。因此，需要显式地调用 ToString 方法来将 StringBuilder 对象转换为字符串，以便能够正确地将其输出到控制台。

7.5.5 结构体数组的创建及应用

结构体的初始化需要使用构造函数或通过对公有字段赋值的方式来实现，这是和单一数据类型（如整型、实型、字符型、字符串）不同的地方。在 C# 中，结构体数组可以作为参数传递给方法，以在方法中对结构体数组进行操作或使用数组的数据。结构体虽然是值类型，但数组是引用类型，所以使用结构体数组名作实参时，会把引用地址传给形参，导致结构体形参引用同一地址的数据。

实例：结构体数组作为参数进行传递。

```
using System;
namespace Example
{
    internal class Program
    {
        struct Point
        {
            public int x;
            public int y;
            public Point(int x,int y)
            {
                this.x=x;
                this.y=y;
            }
            public void Display( )
            {
```

```csharp
            Console.WriteLine($"Point:x={x},y={y}");
        }
    }

    static void ModifyPoints(Point[ ] points,int offsetX,int offsetY)
    {
        for(int i=0;i<points.Length;i++)
        {
            points[i].x+=offsetX;
            points[i].y+=offsetY;
        }
    }

    static void Main(string[ ] args)
    {
        Point[ ] pointsArray=new Point[ ]
        {
        new Point(1,2),
        new Point(3,4),
        new Point(5,6)
        };
        Console.WriteLine("Original Points:");
        foreach(Point point in pointsArray)
        {
            point.Display( );
        }
        //传递结构体数组作为参数
        ModifyPoints(pointsArray,10,20);
        Console.WriteLine("\nModified Points:");
        foreach(Point point in pointsArray)
        {
            point.Display( );
        }
        Console.ReadKey( );
    }
}
```

输出结果：

```
Original Points:
Point:X=1,Y=2
Point:X=3,Y=4
Point:X=5,Y=6
```

```
Modified Points:
Point:X=11,Y=22
Point:X=13,Y=24
Point:X=15,Y=26
```

在上述示例中，定义了一个结构体 Point，然后创建了一个包含三个 Point 结构体的数组 pointsArray，并且编写了一个名为 ModifyPoints 的方法，该方法接受一个 Point[ ] 参数以及两个偏移值 offsetX 和 offsetY。在该方法中，对传入的结构体数组中的所有元素进行了修改。

7.5.6　object 类型数组的建立与操作

在 C# 中，object 类是所有类型的基类，这使得它能够存放不同类型的数据。这是因为所有类型（包括值类型和引用类型）都是从 object 类派生的。具体来说，这是通过隐式和显式类型转换机制实现的。因此，object 类型对象数组可以存放不同类型的值。如果需要创建混合数据类型的数组，可以考虑使用 object 类型对象数组，以容纳任何类型的对象。值得说明的是：在 C# 中，数组要求是同一类型元素的集合，但 object 类型数组的元素虽然值类型可以不同，但本质还是同一类型，即 object 类型。

以下是一个示例，演示了如何创建混合类型的数组。

```
using System;
namespace Example
{
    internal class Program
    {
        static void Main(string[ ] args)
        {
            //创建一个对象数组,包含不同类型的对象
            object[ ] mixedArray=new object[5];

            //添加不同类型的对象到数组中
            mixedArray[0]=123;                          //整数
            mixedArray[1]="Hello,world!";               //字符串
            mixedArray[2]=3.14;                         //浮点数
            mixedArray[3]=true;                         //布尔值
            mixedArray[4]=new int[ ] {1,2,3 };          //整数数组

            //遍历数组并输出每个元素的类型和值
            Console.WriteLine("混合类型数组的内容:");
            foreach(var item in mixedArray)
            {
                Console.WriteLine("类型:"+item.GetType( )+",值:"+item);
            }
            Console.ReadKey( );
        }
    }
}
```

运行结果如下:

```
混合类型数组的内容:
类型:System.Int32,值:123
类型:System.String,值:Hello,world!
类型:System.Double,值:3.14
类型:System.Boolean,值:True
类型:System.Int32[ ],值:System.Int32[ ]
```

在这个示例中,创建了一个对象数组 mixedArray,它包含了整数、字符串、浮点数、布尔值和整数数组等不同类型的对象。然后,遍历数组输出了每个元素的类型和值。

使用对象数组可以在同一个数组中存储不同类型的数据,但需要注意的是,在访问数组元素时可能需要进行类型转换,因为数组的元素类型是 object。任何类型的实例都可以隐式地转换为 object 类型(装箱),即将值类型包装在一个 object 引用类型的实例中。当需要从 object 中取出原来的值类型时,会发生拆箱,即将值类型包装在一个 object 引用类型的实例中。例如:

```
int number=42;
object obj=number;    //装箱
int unboxedNumber=(int)obj;  //拆箱
```

7.6 交错数组

交错数组(Jagged Array)是一个数组的数组,在内存中不一定是连续存储的多维数组。这意味着每个数组元素可以是不同长度的数组。在交错数组中,每个子数组都是一个独立的实体,它们在内存中可以存储在不同的位置,因此它们的长度可以是不同的。

交错数组有广泛的应用,特别是在处理不规则数据结构或者需要动态分配内存的情况下。交错数组的优点是,它们可以表示不规则的数据结构,其中各个维度的大小可以不同。这在某些情况下非常有用,例如在处理树状结构或者数据行的长度不同时。然而,由于交错数组的内存布局不连续,可能会带来额外的性能消耗,因为访问其中的元素可能不如多维数组那样高效。

7.6.1 交错数组的声明与实例化、初始化

以下是一个简单的交错数组声明示例:

```
//声明一个包含三个子数组的交错数组
int[ ][ ]jaggedArray=new int[3][ ];
//初始化每个子数组,可以是不同长度的数组
jaggedArray[0]=new int[ ]{1,2,3};
jaggedArray[1]=new int[ ]{4,5,6,7};
jaggedArray[2]=new int[ ]{8,9};
```

或

```
//另一种初始化交错数组的方式
int[ ][ ]anotherJaggedArray=new int[ ][ ]
```

```
{
    new int[]{1,2,3},
    new int[]{4,5,6,7},
    new int[]{8,9}
};
```

在这个例子中,声明了一个包含三个子数组的交错数组。然后,分别为每个子数组进行了初始化,可以注意到每个子数组的长度可以是不同的。

以下是一个多维交错数组的应用示例:

```
int[][,] multiDimJaggedArray=new int[2][,];
multiDimJaggedArray[0]=new int[,]
{
    {1,2,3},
    {4,5,6}
};
multiDimJaggedArray[1]=new int[,]
{
    {7,8},
    {9,10},
    {11,12}
};
```

需要特别说明的是,交错数组是每行元素个数不同的二维数组,需要分别对每行用new运算符进行内存分配。这种处理方式本质是将二维数组看作特殊的一维数组来处理的,即将二维数组的每行看作一个元素,等同于将二维数组视作一维数组,而每个元素又是一个一维数组(由对应行的全部列元素构成)。这种方式的创建语法如下:

```
数组元素类型[][]  数组名字;                    //按特殊一维数组处理
数组名 =new 数组元素类型[行大小][ ];          //一维数组的元素个数
数组名[0]=new 数组元素类型[第1行元素个数];   //第1行元素个数分配内存
数组名[1]=new 数组元素类型[第2行元素个数];   //第2行元素个数分配内存
...
```

7.6.2　交错数组的访问

> 📖 **提示**:按一维数组处理,则元素引用方式是arr[i][j]。

```
using System;
namespace Example
{
    internal class Program
    {
        static void Main(string[] args)
        {
```

```
            int[ ][ ] jaggedArray;         //将二维数组按特殊一维数组声明
            jaggedArray=new int[3][ ];
            jaggedArray[0]=new int[2];
            jaggedArray[1]=new int[3];
            jaggedArray[2]=new int[4];
            Console.WriteLine("数组维数:"+jaggedArray.Rank);    // 数组维数
            Console.WriteLine("数组大小:"+jaggedArray.Length); // 数组大小
            Console.WriteLine("第一行大小:"+jaggedArray[0].Length);
            Console.WriteLine("第二行大小:"+jaggedArray[1].Length);
            Console.WriteLine("第三行大小:"+jaggedArray[2].Length);
            jaggedArray[0][1]=10;
            Console.WriteLine(jaggedArray[0][1]);
            Console.ReadKey( );
        }
    }
}
```

输出结果为:

```
数组维数:1
数组大小:3
第一行大小:2
第二行大小:3
第三行大小:4
10
```

上述实例中,是将二维交错数组按特殊一维数组处理的,所以数组 arr 是一维数组,维数是 1,数组大小是 3,即有三个元素 arr[0]、arr[1]、arr[2]。每个元素又是一维数组,长度(元素个数)分别为 2、3、4。二维交错数组的内存分配如图 7-3 所示。

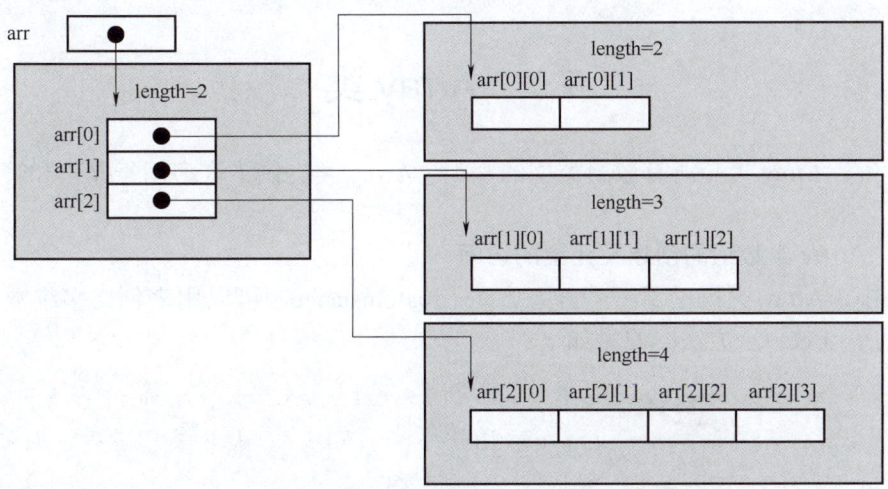

图 7-3　二维交错数组的内存分配

实例：遍历交错数组。

```csharp
using System;
namespace Example
{
    internal class Program
    {
        static void Main(string[] args)
        {
            //声明一个交错数组,包含三个子数组
            int[][] jaggedArray=new int[3][];
            //初始化每个子数组,分配不同的长度
            jaggedArray[0]=new int[] {1,2,3 };
            jaggedArray[1]=new int[] {4,5,6,7 };
            jaggedArray[2]=new int[] {8,9 };
            //遍历交错数组
            Console.WriteLine("遍历交错数组:");
            for(int i=0;i<jaggedArray.Length;i++)
            {
                Console.Write("第"+i+"个子数组:");
                for(int j=0;j<jaggedArray[i].Length;j++)
                {
                    Console.Write(jaggedArray[i][j]+" ");
                }
                Console.WriteLine();
            }
            Console.ReadKey();
        }
    }
}
```

7.7　Array 类

在 C# 中，Array 类是所有数组类型的基类。Array 类提供了许多用于操作和管理数组的方法。

7.7.1　Array 类数组的创建及元素的访问

在 C# 中，Array 类提供了一个静态方法 CreateInstance，可以用来创建多维数组或具有指定类型的单维数组。方法的原型如下：

```
public static Array CreateInstance(Type elementType,params int[ ]lengths);
public static Array CreateInstance(Type elementType,int[ ]lengths,int[ ] lowerBounds);
```

该方法接受两个参数或三个参数：

1) elementType:要创建的数组中元素的类型。

Type 类是 .NET Framework 中用于表示类型的类。可以使用 typeof 运算符或者对象的 GetType 方法来获取类型的 Type 对象。如:

```
Type type=typeof(int); //int 对应在 System.Type 中为 System.Int32
Type anotherType=someObject.GetType( );
```

2) lengths:一个可变长度的参数,一个整数数组,表示每个维度的长度。

3) lowerBounds:一个整数数组,表示每个维度的下限。

该方法返回一个新创建的数组,其类型为 System.Array,根据传递的参数,它可以是多维的或单维的。

```
//创建一个包含 5 个整数的单维数组
Array array=Array.CreateInstance(typeof(int),5);
//创建一个包含 3 行 4 列的二维整数数组
Array array2D=Array.CreateInstance(typeof(int),3,4);
//创建一个包含 2 个三维点的数组
Array array3D=Array.CreateInstance(typeof(Point3D),2);
```

Array.CreateInstance 方法创建的数组是未初始化的,它的元素将是该元素类型的默认值。例如,对于整型数组,元素默认为 0;对于引用类型数组,元素默认为 null。如果想要在创建数组时进行初始化,需要手动为每个元素赋值。

> **特别提示**:Array 数组不支持通过索引器来直接访问数组元素,只能用其 SetValue、GetValue 方法。这是因为 Array 类是一个抽象基类,并没有提供索引器的实现,自然使用不了赋值符号赋值。索引器([ ])是具体数组类型(例如,int[ ]、string[ ]等)提供的语法。最常用的 SetValue、GetValue 方法原型如下:

```
public void SetValue(object value,params int[ ]indices);
```

功能:对 indices 给定的索引对应元素赋值。

```
public object GetValue(params int[ ]indices);
```

功能:获取 indices 给定的索引对应元素的值。

实例如下:

```
using System;
namespace Example
{
    internal class Program
    {
        static void Main(string[ ] args)
        {
            int[ ] lengths=new int[ ]{2,3 };//指定两个维度的长度为 2 和 3
            int[ ] lowerBounds=new int[ ]{1,1 };//指定两个维度的下界都是 1
            Array array=Array.CreateInstance(typeof(int),lengths,lowerBounds);
```

```
            // 遍历数组并初始化
            for(int i=array.GetLowerBound(0);i<=array.GetUpperBound(0);i++)
            {
                for(int j=array.GetLowerBound(1);j<=array.GetUpperBound(1);j++)
                {
                    array.SetValue(i+j,i,j);
                    Console.Write(array.GetValue(i,j)+"   ");
                }
                Console.WriteLine( );
            }
            Console.ReadKey( );
        }
    }
}
```

输出结果:

```
2   3   4
3   4   5
```

7.7.2 Array 类常用属性、方法及应用

Array 类提供了系列属性与方法,使得数组操作更加方便和灵活。Array 类常用的属性与方法原型见表 7-2。

表 7-2 **Array 类常用的属性与方法原型**

属性	说明
public int Length{get;}	获取数组中元素的总数
public int Rank{get;}	获取数组的维数(秩)
方法原型	说明
public int GetLength (int dimension);	获取指定维度的大小
public object GetValue (params int index);	获取指定索引处的元素的值
public object GetValue (params int [ ] indices);	获取多维数组中指定索引处的元素的值
public void SetValue (object value, int index);	设置指定索引处的元素的值
public void SetValue (object value, params int [ ] indices);	设置多维数组中指定索引处的元素的值
public static void Copy (Array sourceArray, int sourceIndex, Array destinationArray, int destinationIndex, int length);	从源数组的指定位置开始复制到目标数组的指定位置
public static void Clear (Array array, int index, int length);	从指定索引开始清除数组元素并设为其元素类型的默认值
public static int IndexOf (Array array, object value);	返回一维数组中某个值首次出现的索引
IndexOf (Array array, object value, int startIndex, int count);	在指定范围内搜索,返回一维数组中某个值首次出现的索引

（续）

方法原型	说明
public static int LastIndexOf（Array array，object value）；	返回一维数组中某个值最后一次出现的索引
public static void Reverse（Array array）；	反转一维数组中元素的顺序
public static void Sort（Array array）；	对一维数组中的元素进行排序
public static int BinarySearch（Array array，object value）；	使用二分搜索法在一维排序数组中搜索某个值，并返回元素的索引

下面是一个演示如何结合使用 Array 类的方法和属性来处理数组的实例：

```
using System;
namespace Example
{
    internal class Program
    {
        static void Main(string[ ] args)
        {
            // 创建一个整数数组
            int[ ] numbers={3,1,4,1,5,9,2 };

            // 打印原始数组
            Console.WriteLine(" 原始数组:");
            PrintArray(numbers);

            // 使用 Sort 方法对数组进行排序
            Array.Sort(numbers);
            Console.WriteLine("\n 排序后的数组:");
            PrintArray(numbers);

            // 使用 IndexOf 方法查找特定值的索引
            int index=Array.IndexOf(numbers,5);
            Console.WriteLine("\n 值为 5 的元素的索引:"+index);

            // 使用 Clear 方法清空数组内容
            Array.Clear(numbers,0,numbers.Length);
            Console.WriteLine("\n 清空数组后的数组:");
            PrintArray(numbers);

            Console.ReadKey( );
        }

        // 打印数组的方法
        static void PrintArray(int[ ] array)
```

```
            {
                foreach(int number in array)
                {
                    Console.Write(number+" ");
                }
                Console.WriteLine( );
            }
        }
    }
```

思考：用数据类型后跟［］声明数组和用 Array 类声明数组有何本质区别？

在 C# 中，使用数据类型后跟［］声明数组和使用 Array 类声明数组的本质区别在于数据类型和语言特性的不同。

（1）使用数据类型后跟［］声明数组　这种方式是 C# 中常见的数组声明方式，它是一种语言特性，提供了简单、直观的数组声明方式，可以称为特定类型数组。例如：

```
int[ ]arr=new int[5];
```

这里 arr 是一个 int 类型的数组，它存储的是 int 类型的元素。这种方式下的数组是安全的，因为它们是特定类型的元素的集合，可以直接使用索引来访问数组元素，例如 arr［0］、arr［1］等。

（2）使用 Array 类声明数组　这种方式使用了 Array 类，它是 .NET Framework 提供的一个通用数组类。使用这种方式可以创建一个数组，但是需要使用强制类型转换来访问数组中的元素。例如：

```
Array arr=Array.CreateInstance(typeof(int),5);
```

这里 arr 是一个 Array 类型的对象，可以存储任意类型的元素，需要使用强制类型转换来访问数组中的元素，例如（（int［］)arr)［0］、（（int［］)arr)［1］等。这种方式下的数组是更通用的，因为 Array 类可以处理任意类型的对象，但是它不够安全。另外，Array 类提供了较多实用的方法，编程更加简单。

7.8　泛　型　集　合

在 C# 中，泛型集合是一组基于泛型的数据结构，它们允许在集合中存储和操作特定类型的元素，而无须进行显式的类型转换。泛型集合提供了一种类型安全的方式来管理数据，并且在编译时强制执行类型一致性，从而提高代码的可读性和可靠性。

在 C# 中，泛型集合的命名空间是 System.Collections.Generic。这个命名空间包含了许多泛型集合类，如 List<T>、Dictionary<TKey, TValue>、LinkedList<T> 等。

为了使用这些泛型集合类，需要在代码文件的开头添加以下 using 声明：

```
using System.Collections.Generic;
```

7.8.1 List<T> 泛型

List<T> 是一个动态大小的数组,它允许在列表中添加、删除和访问元素,并且自动调整数组大小。

ArrayList 类提供了许多有用的属性和方法,用于管理动态大小的数组。List<T> 类的基本功能,包括添加、删除、获取元素、搜索、排序等操作。由于 List<T> 是泛型类,因此它提供了类型安全性,并且能够在编译时进行类型检查。ArrayList 类常用的属性、构造函数与方法原型见表 7-3。

表 7-3　ArrayList 类常用的属性、构造函数与方法原型

属性	说明
public int Capacity{get; set;}	获取或设置 List<T> 可以包含的元素数目
public int Count{get;}	获取 List<T> 中实际包含的元素数
构造函数	说明
public List<T>(); public List<T>(int capacity); public List<T>(IEnumerable<T> collection);	创建一个空的 List<T> 对象 创建一个空的 List<T> 对象,并指定初始容量 创建一个包含指定集合元素的 List<T> 对象
方法原型	说明
public void Add(T item);	在 List<T> 的末尾添加一个对象
public void AddRange(IEnumerable<T> collection);	在 List<T> 的末尾添加指定集合的元素
public void Clear();	从 List<T> 中移除所有元素
public bool Contains(T item);	确定某元素是否在 List<T> 中
public void CopyTo(T[] array, int arrayIndex);	从特定的索引开始,将 List<T> 中的元素复制到一个数组中
public T Find(Predicate<T> match);	查找与指定条件匹配的元素,并返回第一个匹配的元素
public List<T> FindAll(Predicate<T> match);	查找与指定条件匹配的所有元素
public int IndexOf(T item);	搜索指定对象,并返回 List<T> 中第一个匹配项的从零开始的索引
public void Insert(int index, T item);	将元素插入 List<T> 的指定索引处
public void InsertRange(int index, IEnumerable<T> collection);	将指定集合的元素插入 List<T> 的指定索引处
public int LastIndexOf(T item);	搜索指定的对象,并返回 List<T> 中最后一个匹配项的从零开始的索引
public bool Remove(T item);	从 List<T> 中移除第一个匹配的元素
public int RemoveAll(Predicate<T> match);	从 List<T> 中移除与指定谓词所定义的条件匹配的所有元素
public void RemoveAt(int index);	移除 List<T> 中指定索引处的元素
public void RemoveRange(int index, int count);	从 List<T> 中移除一定范围的元素 public void Reverse():逆转 List<T> 中元素的顺序

（续）

方法原型	说明
public void Reverse();	逆转 List<T> 中元素的顺序
public void Sort();	使用元素的默认比较器对整个 List<T> 中的元素进行排序
public void Sort(Comparison<T> comparison);	使用指定的比较器对整个 List<T> 中的元素进行排序
public void Sort(IComparer<T> comparer);	使用指定的比较器对 List<T> 中的元素进行排序
public T[] ToArray();	将 List<T> 中的元素复制到新数组中

实例：LIST<T> 方法综合应用。

```csharp
//定义学生类
using System;
using System.Collections.Generic;
namespace Example
{
    class Student
    {
        public string Name{get;set;}
        public int StudentId{get;set;}
        public double Grade{get;set;}
        //构造函数
        public Student(string name,int studentId,double grade)
        {
            Name=name;
            StudentId=studentId;
            Grade=grade;
        }
        //重写 ToString 方法,用于显示学生信息
        public override string ToString()
        {
            return $"Name:{Name},Student ID:{StudentId},Grade:{Grade}";
        }
    }

    internal class Program
    {
        static void Main(string[] args)
        {
            //创建一个 List<Student> 对象,用于存储学生信息
            List<Student>students=new List<Student>();
            //添加几个学生到列表中
            students.Add(new Student("Alice",123456,85.5));
            students.Add(new Student("Bob",654321,90.0));
```

```csharp
            students.Add(new Student("Charlie",987654,78.5));
            // 显示所有学生信息
            Console.WriteLine("All Students:");
            foreach(var student in students)
            {
                Console.WriteLine(student);
            }
            // 查找学生信息
            string nameToFind="Bob";
            Student foundStudent=students.Find(s=>s.Name==nameToFind);
            if(foundStudent!=null)
            {
                Console.WriteLine($"\nFound Student with Name{nameToFind}:");
                Console.WriteLine(foundStudent);
            }
            else
            {
                Console.WriteLine($"\nStudent with Name{nameToFind}not found.");
            }
            // 删除学生信息
            string nameToDelete="Alice";
            Student studentToDelete=students.Find(s=>s.Name==nameToDelete);
            if(studentToDelete!=null)
            {
                students.Remove(studentToDelete);
                Console.WriteLine($"\nStudent with Name{nameToDelete} deleted successfully.");
            }
            else
            {
                Console.WriteLine($"\nStudent with Name{nameToDelete} not found.");
            }
            // 显示更新后的学生信息
            Console.WriteLine("\nUpdated Students:");
            foreach(var student in students)
            {
                Console.WriteLine(student);
            }
            Console.ReadKey( );
        }
    }
}
```

7.8.2 自定义泛型

在 C# 中，可以自定义泛型集合，创建适合特定需求的自定义数据结构。自定义泛型集合可以提供更多特定功能，以及适用于不同类型元素的存储和操作方式。自定义泛型集合类需要遵循以下步骤：

1）创建一个类，并在类名后面加上类型参数声明，以 T 或其他大写字母表示泛型类型参数。

2）在类中使用类型参数 T 来定义字段、属性、方法等，使得类能够处理特定类型的元素。下面是一个简单的示例，演示如何创建自定义的泛型集合类：

```csharp
using System;
namespace Example
{
    public class CustomList<T>
    {
        private T[] items;
        private int count;
        private const int DefaultCapacity=4;
        public CustomList()
        {
            items=new T[DefaultCapacity];
            count=0;
        }
        public void Add(T item)
        {
            if(count==items.Length)
            {
                // 如果数组满了,扩展数组大小
                int newCapacity=items.Length*2;
                T[] newItems=new T[newCapacity];
                Array.Copy(items,newItems,count);
                items=newItems;
            }
            items[count]=item;
            count++;
        }

        public T Get(int index)
        {
            if(index>=0&&index<count)
            {
                return items[index];
            }
            throw new IndexOutOfRangeException("Index out of range.");
        }
```

```
            public int Count=> count;
    }
    internal class Program
    {
        static void Main(string[ ] args)
        {
            CustomList<int> myList=new CustomList<int>( );
            myList.Add(10);
            myList.Add(20);
            myList.Add(30);
            Console.WriteLine("Count:"+myList.Count);
            Console.WriteLine("Element at index 1:"+myList.Get(1));
            Console.ReadKey( );
        }
    }
}
```

在上面的示例中,创建了一个名为 CustomList<T> 的泛型类。它使用数组来存储元素,并提供了 Add 方法来向集合中添加元素,以及 Get 方法来获取指定索引处的元素。当集合的容量不足时,会自动扩展数组的大小,以支持更多的元素。

注意:上面的示例只是一个简单的自定义泛型集合示例,实际的自定义泛型集合类可能需要更多的功能和错误处理。根据实际需求,可以为自定义泛型集合添加更多方法和功能,以实现更复杂的数据结构和操作。

7.9 综合应用

实例 1:实现一个简单的学生成绩管理系统。在这个系统中,输入学生的姓名和成绩,然后将其存储在数组中,并对学生成绩进行一些基本的统计和显示操作。

```
using System;
namespace Example
{
    internal class Program
    {
        static void Main(string[ ] args)
        {
            const int MaxStudents=5;
            string[ ] studentNames=new string[MaxStudents];
            int[ ] studentScores=new int[MaxStudents];
            int numOfStudents=0;

            //输入学生姓名和成绩
            for(int i=0;i<MaxStudents;i++)
            {
```

```csharp
        Console.Write($"请输入第 {i+1} 个学生的姓名(输入 exit 退出):");
        string name=Console.ReadLine( );

        if(name.ToLower( )=="exit")
            break;

        studentNames[numOfStudents]=name;

        Console.Write($"请输入第 {i+1} 个学生的成绩:");
        int score=int.Parse(Console.ReadLine( ));
        studentScores[numOfStudents]=score;

        numOfStudents++;
    }

    //显示学生信息
    Console.WriteLine("\n学生信息:");
    for(int i=0;i<numOfStudents;i++)
    {
        Console.WriteLine($"姓名:{studentNames[i]},成绩:{studentScores[i]}");
    }
    //计算平均成绩
    double averageScore=0;
    for(int i=0;i<numOfStudents;i++)
    {
        averageScore+=studentScores[i];
    }
    averageScore/=numOfStudents;

    //找出最高分和最低分
    int maxScore=studentScores[0];
    int minScore=studentScores[0];
    for(int i=1;i<numOfStudents;i++)
    {
        if(studentScores[i] > maxScore)
            maxScore=studentScores[i];

        if(studentScores[i]<minScore)
            minScore=studentScores[i];
    }

    //显示统计信息
    Console.WriteLine($"\n平均成绩:{averageScore}");
    Console.WriteLine($"最高分:{maxScore}");
```

```
            Console.WriteLine($" 最低分:{minScore}");
            Console.ReadKey( );
        }
    }
}
```

在这个学生成绩管理系统中,使用两个数组 studentNames 和 studentScores 分别存储学生姓名和成绩,还使用一个 numOfStudents 变量来记录输入的学生数量。通过输入学生姓名和成绩,可以将学生信息保存到数组中,并在最后显示学生信息以及平均成绩、最高分和最低分的统计信息。

实例 2:编写微信发红包的程序,红包总金额和红包个数由键盘输入。

```
using System;
namespace Example
{
    internal class Program
    {
        static void Main(string[ ] args)
        {
            // 指定红包总金额
            Console.Write(" 输入红包总金额:");
            int totalAmount=Convert.ToInt32(Console.ReadLine( ));
            // 指定红包个数
            Console.Write(" 输入红包个数:");
            int numberOfRecipients=Convert.ToInt32(Console.ReadLine( ));
            // 生成红包
            DistributeRedPackets(totalAmount,numberOfRecipients);
            Console.ReadKey( );
        }

        static void DistributeRedPackets (int totalAmount,int numberOfRecipients)
        {
            Random random=new Random( );
            double[ ] Weightingfactor=new double[numberOfRecipients];
            double TotalWeight=0;      // 总权重
            for(int i=0;i<numberOfRecipients;i++)
            {
                //Generate a random amount for each recipient
                Label:
                    Weightingfactor[i]=random.NextDouble( );
                    if(Math.Abs(Weightingfactor[i])<0.01) goto Label;
                                            // 控制红包权重系数 >1%
                    TotalWeight+=Weightingfactor[i];
            }
```

```
                for(int i=0;i<numberOfRecipients;i++)
                {
                    double Amount;
                    //发放红包
                    Amount=Weightingfactor[i]/TotalWeight*totalAmount;
                    //Display the amount for the current recipient
                    Console.WriteLine("红包{0}:{1:F2}",i+1,Amount);
                }
            }
        }
    }
```

习　　题

一、选择题

1. 使用 "int[ ][ ]arr = new int[ ][3]{new int[ ]{0,1,2}, new int[ ]{3,4,5}};" 创建二维数组，则 arr[1][2] 的值为（　　）。

　　A. 1　　　　　　　　　　　　　　　B. 5
　　C. 数组定义错误　　　　　　　　　　D. 越界访问错误

2. 使用 "int[ ][ ]arr = new int[ ][ ]{new int[ ]{0,1,2}, new int[ ]{3,4}};" 创建二维数组，则 arr[1][2] 的值为（　　）。

　　A. 1　　　　　　　　　　　　　　　B. 4
　　C. 数组定义错误　　　　　　　　　　D. 越界访问错误

3. 假设有一个二维数组 int[ ][ ]arr，其内容为{{1,2,3},{4,5,6}}，现需要将元素5删除，则可以执行（　　）。

　　A. arr[1,1]=0;　　　　　　　　　　B. arr[1][1]=0;
　　C. arr[0]= new int[ ]{4,6};　　　　D. arr[1]= new int[ ]{4,6};

4. 关于一维数组的排序问题，以下说法错误的是（　　）。

　　A. 选择法排序总体效率比冒泡法高
　　B. 选择法排序是后面的元素与指定位置元素进行比较
　　C. 冒泡法排序是相邻元素进行比较
　　D. 若有20个元素，则原则上需要排序20轮

5. 对于数组声明语句 "int[ ]arr;　arr = new int[20];"，以下说法正确的是（　　）。

　　A. arr 属于引用类型变量，本身在堆中开辟存储单元
　　B. arr 属于值类型变量，本身及引用的数据都位于栈中
　　C. arr 属于引用类型变量，本身在栈中，而元素数据在堆中，arr 存放数组数据的首地址
　　D. new 运算符在栈中开辟单元。

6. 使用 "Array numbers = Array.CreateInstance(typeof(int),3);" 建立 Array 类数组，欲存储10、20、30三个整数，则以下操作正确的是（　　）。

　　A. numbers=new int[ ]{10,20,30};

B. numbers.SetValue(10, 0); numbers.SetValue(20, 1); numbers.SetValue(30, 2);
C. numbers[0]=10; numbers[1]=20; numbers[2]=30;
D. 以上全不对

二、填空题

1. 若有程序段：

```
int[ ]arr=new int[ ]{3,5};
int[ ]temp=arr;
temp[0]=temp[0]+temp[1];
arr[0]=arr[0]+arr[1];
```

则最终的计算结果 arr[0]=_____。

2. 若有程序段：

```
List<int>list=new List<int>{1,2,3,4};
int index=list.IndexOf(4);
Console.WriteLine(index);
```

输出结果为_____。

三、阅读程序并写出程序运行结果

```
static void Main(string[ ] args)
{
    int[ ] arr=new int[ ] {3,4,7,6,2,8,5 };
    int ans=0;
    for(int i=0,j=1;j<arr.Length;j++)
    {
        if(arr[i]<arr[j])
            i=j;
        ans+=arr[i];
        Console.WriteLine(ans);
    }
    Console.WriteLine(ans);
    Console.ReadKey( );
}
```

输出：_____

四、程序填空题

已知斐波那契（Fibonacci）数列表达式：$F_0=F_1=1$（$i=1, 2$），$F_i=F_{i-1}+F_{i-2}$（$i>1$）。

下列代码功能为构建一个长度为 20 的数列，用于存储 Fibonacci 数列的前 20 项，并输出其前 20 项的和，请将代码补充完整。

```
public static void Main(string[ ] args)
{
    int[ ] arr=new int[20];
    arr[0]=1;
```

```
    arr[1]=1;
    int sum=_____①_____;
    for(int i=2;i<20;i++)
    {
        arr[i]=_____②_____;
        sum+=_____③_____;
    }
    Console.WriteLine(sum);
}
```

五、程序设计题

1. 创建一个长度为10，范围为0~10的整数数组，找出数组的最大值及其对应的下标（注意：最大值可能不止一个）。例如，创建的数组为{4,8,0,9,2,6,3,9,1,9}，其中数组元素的最大值为9，其对应下标为3，7，9。具体输出格式参考如下（不要求格式完全一样）。

```
创建的数组为:{4,8,0,9,2,6,3,9,1,9}
数组最大值:9
最大值对应的下标:3  7  9
```

2. 在控制台输入若干个整数并将其存入数组中，输入整数的范围为1~100。在控制台中输入数字"0"表示输入完毕，在控制台输出录入的数组数据，在不使用Sort方法的前提下，将数组按从大到小的顺序进行排序后，再次输出数组数据。

3. 杨辉三角形是由正整数构成的一个矩阵，每行除最左侧与最右侧的元素为1外，其他元素等于其左上方与正上方的两个数之和，该矩阵的前5行如下所示：

```
1
1   1
1   2   1
1   3   3   1
1   4   6   4   1
```

创建一个二维数组记录杨辉三角形的前10行并输出。

4. 编写一个简易的五子棋程序，利用二维数组控制一个10×10的棋盘，通过控制台输入棋子的坐标并完成下棋操作。程序效果如图7-4所示。

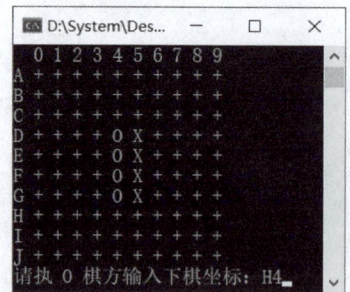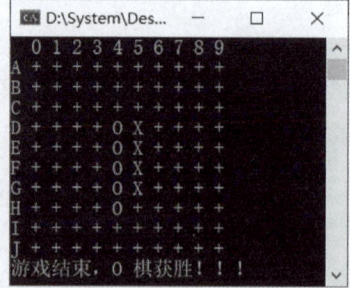

图7-4　程序效果

第 8 章　类的继承与派生

> 🌸 教学设计
>
> **重点**：类的继承与派生；抽象类及其派生类、接口及其实现类、基类虚成员及其派生类的重写。
>
> **难点**：派生类对基类虚方法的重写、基类抽象方法的重写、类对接口方法的重写。

在自然界中，物种之间的继承—派生关系无处不在。例如，猫科动物是一类具有相似特征和行为的物种，它们通常具有以下共同的特征：

1）肉食性：猫科动物主要以肉类为食，它们是典型的肉食动物，捕猎能力强大。

2）敏捷性：猫科动物通常非常敏捷，具有优秀的移动能力，能够迅速捕捉猎物。

3）尖锐的爪子：猫科动物通常具有尖锐的爪子，用于抓取和攻击猎物。

4）敏锐的听觉和视觉：猫科动物具有敏锐的听觉和视觉，帮助它们在黑暗中狩猎，并察觉潜在的威胁。

5）独立性：大多数猫科动物都是独居的，喜欢独自行动，并且具有一定的领地意识。

在猫科动物中，存在多个不同的种类，包括但不限于：

猫（Cat）：小型猫科动物，常见的家猫就属于这一类。

豹（Leopard）：大型猫科动物，身材灵活，以速度著称。

虎（Tiger）：大型猫科动物，具有强大的狩猎能力，是陆地上最大的猫科动物之一。

狮子（Lion）：大型社会性猫科动物，通常生活在群体中，有发达的社会结构。

这些猫科动物之间存在继承与派生的关系。比如，虎和狮子是豹的派生物种，而猫可能是它们的祖先之一。在基本的继承关系中，它们共享许多相似的特征，但也有各自的特定特征和行为习性。

面向对象的程序设计方法必须具备描述这种继承特性的功能，以实现代码的重用。

本章将介绍类的继承、类的派生等相关概念，并列举一些简单应用实例。

8.1　基类与派生类

面向对象的强大能力来自于继承，继承是代码复用的一种有效方式。通过继承，可以生成新的子类（也称派生类）。子类通过新增成员来拓展父类。另外，通过继承也建立了类的层次结构。例如，对于描述某一类的群体，可以将共有的成员放在父类，逐级建立子类且逐级扩展成员，从而自然形成了一个类层次结构。父类的代码总是被其下一个子类复用。

8.1.1　派生类的声明

在 C# 中，类继承使用冒号"："来实现。一个类可以继承自另一个类，被继承的类称为基类（或父类），继承的类称为派生类（或子类）。派生类继承了基类的成员（字段、属性、方法等），并且可以根据需要添加自己的成员。继承语法格式如下：

```
［修饰符］class 子类名称:父类名称
{
    新增成员;
}
```

下面是 C# 中类继承的语法格式范例:
```
// 基类
public class BaseClass
{
    // 基类的成员
}

// 派生类继承基类
public class DerivedClass:BaseClass
{
    // 派生类的成员
}
```

在上述示例中,BaseClass 是一个基类,DerivedClass 是一个派生类,DerivedClass 通过冒号":"指定它继承自 BaseClass。

C# 中的继承具有如下规则:

1)继承可以逐级传递。例如:如果 C 类从 B 类派生,而 B 类又从 A 类派生,那么自然建立了 A—B—C 层次结构,C 类不仅继承了 B 类的成员,同时也继承了 A 类的成员。Object 作为所有类的父类,也被称为祖先类。

2)子类应当是对父类的扩展,子类可以添加新的成员。

3)构造函数和析构函数不能被继承。父类成员的访问修饰符决定了子类能否访问它们。

4)子类如果定义了与继承而来的成员同名的新成员,则覆盖已继承的成员。

5)类可以定义虚方法、虚属性、虚索引指示器,以及抽象方法,它的子类能够重载这些方法,从而实现类方法的多态性。

派生类可以访问基类的所有非私有成员,包括字段、属性、方法和其他成员。派生类还可以重写(覆盖)基类中的虚拟方法和属性、抽象方法。

在派生类的构造函数中,可以使用 base 关键字来调用基类的构造函数,以确保基类的初始化工作得以执行。示例如下:

```
using System;
namespace Example
{
    public class BaseClass
    {
        public int BaseNumber {get; set;}
        // 基类构造函数
        public BaseClass(int number)
        {
```

```
                BaseNumber=number;
                Console.WriteLine("BaseClass constructor called with number:"+number);
            }
        }

        public class DerivedClass:BaseClass
        {
            public int DerivedNumber {get; set;}
            //派生类构造函数,调用基类构造函数
            public DerivedClass(int baseNumber,int derivedNumber):base(baseNumber)
            {
                DerivedNumber=derivedNumber;
                Console.WriteLine("DerivedClass constructor called with derived number:"+derivedNumber);
            }
        }

        internal class Program
        {
            static void Main(string[ ] args)
            {
                DerivedClass derived=new DerivedClass(10,20);
                Console.ReadKey( );
            }
        }
    }
```

在这个例子中：BaseClass 定义了一个带有一个整数参数的构造函数。DerivedClass 继承自 BaseClass，并且它的构造函数通过":base (baseNumber)"语法调用了基类的构造函数。当创建 DerivedClass 的实例时，首先调用基类的构造函数初始化基类部分，然后执行派生类构造函数的主体。

运行这个程序将输出：

```
BaseClass constructor called with number:10
DerivedClass constructor called with derived number:20
```

这表明基类构造函数在派生类构造函数之前被调用。

注意事项：

1）基类隐含有一个无参构造函数，若派生类在没有明确调用基类构造函数时，会默认调用基类的无参构造函数。

2）派生类构造函数的形参表必须包含基类的形参，同时后接":基类 (形参)"。当派生类需要调用基类有参构造函数时，则必须显式调用来传递参数，以确保基类中的成员正确初始化。

下面是一个更具体的示例，展示了类继承的用法：

```csharp
using System;
namespace Example
{
    class Animal
    {
        public void Eat()
        {
            Console.WriteLine("The animal is eating.");
        }
    }

    class Dog:Animal
    {
        public void Bark()
        {
            Console.WriteLine("The dog is barking.");
        }
    }

    class Cat:Animal
    {
        public void Meow()
        {
            Console.WriteLine("The cat is meowing.");
        }
    }

    internal class Program
    {
        static void Main(string[ ] args)
        {
            Dog dog=new Dog( );
            dog.Eat( );       // 从基类继承的方法
            dog.Bark( );      // 派生类的方法

            Cat cat=new Cat( );
            cat.Eat( );       // 从基类继承的方法
            cat.Meow( );      // 派生类的方法

            Console.ReadKey( );
        }
    }
}
```

在上述示例中，Animal 是基类，Dog 和 Cat 是派生类。Dog 和 Cat 分别继承了 Animal

第8章 类的继承与派生

的 Eat 方法，并添加了各自独有的方法 Bark 和 Meow。在 Main 方法中，创建了 Dog 和 Cat 类的实例，并分别调用了继承的方法和派生类的方法。

8.1.2 禁止继承

有时程序员不希望自己编写的类被继承。C# 语言中，不能被继承的类称为封闭类。封闭类由于不能被继承，所以它不可以作为父类。声明封闭类需要在类声明时，在 class 保留字前面加上"sealed"修饰符。被声明为 sealed 访问级别的类不能作为父类。封闭类主要在以下情况时使用：

1）当一个类不希望被继承或不可能有子类时，可以将这个类声明为封闭类。
2）如果一个类中所有的方法和成员数据都被声明为静态（static），则需要将这个类声明为封闭类。

8.1.3 派生类对基类成员的访问

派生类可以通过使用 base 关键字来访问基类的非私有成员。base 关键字允许派生类引用基类中的成员，包括字段、属性、方法和构造函数等。

（1）访问基类的构造函数

```
public class DerivedClass:BaseClass
{
    public DerivedClass(int value):base(value)
    {
        // 在此可以添加派生类的初始化逻辑
    }
}
```

（2）访问基类的方法、属性或字段

```
public class DerivedClass:BaseClass
{
    public void DerivedMethod( )
    {
        // 访问基类的方法
        base.BaseMethod( );

        // 访问基类的属性
        int value=base.BaseProperty;

        // 访问基类的字段
        int value=base.baseField;
    }
}
```

8.1.4 派生类对基类的属性、方法的隐藏

隐藏（Hide）指的是在派生类中引入一个与基类仅同名的新成员，结果在派生类中不继承基类中的同名成员，从而实现派生类隐藏基类同名成员。派生类中引入的新成员与基类成员同名，但不一定具有相同的签名。

隐藏通过在派生类中使用 new 修饰符来实现。这样做可以使派生类的成员隐藏基类的成员，但不会改变基类成员的行为，即隐藏并不构成类的多态性。隐藏技术的目的是实现派生类不继承基类的指定成员。在介绍这一技术之前，首先介绍三个概念：

1）相同的方法签名：指的是方法名、参数表都相同的两个方法。例如，在父类与子类中声明的相同的方法签名。

2）同名方法：指的是方法名相同，但参数列表不同的两个方法。例如，类声明中方法的重载。派生类隐藏指的是派生类相对基类声明的同名的方法。隐藏方法使用关键词 new 修饰。

3）声明类与实例类：声明对象所用的类叫作声明类，在程序执行过程中用来进行对象实例化的类叫作实例类。例如：飞禽 bird = new 麻雀（），那么飞禽就是声明类，麻雀是实例类。以下是一个关于如何在 C# 中隐藏基类成员的示例：

```csharp
using System;
namespace Example
{
    class Animal
    {
        public void MakeSound( )
        {
            Console.WriteLine("Animal makes a sound");
        }
    }

    class Dog:Animal
    {
        public new void MakeSound( )
        {
            Console.WriteLine("Dog barks");
        }
    }

    internal class Program
    {
        static void Main(string[ ] args)
        {
            Animal animal=new Animal( );
            Animal dogAsAnimal=new Dog( );
            Dog dog=new Dog( );

            animal.MakeSound( );            //输出:"Animal makes a sound"
            dogAsAnimal.MakeSound( );       //输出:"Animal makes a sound"
            dog.MakeSound( );               //输出:"Dog barks"
```

第8章 类的继承与派生

```
            Console.ReadKey( );
        }
    }
}
```

在上面的示例中，Animal 类有一个 MakeSound 方法，而 Dog 类继承了 Animal 类并且使用 new 修饰符隐藏了 MakeSound 方法。当创建 Dog 类的实例时，调用 MakeSound 方法将调用 Dog 类中的版本，而不是基类的版本。但是，当将 Dog 类的实例赋给 Animal 类型的变量时，调用 MakeSound 方法将调用基类的版本，因为基类的方法不会被派生类的版本覆盖，且编译时 dogAsAnimal 的类型是 Animal，故 dogAsAnimal 将调用 Animal 的 MakeSound 方法。

注意：隐藏基类成员通常不是最佳的做法，因为它会引入潜在的混淆和错误，隐藏应该谨慎使用，且一般只用于基类实例方法在派生类中的隐藏。通常，应该使用方法重写（Override）来实现多态，而不是隐藏。

> **特别提示**：重载是指具有相同的方法名，通过改变参数的个数或者参数类型实现同名方法的不同实现。它通过在一个类的声明中编写多个同名方法实现。

8.1.5 派生类与基类的转换

在 C# 中，派生类对象可以隐式转换为基类对象，这种转换称为向上转换（Upcasting）。向上转换是安全的，因为基类对象包含了派生类对象的所有成员和行为。向上转换允许将派生类对象视为基类对象来处理。这种转换是隐式的，所以可以直接将派生类对象分配给基类的引用。在这种情况下，编译器会自动进行转换。例如：

```
BaseClass baseObj=new DerivedClass( );
```

其中，DerivedClass 类的对象 new DerivedClass( ) 被分配给了基类 BaseClass 类型的引用 baseObj，这是一种向上转换。

要注意的是，基类对象不能直接转换为派生类对象。如果确实需要这样做，并且知道基类对象实际上引用了一个派生类对象，可以使用显式类型转换。但要小心使用，因为这可能会导致运行时异常。例如：

```
BaseClass baseObj=new DerivedClass( );
DerivedClass derivedObj =(DerivedClass)baseObj;
```

其中，如果 baseObj 实际上引用了一个 DerivedClass 的对象，那么显式类型转换就会成功。但是，如果 baseObj 引用的是基类的对象，而不是派生类的对象，那么在运行时将会抛出 InvalidCastException 异常。因此，在进行显式类型转换时，需要确保基类对象实际上引用了一个派生类对象。

在实际应用中，向上转换通常用于多态性的场景，而向下转换则需要谨慎使用，并且可能需要使用类型检查（如 is 运算符或 as 运算符）来确保安全转换。示例如下：

```
using System;
namespace Example
```

```csharp
{
    // 基类
    public class Animal
    {
        public void Eat( )
        {
            Console.WriteLine("Animal is eating.");
        }
    }

    // 派生类
    public class Dog:Animal
    {
        public void Bark( )
        {
            Console.WriteLine("Dog is barking.");
        }
    }

    internal class Program
    {
        static void Main(string[ ] args)
        {
            // 创建派生类对象
            Dog dog=new Dog( );

            // 向上转换
            Animal animal=dog;

            // 使用基类引用调用基类方法
            animal.Eat( ); //输出:Animal is eating.

            // 以下代码将会导致编译错误,因为基类对象无法访问派生类中的独有方法
            //animal.Bark( );

            Console.ReadKey( );
        }
    }
}
```

在这个示例中,Dog 类继承自 Animal 类。程序中首先创建了 Dog 类的对象 dog,然后将其隐式转换为 Animal 类型的引用 animal。通过 animal 引用调用 Eat 方法,实际上调用的是 Animal 类中的 Eat 方法。

总之,在 C# 中,基类对象无法直接访问派生类中定义的方法。基类对象只能访问基类

中定义的方法和属性，不包括派生类中新增或重写的方法。这是因为基类对象只包含基类的成员和行为，不包含派生类的特定成员和行为。如果基类需要调用派生类中的方法，可以通过虚方法、抽象方法、或者接口来实现。

8.2 抽象类及其派生类

在类的声明过程中，若不知道怎样为类的某一个方法编写代码，也可以不写方法体，把它留给派生类去实现，这时把类中的这个方法称为抽象方法。当然，类中还可以有抽象属性、抽象事件等。拥有抽象成员的类称为抽象类。抽象类中的抽象成员交给其派生类去完成代码的具体化。这种抽象的策略用来提供基类的一个基本框架。

例如，现代通信功能包括语音通信、电子邮件通信、移动短信通信、互联网视频通信等，若需要声明一个名为 Play 的方法用来实现通信的功能，由于 Play 方法与信息的类别有关，不妨建立一个 Message 类用来描述信息的特性，可以把 Message 类作为所有信息的父类。然而不可能在 Message 类声明中编写出完整的代码，此时最好的办法就是将 Play 方法声明为抽象方法，将 Message 声明为抽象类，再在其派生的具体信息类中去实现 Play 方法的代码。

8.2.1 抽象类的声明

在 C# 中，抽象类可以通过使用 abstract 关键字进行声明，其中的抽象成员（抽象方法、抽象属性和抽象事件等）也用 abstract 修饰符进行声明，且抽象类中可以包含非抽象方法和字段等成员，即抽象类中至少包含一个抽象成员。抽象类是一种不能被直接实例化的类，通常用于作为其他类的基类。抽象方法是一种只有声明而没有实现的方法，示例如下：

```csharp
public abstract class Shape
{
    //抽象属性
    public abstract double Area {get;}

    //抽象方法
    public abstract double CalculateArea( );

    //非抽象方法
    public void Display( )
    {
        Console.WriteLine("This is a shape.");
    }
}
```

建立抽象类的主要目的包括：

1）定义共享接口：抽象类定义了一组共同的方法、属性等，使得所有派生类都具有相同的接口，从而提供了一种统一的方式来与这些类交互。

2）促进代码重用：抽象类可以作为其他类的基类，提供了一种代码重用的机制。派生类可以继承抽象类的特征和行为，并在此基础上添加或修改功能，从而减少了重复编写代码的工作量。

3）强制实现特定行为：抽象类中的抽象成员必须在派生类中实现，这样可以强制派生类提供特定的功能实现，确保了整个继承体系中某些功能的一致性和完整性。

4）提供多态性：通过抽象类和方法的多态性，可以在运行时选择合适的实现，以适应不同的场景和需求，从而提高代码的灵活性和可扩展性。

总的来说，声明抽象类的目的是为了定义一个通用的模板或基类，它包含了一组共同的特征和行为，但不提供完整的实现。通过继承抽象类并实现其中的抽象成员，可以创建具体的子类，从而提供完整的功能实现。

8.2.2　抽象类的抽象成员在派生类中的重写

在 C# 中，override 关键字用于子类中重写抽象父类中的抽象成员（抽象方法、属性、索引器或事件）。通过使用 override 关键字，子类可以提供自己的实现来覆盖父类中的抽象成员。

在重写父类成员时，子类的方法签名必须与父类中被重写的方法签名完全相同（方法名相同，参数表相同，但不检查参数名称）。此外，重写的方法不能低于父类中被重写方法的可访问性。换句话说，如果父类中的方法是 public，那么子类中重写的方法也必须是 public。以下是一个简单的抽象类示例：

```csharp
using System;
namespace Example
{
    //定义一个抽象类
    abstract class Shape
    {
        //抽象属性
        public abstract double Area {get;}

        //抽象方法
        public abstract void Draw( );
    }

    //继承抽象类并实现抽象成员
    class Circle:Shape
    {
        private double radius;

        public Circle(double radius)
        {
            this.radius=radius;
        }

        //实现抽象属性
        public override double Area
        {
            get{return Math.PI * radius * radius;}
        }
```

```
        //实现抽象方法
        public override void Draw( )
        {
            Console.WriteLine("Drawing a circle");
        }
    }

    internal class Program
    {
        static void Main(string[ ] args)
        {
            //无法实例化抽象类
            //Shape shape=new Shape( );  //这行代码会报错

            //可以实例化继承自抽象类的子类
            Circle circle=new Circle(5);
            Console.WriteLine("Area of circle:"+circle.Area);
            circle.Draw( );

            Console.ReadKey( );
        }
    }
}
```

8.3 接口及其实现类

接口（Interface）在 C# 中是一种契约，它定义了一组成员（方法、属性、事件、索引器），但没有提供任何实现。其他类可以通过实现接口来实现这些成员，从而满足接口所定义的契约。接口在 C# 中经常用于实现多态性和代码组织。

8.3.1 接口的声明

在 C# 中，接口可以通过使用 interface 关键字进行声明。特别提示：在 C# 中，接口声明不能包含字段，但可以包含属性。这是因为接口的目的是定义一组成员（方法、属性、事件等）的合约，而不包含任何实现细节，包括字段的存储。接口可以声明属性，但这些属性不能包含实现（即不能有具体的代码块）。接口中的属性只是定义了一个合约，表示实现该接口的类必须提供这些属性的实现。

以下是一个简单的接口声明示例：

```
public interface IShape
{
    //接口方法
    double CalculateArea( );
```

```
    //接口属性
    double Area{get;}

    //接口事件
    event EventHandler ShapeChanged;

    //接口索引器
    int this[int index]{get;set;}
}
```

在这个示例中,IShape 接口定义了一个方法 CalculateArea、一个属性 Area、一个事件 ShapeChanged 和一个索引器。类可以通过实现 IShape 接口来提供这些成员的实际实现。接口允许类多重继承,因为一个类可以同时实现多个接口。这使得 C# 中的类具有更大的灵活性,并且能够遵循多种类型的契约。

接口的命名通常以大写字母 I 开头,以表示它是一个接口。接口中的成员命名通常遵循 Pascal 命名规则。

特别提示:接口中的所有成员都是隐式地公开的,并且不能包含任何访问修饰符(如 public 等)。接口中定义的方法默认使用 public 来修饰。从 C# 8.0 开始,接口声明还可以包含静态属性、静态方法。

8.3.2 接口的实现

在 C# 中,要实现一个接口,需要在类声明中使用":接口名"来指定类要实现的接口。类必须提供接口中定义的所有成员的具体实现。以下是一个简单的示例,展示了如何实现一个接口:

```
//定义接口
public interface IShape
{
    double CalculateArea( );
    void PrintDetails( );
}
//实现接口的类
public class Rectangle:IShape
{
    private double width;
    private double height;

    //实现接口中的方法 CalculateArea
    public double CalculateArea( )
    {
        return width * height;
    }
```

```
        // 实现接口中的方法 PrintDetails
        public void PrintDetails( )
        {
            Console.WriteLine($"Rectangle:Width={width},Height={height},Area=
{CalculateArea( )}");
        }

        // 其他类成员和方法
    }
```

8.3.3 接口的继承

接口可以继承自一个或多个其他接口。接口继承可以帮助在接口之间建立一种层次结构，使得接口之间可以共享定义的成员，并且可以在继承的接口中添加新的成员或规范。

接口的继承语法与类的继承相似，使用冒号"："后跟一个或多个基接口的名称来声明接口的继承关系。以下是一个示例，演示了接口继承的用法：

```
using System;
namespace Example
{
    // 基接口
    public interface IShape
    {
        void Draw( );
    }

    // 派生接口继承自基接口
    public interface ICircle:IShape
    {
        double Radius{get;set;}
    }

    // 实现接口的类
    public class Circle:ICircle
    {
        public double Radius{get;set;}

        public void Draw( )
        {
            Console.WriteLine("Drawing a circle with radius"+Radius);
        }
    }

    internal class Program
    {
```

```
static void Main(string[ ] args)
{
    // 创建实现了 ICircle 接口的对象
    Circle circle=new Circle( );
    circle.Radius=5;
    circle.Draw( );  //输出:Drawing a circle with radius 5

    Console.ReadKey( );
}
}
}
```

在这个示例中，ICircle 接口继承自 IShape 接口。因此，ICircle 接口包含了 IShape 接口中定义的 Draw 方法，以及额外的 Radius 属性。Circle 类实现了 ICircle 接口，因此必须提供 Draw 方法和 Radius 属性的具体实现。

8.3.4 类的多接口继承

在 C# 中，类可以实现多个接口，这种机制称为多接口实现。C# 中的类只能继承自一个基类，但可以实现多个接口。这是 C# 语言设计的一种权衡，避免了多继承可能带来的复杂性和歧义。以下是一个示例，展示了一个类如何实现多个接口：

```
using System;
namespace Example
{
    public interface IShape
    {
        void Draw( );
    }

    public interface IMovable
    {
        void Move(int deltaX,int deltaY);
    }

    public class Circle:IShape,IMovable
    {
        private int x,y;
        private int radius;

        public Circle(int x,int y,int radius)
        {
            this.x=x;
            this.y=y;
            this.radius=radius;
        }
```

```csharp
        // 实现 IShape 接口中的 Draw 方法
        public void Draw( )
        {
            Console.WriteLine($"Drawing circle at({x},{y}) with radius {radius}");
        }

        // 实现 IMovable 接口中的 Move 方法
        public void Move(int deltaX,int deltaY)
        {
            x+=deltaX;
            y+=deltaY;
            Console.WriteLine($"Circle moved to({x},{y})");
        }
    }

    internal class Program
    {
        static void Main(string[ ] args)
        {
            Circle circle=new Circle(10,10,5);
            circle.Draw( );    // 调用 IShape 接口中的方法
            circle.Move(5,5);  // 调用 IMovable 接口中的方法

            Console.ReadKey( );
        }
    }
}
```

在这个示例中,Circle 类实现了两个接口 IShape 和 IMovable。并分别提供了这两个接口中方法的具体实现。这样,Circle 类就可以同时具有绘制和移动的功能。

8.4 接口和抽象类的区别

接口和抽象类在 C# 中是两种不同的概念,虽然它们都用于定义一组成员,但它们之间有一些重要的区别:

(1) 实现方式

接口:接口只能包含成员的声明,而没有实现,类通过实现接口来提供接口定义的功能。

抽象类:抽象类可以包含成员的声明和实现,它可以有抽象成员(只有声明没有实现)和非抽象成员(有声明和实现)。

(2) 多继承

接口:接口支持多继承,一个类可以实现多个接口。

抽象类：抽象类不支持多继承，一个类只能继承一个抽象类，但可以同时实现多个接口。

（3）构造函数

接口：接口不能包含构造函数。

抽象类：抽象类可以包含构造函数。

（4）成员修饰符

接口：接口中的成员默认为公共的，且不能有访问修饰符。

抽象类：抽象类中的成员有各种访问修饰符（public、private、protected 等）。

（5）适用场景

接口：适用于描述一种行为的契约，强调的是"是什么"（What），而不是"如何实现"（How）。

抽象类：适用于描述一种类的抽象概念，强调的是"是什么"（What）和"如何实现"（How）。抽象类通常包含某种通用行为的实现，并提供了具体的方法，但也可能包含一些需要在子类中实现的抽象方法。

（6）具体性

接口：接口是一种完全抽象的概念，它不包含任何实现细节，只描述了一种契约或协议。

抽象类：抽象类是一种一般级别抽象的概念，除了必须包含一个抽象成员外，还可以包含非抽象成员，可以有构造函数，也可以有字段。

综上所述，接口和抽象类在某些方面有相似之处，但在用法和设计意图上有所不同。在设计程序时，需要根据具体的情况来选择使用接口还是抽象类。

8.5　虚方法的声明及其在派生类中的重写

在 C# 中，虚成员包括虚属性、虚方法（Virtual Method）。属性本质上是一种特殊的方法，因此虚成员本质上只包含虚方法。虚方法是一种用于实现多态性的特殊类型的方法。虚方法允许派生类重写基类中的方法，以实现特定的行为，同时保留方法的基本定义。

8.5.1　虚方法的声明

虚方法只能在基类中声明，且在方法声明时用 virtual 修饰符。没有用 virtual、abstract 声明的方法就是实例方法。示例如下：

```
public class MyClass
{
    //字段
    private int myField;

    //属性
    public int MyProperty
    {
        get{return myField;}
```

```
        set{myField=value;}
    }

    //实例方法
    public void InstanceMethod( )
    {
        Console.WriteLine("This is an instance method.");
    }

    //虚方法
    public virtual void VirtualMethod( )
    {
        Console.WriteLine("This is a virtual method.");
    }
}
```

在这个示例中：MyClass 类包含了一个私有字段 myField，用于存储数据。MyProperty 是一个属性，通过该属性可以访问和修改字段 myField 的值。InstanceMethod 是一个实例方法，它不带有 static 关键字，可以访问和修改类的实例字段和属性。VirtualMethod 是一个虚方法，使用 virtual 关键字标记，表示它可以被子类重写。虚方法允许在子类中进行多态调用，即在运行时选择调用的方法。

从 C# 程序编译的角度来看，实例方法和虚方法的区别在于，实例方法在编译时就静态地编译到了执行文件中，其相对地址在程序运行期间是不发生变化的；而虚方法在编译期间是不被静态编译的，其相对地址是不确定的，它会根据运行时的对象实例来动态判断要调用的函数。

8.5.2 派生类中重写基类的虚方法

在 C# 中，当希望派生类中的方法重写（覆盖）基类中的虚方法时，必须使用 override 关键字。这样做可以确保编译器知道你的意图，并进行相应的检查。下面将创建一个派生类 DerivedClass，它继承自 MyClass，并重写 VirtualMethod 虚方法。

```
using System;
namespace Example
{
    public class MyClass
    {
        //字段
        private int myField;

        //属性
        public int MyProperty
        {
            get {return myField;}
            set {myField=value;}
        }
```

```csharp
        //实例方法
        public void InstanceMethod()
        {
            Console.WriteLine("This is an instance method.");
        }

        //虚方法
        public virtual void VirtualMethod()
        {
            Console.WriteLine("This is a virtual method.");
        }
    }

    public class DerivedClass:MyClass
    {
        //重写虚方法
        public override void VirtualMethod()
        {
            Console.WriteLine("This is a derived class overriding virtual method.");
        }
    }

    internal class Program
    {
        static void Main(string[] args)
        {
            DerivedClass derivedObj=new DerivedClass();
            derivedObj.VirtualMethod();  //调用派生类中重写的虚方法

            Console.ReadKey();
        }
    }
}
```

8.5.3 虚方法与抽象方法的区别

虚方法和抽象方法是面向对象编程中的两个概念，它们在 C# 中有一些重要的区别。

（1）实现方式

虚方法：虚方法是在基类中声明，并提供默认实现的方法。它们使用 virtual 关键字进行声明，并在基类中提供默认实现。派生类可以选择性地重写这些方法。

抽象方法：抽象方法是在抽象类或接口中声明，但不提供实现的方法。它们使用 abstract 关键字进行声明，不包含方法体。派生类或实现接口的类必须提供抽象方法的具体实现。

（2）继承方式

虚方法：虚方法可以在派生类中被重写，但不是强制性的。如果派生类没有重写虚方法，将会使用基类中的默认实现。

抽象方法：抽象方法必须在派生类中被实现，否则派生类会被标记为抽象类。这意味着派生类必须提供抽象方法的具体实现才能被实例化。

（3）类型

虚方法：虚方法通常与普通的类一起使用，允许类提供默认实现，并在需要时被派生类重写。

抽象方法：抽象方法通常与抽象类或接口一起使用，用于定义一种规范或契约，表示类应该具有某些行为，但不提供具体实现。

总的来说，虚方法适用于希望在基类中提供默认实现，并允许派生类选择性地重写的情况。而抽象方法适用于定义一种契约或规范，要求派生类必须提供具体实现才能被实例化。

8.5.4 基类对象对派生类重写方法的访问

如果基类对象引用的是派生类对象，并且调用的方法是被派生类重写的虚方法，那么将调用派生类的重写实现。这是因为在运行时，实际上执行的是派生类的代码，而不是基类的代码。假设有一个基类 Shape，以及两个派生类 Circle 和 Rectangle，它们都继承自 Shape，并需要为 Shape 类定义一个虚方法 CalculateArea，要求在派生类中进行方法重写。示例如下：

```csharp
using System;
namespace Example
{
    // 基类 Shape
    class Shape
    {
        public virtual double CalculateArea()
        {
            return 0;
        }
    }

    // 派生类 Circle
    class Circle:Shape
    {
        private double radius;

        public Circle(double radius)
        {
            this.radius=radius;
        }

        public override double CalculateArea()
        {
```

```csharp
        return Math.PI * radius * radius;
    }
}

// 派生类 Rectangle
class Rectangle:Shape
{
    private double length;
    private double width;

    public Rectangle(double length,double width)
    {
        this.length=length;
        this.width=width;
    }

    public override double CalculateArea( )
    {
        return length * width;
    }
}

internal class Program
{
    static void Main( )
    {
        // 使用多态,将派生类对象赋值给基类引用
        Shape shape1=new Circle(5);
        Shape shape2=new Rectangle(4,6);

        // 调用CalculateArea方法时,会根据实际的对象类型选择正确的方法实现
        Console.WriteLine($" 圆形的面积:{shape1.CalculateArea( )}");
        Console.WriteLine($" 矩形的面积:{shape2.CalculateArea( )}");

        Console.ReadKey( );
    }
}
```

输出结果:

圆形的面积:78.53981633974483
矩形的面积:24

在上面的例子中,首先创建了两个派生类的实例(Circle 和 Rectangle),然后将它们分

别赋值给一个基类引用变量 shape1 和 shape2。当调用 CalculateArea 方法时，由于方法是虚方法且进行了重写，运行时会根据实际对象类型选择正确的方法实现，这就是多态的体现。通过基类引用变量可以在运行时调用不同派生类的方法。

特别提示：基类引用变量可以指向派生类，在声明对象时，一定要留意声明类与实例化类。示例如下：

```
Shape shape1=new Circle(5);   //对象 shape1 声明类是 Shape,实例化类是 Circle
Shape shape2=new Rectangle(4,6); //对象 shape2 声明类是 Shape,实例化类是 Rectangle
```

判断程序调用对象是否为虚方法的具体检查流程如下：

1）当调用一个对象的方法时，系统会直接去检查这个对象声明时所用的类，即声明类，看所调用的成员是否为虚方法。

2）如果不是虚方法，那么它就直接执行该方法。而如果有 virtual 关键字，也就是一个虚方法，那么这个时候它将不会立刻执行该成员，而是转去检查对象的实例类。

上例的 Main 方法也可以用派生类定义对象。程序段如下：

```
static void Main(string[ ]args)
{
        Circle  shape1=new Circle(5);
        Rectangle shape2=new Rectangle(4,6);
        Console.WriteLine($" 圆形的面积:{shape1.CalculateArea( )}");
        Console.WriteLine($" 矩形的面积:{shape2.CalculateArea( )}");
}
```

8.6 多　　态

在 C# 中，多态是面向对象编程中的一个重要概念，它允许一个对象在不同情境下表现出不同的行为。多态性是指在子类中可以对父类中某个方法或者属性等进行重新的定义，这些在子类中被重新定义的属性或方法就是父类中对应同名属性或方法的另一种形态，称为多态，包括属性多态和方法多态两个方面。C# 实现多态的主要手段是通过派生类对基类虚方法的重写、抽象方法的具体化。它允许不同的类对象通过共同的基类进行访问，从而实现在运行时动态地选择调用哪个类的方法。

8.6.1 派生类对基类的虚方法重写实现多态

派生类可以使用关键字 override 来重写基类的虚方法（virtual 修饰）或抽象成员（abstract 修饰，如抽象方法、抽象属性等），即提供新的实现代码。在运行时，根据实际的对象类型调用相应的重写方法、重写属性，实现类的多态性。

使用 override 重写的要点如下：

（1）重写基类的虚方法

1）virtual 只能用于方法，即只能声明虚方法。虚方法不可以是私有访问权限，否则派生类不能访问，从而无法识别。

2）派生类可以不重写基类的虚方法，若要重写，则派生类中重写方法的签名必须与基类方法完全相同,并使用 override 关键字进行标记。

(2) 重写抽象基类的抽象成员

1) 基类必须是抽象类,抽象类必须含有抽象成员,且基类中的抽象成员不可以是私有成员访问权限。

2) 派生类必须重写基类抽象成员(如抽象属性、抽象方法等),否则派生类仍然是抽象类。重写方法、属性的签名必须与基类方法完全相同,并使用 override 关键字进行标记。

下面是一个示例,演示了重写和隐藏在 C# 中的使用:

```csharp
using System;
namespace Example
{
    class Shape
    {
        public virtual string Name{get; set;}    //虚属性:使用自动属性器

        public virtual void Draw()
        {
            Console.WriteLine("Drawing a shape");
        }
    }

    class Circle:Shape
    {
        public override string Name{get; set;}   //重写基类属性

        public override void Draw()              //重写基类方法
        {
            Console.WriteLine("Drawing a circle");
        }
    }

    class Rectangle:Shape
    {
        public new string Name{get; set;}        //隐藏基类属性

        public new void Draw()                   //隐藏基类方法
        {
            Console.WriteLine("Drawing a rectangle");
        }
    }

    internal class Program
    {
        static void Main(string[] args)
```

```
        {
            Shape shape1=new Circle( );
            shape1.Name="Circle";
            shape1.Draw( );   //输出:"Drawing a circle"

            Shape shape2=new Rectangle( );
            shape2.Name="Rectangle";
            shape2.Draw( );   //输出:"Drawing a shape"

            Circle circle=new Circle( );
            circle.Name="Another Circle";
            circle.Draw( );   //输出:"Drawing a circle"

            Console.ReadKey( );
        }
    }
}
```

在上面的示例中,Shape 类有一个虚属性 Name 和一个虚方法 Draw。Circle 类使用 override 关键字重写了 Name 属性和 Draw 方法,提供了它们自己的实现。Rectangle 类使用 new 关键字隐藏了 Name 属性和 Draw 方法,同样提供了它们自己的实现。在 Main 方法中,创建了 Circle 和 Rectangle 的实例,并分别调用了它们的 Draw 方法。由于 Draw 方法是虚方法,根据对象的实际类型调用相应的重写方法,实现了多态性。而 Name 属性则是根据变量的声明类型决定访问的是基类的属性还是子类的属性,所以在输出中出现了不同的结果。

8.6.2 派生类对抽象基类的抽象成员重写实现多态

当派生类继承并重写抽象基类的抽象成员时,就实现了多态。多态性是面向对象编程中的一个重要概念,它允许不同的子类提供自己的实现,同时表现出相同的接口或行为。这使得可以在运行时根据对象的实际类型选择调用哪个方法。

以下是一个示例,演示了派生类如何对抽象基类的抽象成员进行重写,从而实现多态:

```
using System;
namespace Example
{
    //抽象基类
    public abstract class Shape
    {
        //抽象方法
        public abstract double Area( );
    }

    //派生类:圆形
    public class Circle:Shape
    {
        private double radius;
```

```csharp
        // 构造函数
        public Circle(double radius)
        {
            this.radius=radius;
        }

        // 重写基类的抽象方法
        public override double Area( )
        {
            return Math.PI * radius * radius;
        }
    }

    // 派生类:矩形
    public class Rectangle:Shape
    {
        private double length;
        private double width;

        // 构造函数
        public Rectangle(double length,double width)
        {
            this.length=length;
            this.width=width;
        }

        // 重写基类的抽象方法
        public override double Area( )
        {
            return length * width;
        }
    }


internal class Program
{
    static void Main(string[ ] args)
    {
        // 创建 Circle 对象
        Circle circle=new Circle(5);
        Console.WriteLine("Area of the circle:"+circle.Area( ));
                                                        // 输出圆形的面积

        // 创建 Rectangle 对象
```

```
                Rectangle rectangle=new Rectangle(4,6);
                Console.WriteLine("Area of the rectangle:"+rectangle.Area( ));
//输出矩形的面积

                Console.ReadKey( );
        }
    }
}
```

8.6.3 派生类使用接口方法实现多态

接口是一种用来定义行为规范的结构。声明接口时,默认使用 public 修饰符,若要显式指定接口名访问权限,则只能使用 public 修饰符。成员方法默认是对外公开的,且不能显式指定,派生类重写接口方法时也不能用 overrride 来修饰。

派生类可以实现一个或多个接口,这使得它们可以在运行时根据实际的对象类型来调用相应的方法,从而实现多态性。下面是一个使用接口来实现多态性的示例:

```
using System;
namespace Example
{
    //定义一个接口
    interface IShape
    {
        double CalculateArea( );
    }

    //实现接口
    class Circle:IShape
    {
        public double Radius {get; set;}

        public Circle(double radius)
        {
            Radius=radius;
        }

        public double CalculateArea( )
        {
            return Math.PI * Radius * Radius;
        }
    }

    class Rectangle:IShape
    {
        public double Width {get; set;}
```

```csharp
        public double Height {get; set;}

        public Rectangle(double width,double height)
        {
            Width=width;
            Height=height;
        }

        public double CalculateArea( )
        {
            return Width * Height;
        }
    }

    internal class Program
    {
        static void Main( )
        {
            //创建 IShape 类型的引用变量,指向 Circle 和 Rectangle 对象
            IShape shape1=new Circle(5);
            IShape shape2=new Rectangle(4,6);

            //通过接口实现的多态性调用 CalculateArea 方法
            Console.WriteLine(" 圆的面积:"+shape1.CalculateArea( ));
            Console.WriteLine(" 矩形的面积:"+shape2.CalculateArea( ));

            Console.ReadKey( );
        }
    }
}
```

在上述示例中,定义了一个 IShape 接口,它包含一个抽象方法 CalculateArea。然后,创建了两个类 Circle 和 Rectangle,它们都实现了 IShape 接口,并分别提供了 CalculateArea 方法的实现。在 Main 方法中,创建了 IShape 类型的引用变量 shape1 和 shape2,分别指向 Circle 和 Rectangle 对象。通过接口实现的多态性,可以在运行时调用 CalculateArea 方法,程序会自动调用适当的实现,从而输出正确的圆和矩形的面积。

> 📖 **特别提示**:多态是通过方法重写和方法重载实现的。方法重写是通过继承和接口在派生类中重新定义基类中已经定义的方法,允许运行时决定调用哪个方法,这是运行时多态性(动态多态性)。而方法重载指的是它允许在同一个类中定义多个同名但参数不同的方法,它在编译时由编译器决定调用哪个具体方法,属于编译时多态性(静态多态性)。

8.7 对象数组的声明及其实例化与初始化

在 C# 中声明对象数组只需在类型后面加上方括号［］，可以使用"new 类名"来实例化对象数组，用"new 构造函数（参数表）"来实例化结构体元素和初始化对象。示例如下：

```
using System;
namespace Example
{
    class Person
    {
        public string Name{get; set;}
        public int Age{get; set;}

        public Person(string name,int age)
        {
            Name=name;
            Age=age;
        }
    }

    internal class Program
    {
        static void Main(string[ ] args)
        {
            //实例化对象数组并初始化
            Person[ ] peopleArray; //声明
            peopleArray=new Person[3]; //实例化
            //初始化数组元素
            peopleArray[0]=new Person("Alice",30);
            peopleArray[1]=new Person("Bob",25);
            peopleArray[2]=new Person("Charlie",35);

            //遍历数组并打印每个人的姓名和年龄
            foreach(var person in peopleArray)
            {
                Console.WriteLine($"Name:{person.Name},Age:{person.Age}");
            }

            Console.ReadKey( );
        }
    }
}
```

8.8 设 计 范 例

复杂程序设计一般以工程项目来组织，含多个 .cs 代码文件，其中只有一个主程序文件（含 Main 方法），其他 .cs 文件都是类的声明等。

下面是一个详细的示例，展示如何在一个解决方案中创建多个类库项目和一个主程序项目。在这个示例中，将创建一个解决方案 SchoolManagementSolution，包含：

1）一个 SchoolManagementApp 控制台应用项目，作为主程序。
2）一个 StudentLibrary 类库项目，包含学生类和相关功能。
3）一个 TeacherLibrary 类库项目，包含教师类和继承学生类，并包含相关功能。

首先，需要在 Visual Studio 中创建一个新的解决方案，并添加所需的项目。

1. 创建解决方案和项目

（1）创建空白解决方案　打开 Visual Studio，选择"创建新项目"→"空白解决方案"，单击"下一步"；在"配置新项目"对话框中，输入项目名称"SchoolManagementSolution"，单击"下一步"，再单击"创建"。SchoolManagementSolution 解决方案创建完成。

（2）添加一个 StudentLibrary 类库　右击解决方案，选择"添加"→"新建项目"→"类库"，单击"下一步"，在配置新项目对话框中输入项目名称"StudentLibrary"，单击"下一步"，再单击"创建"，并将 StudentLibrary 类库的 .cs 代码文件名改为 Student.cs。StudentLibrary 类库创建完成。

（3）添加一个 TeacherLibrary 类库　右击解决方案，选择"添加"→"新建项目"→"类库"，单击"下一步"，在配置新项目对话框中输入项目名称"TeacherLibrary"，单击"下一步"，再单击"创建"，并将 StudentLibrary 类库的 .cs 代码文件名改为 Teacher.cs。同时右击"TeacherLibrary"项目，选择"添加"→"项目引用（R）"，选择 StudentLibrary 命名空间，单击"确定"，TeacherLibrary 类库创建完成。

（4）添加一个 SchoolManagementApp 控制台应用　右击解决方案，选择"添加"→"新建项目"→"控制台应用"，单击"下一步"，在配置新项目对话框中输入项目名称"SchoolManagementApp"，单击"下一步"，再单击"创建"。右击"SchoolManagementApp"项目，选择"添加"→"项目引用（R）"，同时选择 StudentLibrary 命名空间以及 TeacherLibrary 命名空间，单击"确定"，SchoolManagementApp 控制台应用项目创建完成。

2. 添加类具体代码

1）为 StudentLibrary 类库项目的 Student 类添加代码。Student.cs 完整的代码如下：

```
namespace StudentLibrary
{
    public class Student
    {
        public int Id{get; set;}
        public string Name{get; set;}
        public int Age{get; set;}
        public Student(int id,string name,int age)
```

```
        {
            Id=id;
            Name=name;
            Age=age;
        }
        public void DisplayInfo()
        {
            Console.WriteLine($"Student ID:{Id},Name:{Name},Age:{Age}");
        }
    }
}
```

2）为 TeacherLibrary 类库项目的命名空间引用，为 Teacher 类添加代码。Teacher.cs 完整的代码如下：

```
using StudentLibrary;
namespace TeacherLibrary
{
    public class Teacher:Student
    {
        public string Subject{get; set;}

        public Teacher(int id,string name,int age,string subject)
           :base(id,name,age)
        {
            Subject=subject;
        }
        public new void DisplayInfo()
        {
            base.DisplayInfo();
            Console.WriteLine($"Subject:{Subject}");
        }
    }
}
```

3）为 SchoolManagementApp 控制台应用项目的命名空间引用，为 Program 类添加代码。Program.cs 完整的代码如下：

```
using StudentLibrary;
using TeacherLibrary;
namespace SchoolManagementApp
{
    class Program
    {
        static void Main(string[] args)
```

```
            {
                Student student=new Student(1,"John Doe",20);
                student.DisplayInfo( );

                Teacher teacher=new Teacher(2,"Jane Smith",30,"Mathematics");
                teacher.DisplayInfo( );

                Console.ReadKey( );
            }
        }
    }
```

解决方案的树形结构目录如图 8-1 所示。

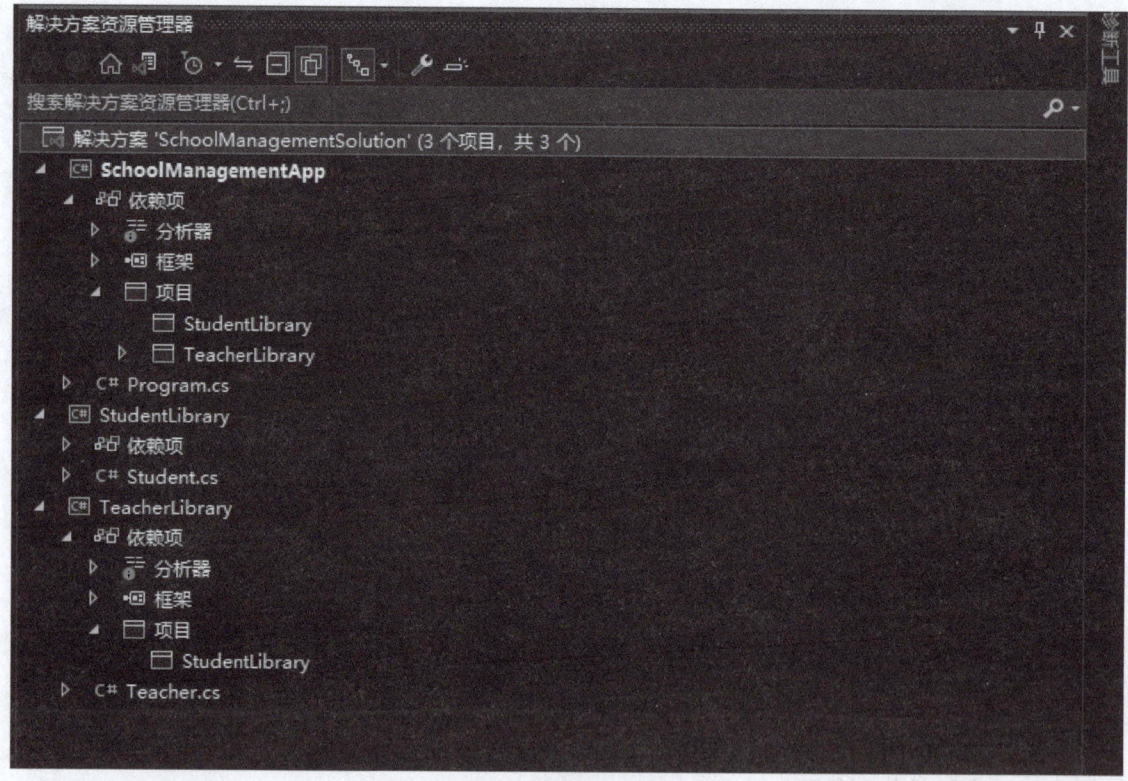

图 8-1　解决方案的树形结构目录

3. 设置启动项目

由于解决方案包含了 3 个项目，因此要设置哪个项目是启动项目。本例中，SchoolManagementApp 控制台应用项目含有 Main 方法，该项目即为启动项目。具体操作是：右击"SchoolManagementApp"项目，在弹出的对话框中单击"设置为启动项目"即可。

4. 生成解决方案

右击 SchoolManagementSolution 解决方案，选择"生成解决方案"，运行结果如下：

```
Student ID:1,Name:John Doe,Age:20
Student ID:2,Name:Jane Smith,Age:30
Subject:Mathematics
```

在 C# 中，一个解决方案可以包含多个工程。每个工程可以单独生成，也可以通过生成整个解决方案来生成所有工程。

（1）单独生成每个工程　在 Visual Studio 中，右击需要生成的工程，选择"生成"或"重新生成"，这样做只会生成选中的那个工程，而不会生成其他工程。

（2）生成整个解决方案　在 Visual Studio 中，右击解决方案，选择"生成解决方案"或"重新生成解决方案"，将生成解决方案中的所有工程。

（3）配置生成顺序和依赖关系　在 Visual Studio 中配置依赖关系：在解决方案资源管理器中，右击解决方案，选择"项目依赖项"。在"项目依赖项"窗口中，可以配置每个项目的依赖关系，确保生成顺序正确。

（4）使用项目引用　如果一个项目依赖于另一个项目，可以在项目中添加对该项目的引用。右击项目，选择"添加引用"，然后选择依赖的项目。这样，在生成依赖项目时，Visual Studio 会自动先生成被依赖的项目。

注意：虽然设置了项目引用，但 .cs 代码中还需要使用 using 语句引入依赖项目的命名空间。

8.9　综合应用

实例：基类、接口实现多继承。假设有一个动物类 Animal，它具有一个抽象方法 MakeSound，有两个不同的接口 ISwim 和 IFly，分别表示可以游泳和可以飞行的能力。要求创建两个具体的类 Fish 和 Bird 分别实现 ISwim 和 IFly 接口，并实现它们的行为。

```
using System;
namespace Example
{
    //动物类 Animal
    public abstract class Animal
    {
        public abstract void MakeSound( );
    }

    //游泳接口 ISwim
    public interface ISwim
    {
        void Swim( );
    }

    //飞行接口 IFly
    public interface IFly
```

```csharp
{
    void Fly( );
}

// 鱼类Fish实现ISwim接口
public class Fish:Animal,ISwim
{
    public override void MakeSound( )
    {
        Console.WriteLine("鱼儿:……");
    }

    public void Swim( )
    {
        Console.WriteLine("鱼儿在游泳!");
    }
}

// 鸟类Bird实现IFly接口
public class Bird:Animal,IFly
{
    public override void MakeSound( )
    {
        Console.WriteLine("鸟儿:咕咕咕");
    }

    public void Fly( )
    {
        Console.WriteLine("鸟儿在飞翔!");
    }
}

internal class Program
{
    static void Main(string[ ] args)
    {
        Fish fish=new Fish( );
        Bird bird=new Bird( );

        fish.MakeSound( );
        fish.Swim( );

        bird.MakeSound( );
        bird.Fly( );
```

```
                Console.ReadKey( );
            }
        }
    }
```

运行上述代码,将输出:

```
鱼儿:……
鱼儿在游泳!
鸟儿:咕咕咕
鸟儿在飞翔!
```

习　题

一、填空题

1. 基类也叫_____,派生类也叫_____。
2. C#中,所有类都继承自祖先类_____。
3. 同名方法签名指的是函数名相同以及_____。
4. 抽象类用关键字_____修饰,类内必定含有抽象方法。
5. 通过重载实现方法多态,指的是在类中重写多个方法同名,但_____不同的函数。
6. 在C#中,override关键字用于子类中重写父类中已经被声明为_____或抽象的方法、属性、索引器或事件。通过使用override关键字,子类可以提供自己的实现来覆盖父类中的成员。
7. 在重写父类成员时,子类的方法签名必须与父类中被重写的方法签名_____。此外,重写的方法不能低于父类中被重写方法的可访问性。换句话说,如果父类中的方法是public,那么子类中重写的方法也必须是public或_____。
8. 声明抽象类的目的是为了定义一个通用的模板或_____,它包含了一组共同的特征和行为,但不提供完整的实现。
9. 抽象方法、虚方法不能用_____访问修饰符,否则无法传承给派生类,从而无法再派生类中重写。
10. C#中规定派生类只能继承自单一基类,实现多继承的途径是派生类继承自多个_____。

二、判断题

1. 虚成员包括虚属性、虚方法。　　　　　　　　　　　　　　　　　　　(　　)
2. 抽象类中只能包含抽象方法。　　　　　　　　　　　　　　　　　　　(　　)
3. 重载也是一种多态的表现,要求多个重载方法具有相同的方法签名。　　(　　)
4. 虚方法、抽象方法、接口都可以实现多态行为,实现机制也相同。　　　(　　)
5. 重载与多态实现的机制没什么区别,都是重写方法的实现代码。　　　　(　　)
6. 声明对象时,声明类和实例化类可以相同、也可以不同。　　　　　　　(　　)

7. 调用对象的方法一定是用于声明该对象时所用声明类的方法。（   ）
8. 接口中的方法类似抽象方法，声明接口时，接口的方法可以用 abstract 来修饰。
（   ）
9. 接口标识符的默认访问修饰符是 public，也可以显式用 public。（   ）
10. 派生类可以同时继承自多个接口和多个基类，实现复杂类的特征和行为。（   ）

三、选择题

1. 面向对象的编程中，"继承"的概念是指（   ）。

A. 对象之间通过消息进行交互
B. 派生自同一个基类的不同类的对象具有一些共同特征和行为
C. 对象的内部细节被隐藏
D. 派生类对象可以不受限制地访问所有的基类对象

2. 下列关于继承的说法中，（   ）是正确的。

A. 派生类可以继承的多个基类的方法和属性
B. 派生类必须通过 base 关键字调用基类的构造函数
C. 继承最主要的优点是提高代码性能
D. 继承是指派生类可以获取其基类特征的能力

3. 以下关于密封类的说法，正确的是（   ）。

A. 密封类可以用作基类　　　　　　　　B. 密封类可以是抽象类
C. 密封类永远不会有任何派生类　　　　D. 密封类或密封方法可以重写或继承

4. 以下关于接口的说法，不正确的是（   ）。

A. 接口不能实例化
B. 接口中声明的所有成员隐式地为 public 和 abstract
C. 接口默认的访问修饰符是 private
D. 继承接口的任何非抽象类型都必须实现接口的所有成员

5. 下列说法中，正确的是（   ）。

A. 派生类对象可以强制转换为基类对象
B. 在任何情况下，基类对象都不能转换为派生类对象
C. 接口不可以实例化，也不可以引用实现该接口的类的对象
D. 基类对象可以访问派生类的成员

6. 下列关于多态的说法中，正确的是（   ）。

A. 重写虚方法时可以为虚方法指定别称
B. 抽象类中不可以包含虚方法
C. 虚方法是实现多态的唯一手段
D. 多态性是指以相似的手段来处理各不相同的派生类

7. 下列关于接口的说法，正确的是（   ）。

A. 接口可以被类继承，本身也可以继承其他接口
B. 定义一个接口，接口名必须使用大写字母 I 开头
C. 接口像类一样，可以定义并实现方法
D. 类可以继承多个接口，接口只能继承一个接口

8. 以下关于继承的说法，错误的是（　　）。
A. 一个子类不能同时继承多个父类
B. 任何类都是可以被继承的
C. 子类继承父类，也可以说父类派生了一个子类
D. Object 类是所有类的基类

四、程序分析题

阅读程序，在划线处填上合适的代码。

```
//抽象类
public abstract class MyBaseClass
{
    public   ①   void MyMethod1( )
    {
        Console.WriteLine("MyBaseClass.MyMethod1( )");
    }
  public void InstanceMethod( )
    {
        Console.WriteLine("MyBaseClass.InstanceMethod( )");
    }
  public _____②_____ void MyMethod2( );
}
//派生类
public class MyDerivedClass:_____③_____
{
    //实现抽象方法
    public   ④   void MyMethod2( )
    {
        Console.WriteLine("MyDerivedClass.MyMethod2( )");
    }
}
class Program
{
    static void Main(string[ ] args)
    {
        MyDerivedClass obj= _____⑤_____ MyDerivedClass( );
        //调用虚方法
        obj.MyMethod( ); //输出:MyBaseClass.MyMethod( )
        //调用实例方法
        obj.InstanceMethod( ); //输出:MyBaseClass.InstanceMethod( )
        //调用重写的抽象方法
        obj.MyMethod( ); //输出:MyDerivedClass.AbstractMethod( )
    }
}
```

五、程序设计题

1. 定义圆类 Circle，包含半径 r，属性 R 能判断半径 r 的合理性（r ≥ 0），计算圆面积的方法为 double Area（）。从 Circle 类派生出圆柱体类 Cylinder 类，新增圆柱体的高 h，属性 H 能判断高 h 的合理性（h ≥ 0），新增计算圆柱体体积的方法 double Volume（）。在 Main 方法中，创建一个 Cylinder 对象，并输出该对象的体积、底面半径、高以及底面面积要求：不使用构造方法，并且类中的字段为私有，方法为公有。

2. 编写一个程序，其中有一个汽车类 Vehicle，它具有一个需要传递参数的构造函数，类中的数据成员：车轮个数 wheels 和车重 weight 为保护属性；小车类 Car 是 Vehicle 的私有派生类，其中包含载人数 passagerLoad；卡车类 Truck 是 Vehicle 的私有派生类，其中包含载人数 passagerLoad 和载重量 payload。每个类都有相关数据的输出方法。

3. 编写一个程序，实现师生数据的输入和显示，学生数据有编号、姓名、班号和成绩，教师数据有编号、姓名、职称和部门。要求将编号、姓名、输入和显示设计成一个类 Person，并作为学生数据操作类 Student 和教师数据操作类 Teacher 的基类。

第 9 章 文件操作

🔹**教学设计**

重点：File 类、FileStream 类；File 类与文本文件读写；StreamReader/StreamWriter 类与文本文件读写操作；BinaryWrite 类/BinaryReader 类与二进制文件读写操作。

难点：二进制文件读写操作。

C# 程序执行过程中，首先需要对程序中对象的数据成员输入数据，程序结束时需要把对象方法的结果输出。输入可以是键盘输入或从硬盘、U 盘等外部存储介质上的数据文件中读取数据；输出可以是屏幕输出或向硬盘、U 盘等存储介质上的数据文件写入数据。以程序为参照，这种计算机程序与外部设备或存储介质上的数据文件的数据输入/输出，就好像流体沿一定路径的流入与流出，形象地把沿一定路径流动的数据称为流（Stream）。流的输入（Input）与输出（Output）简称 IO 流。需要区分的是：文件是用来永久存储有序字节数据的载体，而文件流（File Stream）是关联程序与数据文件并提供读写操作的通道，属于 IO 流之一。

在计算机中，所有文件（如文本、图片、音频、视频等文件）都是以二进制（字节）形式存储的，且存储在指定介质和文件夹。为此，C# 语言专门针对文件操作提供了相应的类，用于文件的操作。具体包括：

1）File 类（静态类）、FileInfo 类（实例类）用于文件本身的基本操作（文件的复制、创建、删除、移动、打开等），并协助文件流对象。

2）Directory 类（静态类）、DirectoryInfo 类（实例类）用于文件目录操作（目录的创建、移动、删除等）。

3）Path 类用于对文件路径（文件夹、文件主名、文件扩展名等）实现设置、获取等操作。

4）FileStream 类用来对各种类型文件完成读写操作。

5）StreamReader 类/StreamWriter 类用于文本数据文件的读写操作。

6）BinaryReader 类/BinaryWriter 类用于二进制数据文件的读写操作。

以上都位于 System.IO 命名空间中，因此文件操作需要引入 System.IO 命名空间。

9.1 文本数据文件与二进制数据文件概述

前几章中，程序数据的输入来自键盘，运行结果仅在屏幕上显示，一旦退出程序，输入和输出全部消失。实际上，对于程序数据的输入、程序运行结果的输出都可通过文件来完成。文件中的数据可以长期保留，并可复制、打印，十分便利。由于文件内容全是数据（数值、字符、字符串等的字节序列），所以被称为数据文件。数据文件一般由系列记录组成，每个记录由多个数据项（数值或字符、字符串等）构成，数据项之间彼此用分隔符分开，且每个记录一般用回车符结束。

根据数据文件存储格式的不同，又可分为文本数据文件和二进制数据文件。

在具体介绍文本数据文件和二进制数据文件之前，首先介绍字符编码类别，以及字符的字节码、数值的字节码的获取与双向转换方法，这就涉及 Encoding 类、BitConverter 类等方法。

9.1.1 Encoding 类及其字符与字节数组的相互转换

在 C# 中，内存使用 UTF-16 编码来表示 Unicode 字符。Unicode 集中一个字符在内存中占用 2 个字节（16 位），即 char 类型变量的值在内存中占 2 个字节。UTF-16 编码能够表示大多数常用字符，而一些罕见的字符则使用一对 16 位的代码单元来表示。当字符的字节序列写入数据文件时，同样也要设定写入文件时的字符编码，即文件字符编码。例如：程序中的字符"A"，在内存的字节序列为［00000000］［01000001］，为 UTF-16 编码，占 2 字节。将其写入数据文件，按 UTF-8 编码写入则为［01000001］，占 1 字节；若按 UTF-16 编码写入则为［00000000］［01000001］，占 2 字节。因此，虽然程序中的字符在内存有预定的字节长度，但在写入文件时，实际写入的字节与选用的字符编码有关。不同的编码方式对字符的存储有不同的字节数要求。常用的字符编码方案包括：

1）ASCII 编码（美国信息交换标准编码）：ASCII 编码使用 1 个字节表示一个字符，但它只能表示基本的拉丁字母和一些控制字符，总共 128 个字符。因此，它不能表示诸如汉字等非拉丁字符。ASCII 码字符集属于 Unicode 字符集的子集。

2）UTF-8 编码：UTF-8 是一种变长编码方式。对于 ASCII 范围内的字符（U+0000~U+007F），每个字符使用 1 个字节。对于其他字符，UTF-8 使用 2~4 个字节不等。比如，拉丁字母以外的字符通常使用 2 个字节，更多的字符（如汉字）使用 3 个字节，而非常罕见的字符则可能使用 4 个字节。文本文件默认使用 UTF-8 编码。

3）UTF-16 编码：UTF-16 是一种定长编码方式，每个 ASCII 字符通常使用 2 个字节（16 位）表示。对于超出基本编码的字符（这些字符的编码大于 U+FFFF），UTF-16 使用一对 16 位的代码单元（即 4 个字节）来表示。计算机内存默认采用 UTF-16 表示 Unicode 字符。

系统已经设定内存中的字符编码是 UTF-16，不能更改，而将字符对应内存长度的字节写入数据文件时，可以自行设置数据文件的字符编码格式。同一字符采用的文件字符编码不同，则实际写入的字节长度不同。Encoding 类是在 C# 中处理字符编码的关键类之一，对数据文件的建立至关重要。它提供了许多属性和方法获得字符/字符串的字节码（编码）或由字节码反求字符/字符串（解码）。

Encoding 类在 C# 中位于 System.Text 命名空间下。Encoding 类常用的属性和方法原型见表 9-1。

表 9-1 Encoding 类常用的属性与方法原型

属性	说明
public static Encoding ASCII{get;}	获取一个用于 ASCII（7 位）字符编码的 Encoding 对象
public static Encoding Default{get;}	获取当前系统的默认编码
public static Encoding UTF8{get;}	获取一个用于 UTF-8 编码的 Encoding 对象
public static Encoding Unicode{get;}	获取一个用于 UTF-16 编码，小端字节顺序的 Encoding 对象
public static Encoding UTF32{get;}	获取一个用于 UTF-32 编码的 Encoding 对象

（续）

方法原型	说明
public static Encoding GetEncoding(int codepage);	返回与指定编码页关联的编码
public static Encoding GetEncoding(string name);	返回与指定编码名称关联的编码
public virtual byte[] GetBytes(string s);	将指定的字符串编码为字节序列
public virtual byte[] GetBytes(char[] chars);	将字符数组编码为字节序列
public virtual int GetBytes(char[] chars, int index, int count, byte[] bytes, int byteIndex);	将字符数组中指定范围的字符编码为字节序列，并将结果存储在字节数组的指定位置
public virtual string GetString(byte[] bytes);	将指定的字节数组解码为字符串
public virtual string GetString(byte[] bytes, int index, int count);	将字节数组中指定范围的字节解码为字符串
public virtual char[] GetChars(byte[] bytes);	将字节数组解码为字符数组
public virtual int GetChars(byte[] bytes, int byteIndex, int byteCount, char[] chars, int charIndex);	将字节数组中指定范围的字节解码为字符，并将结果存储在字符数组的指定位置

这些属性和方法原型使 Encoding 类成为处理文本编码的一个强大工具。它支持字符串与字节数组的相互转换。下面是一个示例，演示如何使用不同的编码方式将字符串转换为字节数组并还原：

```
using System;
namespace Example
{
    internal class Program
    {
        static void Main(string[] args)
        {
            //定义一个字符串
            string originalString="Hello,World!";

            //将字符串转换为字节数组
            byte[] byteArray=Encoding.UTF8.GetBytes(originalString);

            //输出字节数组
            Console.Write("Byte Array:");
            foreach(byte b in byteArray)
            {
                Console.Write(b+" ");
            }
            Console.WriteLine( ); //输出:72 101 108 108 111 44 32 87 111
                                  //     114 108 100 33

            //从字节数组还原回字符串
```

```
                string restoredString=Encoding.UTF8.GetString(byteArray);

                //输出还原的字符串
                Console.Write("Restored String:");
                Console.WriteLine(restoredString);   //输出:Hello,World!

                Console.ReadKey( );
            }
        }
    }
```

9.1.2　BitConverter 类及其基本数据类型与字节数组的相互转换

BitConverter 类在 C# 中位于 System 命名空间内，提供了一组静态方法，用于将基础数据类型（整型、实型、布尔型）与字节数组相互转换。BitConverter 类常用的方法原型及说明见表 9-2。

表 9-2　BitConverter 类常用的方法原型

方法原型	说明
public static byte [ ]GetBytes(基本数据类型 value);	返回一个包含计算机字节顺序中指定的基本数据类型数据的字节数组，基本数据类型包括：bool、char、ushort、uint、ulong、short、int、long、float、double 等
public static bool ToBoolean(byte [ ] value, int startIndex);	返回由字节数组中指定位置的一个字节转换来的布尔值
public static char ToChar(byte [ ] value, int startIndex);	返回由字节数组中指定位置的两个字节转换来的字符
public static short ToInt16(byte [ ] value, int startIndex);	返回由字节数组中指定位置的两个字节转换来的 16 位有符号整数
public static int ToInt32(byte [ ] value, int startIndex);	返回由字节数组中指定位置的四个字节转换来的 32 位有符号整数
public static long ToInt64(byte [ ] value, int startIndex);	返回由字节数组中指定位置的八个字节转换来的 64 位有符号整数
public static float ToSingle(byte [ ] value, int startIndex);	返回由字节数组中指定位置的四个字节转换来的双精度浮点值
public static double ToDouble(byte [ ] value, int startIndex);	返回由字节数组中指定位置的八个字节转换来的双精度浮点值
public static string ToString(byte [ ] value);	返回指定字节数组的十六进制字符串表示形式
public static string ToString(byte [ ] value, int startIndex);	返回指定字节数组中从指定位置开始的十六进制字符串表示形式
public static string ToString(byte [ ] value, int startIndex, int length);	返回指定字节数组中从指定位置开始的指定数目的十六进制字符串表示形式

实例：将 32 位整数转换为字节数组并还原。

```
using System;
namespace Example
{
    internal class Program
    {
        static void Main(string[ ] args)
        {
            int number=12345;
            byte[ ] bytes=BitConverter.GetBytes(number);
            Console.WriteLine(BitConverter.ToString(bytes));  //输出:39-30-00-00

            int restoredNumber=BitConverter.ToInt32(bytes,0);
            Console.WriteLine(restoredNumber);  //输出:12345

            Console.ReadKey( );
        }
    }
}
```

说明：字节编码通常用十六进制表示，因为它比二进制更简洁、更易读，并且便于与二进制之间进行转换。在 C# 中，BitConverter.GetBytes 方法将一个基本数据转换为字节数组时，使用的是小端（Little-Endian）字节序。小端（Little-Endian）：最低有效字节在前（低地址），最高有效字节在后（高地址）。大端（Big-Endian）：最高有效字节在前（低地址），最低有效字节在后（高地址）。本例中，将十六进制小端字节序编码"39-30-00-00"转换成十进制数，首先要用大端字节序"00-00-30-39"表示，再展开为整数 12345。

9.1.3 文本数据文件

所谓文本数据文件就是程序将内存中二进制表示的数据项先转换成字符或字符串的形式，然后按字符编码格式将其写入文本文件。例如：假设用 UTF-8 字符编码将字符写入文本数据文件，对于字符"A"，其 UTF-8 编码是 0x41，也就是二进制［01000001］，则字符"A"写入文本数据文件是［01000001］，占 1 个字节。int 型整数写入文本数据文件，首先要转换为数字串"12345"，然后逐个字符编码，即［0x31］、［0x32］、［0x33］、［0x34］、［0x35］，将其二进制写入文本数据文件，共占 5 个字节。一个汉字使用 UTF-8 编码写入文本数据文件时占 3 个字节，有关汉字的编码与解码可以自行查阅资料。

在读取文本文件时，如果文件中包含了 ASCII 字符和汉字，并且都是使用 UTF-8 编码的，怎样分清楚待读入的是 ACSII 字节码还是汉字的字节码呢？由于 UTF-8 是一种变长编码，每个字符可能由一个或多个字节组成。在读取时，需要准确地确定每个字符的边界，以便正确解析。对于 ASCII 字符，由于其只占用一个字节，可以直接将其解析为字符。对于多字节字符，根据 UTF-8 编码规则，将所有字节组合起来，解析为一个完整的字符。通常情况下，多字节字符的起始字节有特定的标识，可用于识别并确定字符的边界。

文本文件可以由文本编辑器（如记事本、Visual Studio Code 等）直接打开和编辑，并且内容是可读的。每个字符在文本文件中都占用特定的字节数，使其易于解析和编辑。常见的文本文件扩展名包括 .txt、.csv、.xml 等。

在写入文本文件时，首先要设置使用的字符编码方式（默认 UTF-8），它决定将字符写入文件的字节数。反过来，读取文件时，必须知晓文本文件采用的字符编码方式，以便正确地为字符读取完整的字节数，否则用错误的编码方式解读，就会出现字节丢失而产生乱码。常见的文本编辑器和编程语言通常会提供关于文本编码的设置和支持。对于文本文件，当写入多个数据项时，一般拟定数据项之间会一起写入数据分隔符（如逗号、空格等），以便读取文件记录后能将数据项分开。文本数据文件内容本质上是顺序存储的系列字符的二进制表示字节码。

9.1.4 二进制数据文件

计算机内存数据都是以二进制表示的，如果将这些数据在内存中的完整字节码直接写入文件，则得到二进制数据文件，也称为内存映像文件。这使得二进制文件适用于存储和处理非文本数据，例如图像、音频、视频、可执行程序等。

值得说明的是：二进制文件虽然是内存映像文件，同样也涉及文件字符编码问题。将数值写入二进制文件，则直接把数值在内存固定长度的字节码照搬写入文件，如 int 型 12345678 在内存占 4 个字节，直接把这 4 个字节写入二进制文件；float 型 3.45 在内存占 4 字节，直接将 4 个字节写入二进制文件。在 C# 中，char 类型的字符在内存中使用 UTF-16 编码表示，占用 2 个字节。将字符写入二进制文件时，需要将其转换为字节数组，而这个转换过程涉及字符编码。例如，字符"A"在内存占 2 个字节，若以 UTF-8 字符编码转换为字节数组，则得到一个低位字节，将其写入二进制文件后则占 1 个字节。

二进制数据文件本质上也是系列数值（整数、实数）、字符等二进制字节内容。与文本数据文件不同点在于：整数、实数写入文件时的字节数组内容不一样，对于整数、实数，写入二进制数据文件是直接照搬数值对应内存固定长度的字节码，而写入文本文件时先要转变为数字串，然后逐个数字字符编码写入。

9.2 File 类和 FileInfo 类

File 类和 FileInfo 类都是用于文件自身的操作，包括文件的复制、创建、删除、移动、打开等，并协助 FileStream 对象。其中：File 类是静态类，FileInfo 类是实例类。

9.2.1 File 类

File 类支持对文件自身的基本操作，提供了系列静态方法，如文件的复制、创建、删除、移动、打开等，同时协助 FileStream 对象。File 类常用的方法原型见表 9-3。

表 9-3　File 类常用的方法原型

方法原型	说明
public static void Copy（string sourceFileName, string destFileName）； public static void Copy（string sourceFileName, string destFileName, bool overwrite）；	将文件从源路径复制到目标路径。如果目标文件已经存在，可以选择是否覆盖
public static void Delete（string path）；	删除指定路径的文件。如果文件不存在，不会引发异常

（续）

方法原型	说明
public static void Move（string sourceFileName, string destFileName）;	将文件从源路径移动到目标路径。如果目标文件已经存在，将引发异常
public static void Replace（string sourceFileName, string destinationFileName, string destinationBackupFileName）;	用源路径文件替换目标路径文件，同时指定目标路径备份文件名
public static bool Exists（string path）;	检查指定路径的文件是否存在。返回布尔值
public static string ReadAllText（string path）; public static string ReadAllText（string path, Encoding encoding）;	打开一个文件，读取指定路径的文件，并将文件内容作为单个字符串返回，然后关闭文件。可以指定编码
public static void WriteAllText（string path, string contents）; public static void WriteAllText（string path, string contents, Encoding encoding）;	创建一个新文件，将单个字符串写入指定路径的文件，然后关闭文件。如果文件存在，将覆盖该文件，然后关闭文件
public static void AppendAllText（string path, string contents）; public static void AppendAllText（string path, string contents, Encoding encoding）;	将字符串追加到指定路径的文件末尾。如果文件不存在，将创建该文件。可以指定编码

从表9-3可以看出：File类主要用来操作文件本身，虽然提供了系列读写文件的方法，但要求一次性全部读或写。而实际应用中，一般是按记录读或写，以便从记录中提取数据。因此，通常使用File类操作文件本身，而读写文件使用FileSteam类、StreamReader/StreamWriter类、BinaryReader/BinaryWriter类及其方法完成。

实例1：创建文本数据文件并读写内容。

```
using System;
using System.IO;
namespace Example
{
    internal class Program
    {
        static void Main(string[ ] args)
        {
            string filePath=@"C:\ExampleFolder\example.txt";
            string content="Hello,this is an example content.";

            try
            {
                // 创建一个新文件并写入内容
                File.WriteAllText(filePath,content);
                Console.WriteLine("File created and content written successfully.");

                // 读取文件中的内容并输出
                string content=File.ReadAllText(filePath);
```

```csharp
            Console.WriteLine("File content:");
            Console.WriteLine(content);

        }
        catch(Exception ex)
        {
            Console.WriteLine($"Error:{ex.Message}");

        }

        Console.ReadKey( );
    }
  }
}
```

实例2：复制、删除文件。

```csharp
using System;
using System.IO;
namespace Example
{
    internal class Program
    {
        static void Main(string[ ] args)
        {
            string sourceFilePath=@"C:\ExampleFolder\source.txt";
            string destinationFilePath=@"C:\ExampleFolder\destination.txt";
            string filePath=@"C:\ExampleFolder\example.txt";
            try
            {
                //复制文件资源到指定路径
                File.Copy(sourceFilePath,destinationFilePath);
                Console.WriteLine("File copied successfully.");

                //删除文件
                File.Delete(filePath);
                Console.WriteLine("File deleted successfully.");
            }
            catch(Exception ex)
            {
                Console.WriteLine($"Error:{ex.Message}");
            }
            Console.ReadKey( );
        }
    }
}
```

> **特别提示：**
> 1）File 类中所有方法都是静态的，File 类的静态方法都执行安全检查。因此，如果只想执行极少量操作，那么使用 File 类中的方法的效率比使用 FileInfo 类中的方法可能更高，否则，使用 FileInfo 实例化类中的方法效率更高。
> 2）路径有绝对路径和相对路径之分。绝对路径是对文件位置、文件名称给予完整描述，如 D:\csharp\app\my.cs。相对路径则是相对当前路径的描述。假设当前所在目录是 D:\csharp\app，则 my.cs 的相对路径是 app\my.cs。若在 csharp 目录中有文件 my.txt，则相对路径是".\my.txt"。其中".\"表示上一级目录，"..\"表示当前目录的根目录。

9.2.2 FileInfo 类

FileInfo 类属于实例化类，相对 File 静态类而言，许多方法在本质上基本相同，但由于实例化后是对象，通过对象的方法来调用，方法的使用语法上或多或少有点差异（如文件复制方法 CopyTo、文件移动方法 MoveTo），且 FileInfo 类将 File 类中的一些方法变成了属性。不同的是，File 类属于静态类，使用其方法时每次都要显式给出文件的路径，并按照路径去寻找文件；而 FileInfo 类是实例化类，实例化时对象就被赋予了文件路径，使用对象方法时不必再提供路径。因此，涉及对文件进行多次方法操作时，建议使用 FileInfo 类来编程，这样能提高程序执行效率。

FileInfo 类常用的属性见表 9-4。

表 9-4　FileInfo 类常用的属性

属性	说明
Name	获取文件名
Length	获取文件的大小（以字节为单位，返回 long 类型值）
FullName	获取目录或文件的完整描述
IsReadOnly	获取或设置当前文件是否为只读的值
LastAccessTime	获取或设置最后访问当前目录或文件的时间
LastWriteTime	获取或设置最后写入当前目录或文件的时间
Exists	检查文件是否存在。如果文件存在，则返回 true；否则返回 false
Extension	获取文件扩展名
Directory	获取当前文件的目录名
DirectoryName	获取当前文件的目录名，且这个属性是只读的

FileInfo 类常用的构造函数与方法原型见表 9-5。

FileInfo 类主要用来操作文件自身，而读写文件建议使用流类如 FileSteam 类、StreamReader/StreamWriter 类、BinaryReader/BinaryWriter 类及其方法完成。

实例：创建 FileInfo 对象并访问文件属性。

表 9-5　FileInfo 类常用的构造函数与方法原型

构造函数	说明
public FileInfo（string fileName）	使用指定的文件名初始化 FileInfo 类的新实例
方法原型	说明
public override void Delete（）;	删除文件
public FileInfo CopyTo（string destFileName）; public FileInfo CopyTo（string destFileName, bool overwrite）;	将文件复制到新路径。可以选择是否覆盖目标文件
public override void Refresh（）;	刷新 FileInfo 对象的状态，使其与文件系统中的当前状态同步

```csharp
using System;
using System.IO;
namespace Example
{
    internal class Program
    {
        static void Main(string[] args)
        {
            string filePath=@"E:\CSAPP\HelloWorld\Program.cs";
            try
            {
                // 创建一个 FileInfo 对象
                FileInfo fileInfo=new FileInfo(filePath);

                // 访问文件属性
                Console.WriteLine($"File Name:{fileInfo.Name}");
                Console.WriteLine($"File Extension:{fileInfo.Extension}");
                Console.WriteLine($"File Directory:{fileInfo.Directory}");
                Console.WriteLine($"File DirectoryName:{fileInfo.DirectoryName}");
                Console.WriteLine($"File FullName:{fileInfo.FullName}");
                Console.WriteLine($"File Size:{fileInfo.Length} bytes");
                Console.WriteLine($"File Creation Time:{fileInfo.CreationTime}");
                Console.WriteLine($"File Last Access Time:{fileInfo.LastAccessTime}");
                Console.WriteLine($"File Last Write Time:{fileInfo.LastWriteTime}");
            }
            catch(Exception ex)
            {
                Console.WriteLine($"Error:{ex.Message}");
            }
```

第 9 章 文件操作

```
            Console.ReadKey( );
        }
    }
}
```

程序运行结果：

```
File Name:Program.cs
File Extension:.cs
File Directory:E:\CSAPP\HelloWorld
File DirectoryName:E:\CSAPP\HelloWorld
File FullName:E:\CSAPP\HelloWorld\Program.cs
File Size:138 bytes
File Creation Time:2023/6/24 16:00:05
File Last Access Time:2023/7/22 16:56:29
File Last Write Time:2023/6/24 17:21:37
```

9.3　Directory 类和 DirectoryInfo 类

在程序开发中，不仅需要对文件进行操作，有时还要对文件目录进行操作，例如创建目录、删除目录、移动目录、目录更名等。为此，C# 提供了 Directory 类和 DirectoryInfo 类用于文件目录的操作，其中 Directory 类属于静态类，DirectoryInfo 类属于实例化类。

9.3.1　Directory 类

Directory 类属于静态类，一般只用 Directory 类的方法。Directory 类常用的方法原型见表 9-6。

表 9-6　Directory 类常用的方法原型

方法原型	说明
public static DirectoryInfo CreateDirectory（string path）；	创建所有不存在的目录和子目录，返回一个 DirectoryInfo 对象表示创建的目录
public static void Delete（string path）； public static void Delete（string path，bool recursive）；	删除指定的目录。可以指定是否递归删除子目录和文件
public static void Move（string sourceDirName，string destDirName）；	将指定目录及其内容移动到新位置
public static bool Exists（string path）；	判断指定目录是否存在，存在则返回 true，否则返回 false
public static string GetCurrentDirectory（ ）；	获取当前工作目录的路径
public static string GetDirectoryRoot（string path）；	获取指定路径的根目录信息
public static DirectoryInfo GetParent（string path）；	获取指定目录的父目录

（续）

方法原型	说明

public static string[ ] GetFiles(string path);
public static string[ ] GetFiles(string path, string searchPattern);
public static string[ ] GetFiles(string path, string searchPattern, SearchOption searchOption);
	获取指定目录中的文件列表。可以指定搜索模式和搜索选项（例如，是否搜索子目录）

public static string[ ] GetDirectories(string path);
public static string[ ] GetDirectories(string path, string searchPattern);
public static string[ ] GetDirectories(string path, string searchPattern, SearchOption searchOption);
	获取指定目录中的子目录列表。可以指定搜索模式和搜索选项（例如，是否搜索子目录）

public static string[ ] GetFileSystemEntries(string path);
public static string[ ] GetFileSystemEntries(string path, string searchPattern);
public static string[ ] GetFileSystemEntries(string path, string searchPattern, SearchOption searchOption);
	获取指定目录中的所有文件和子目录。可以指定搜索模式和搜索选项（例如，是否搜索子目录）

实例 1：创建、删除目录。

```csharp
using System;
using System.IO;
namespace Example
{
    internal class Program
    {
        static void Main(string[ ] args)
        {
            string directoryPath1=@"C:\ExampleFolder1";
            string directoryPath2=@"C:\ExampleFolder2";

            try
            {
                //创建一个新目录
                Directory.CreateDirectory(directoryPath1);
                Console.WriteLine("Directory created successfully.");

                //检查目录是否存在
                if(Directory.Exists(directoryPath2))
                {
                    //删除目录和其所有内容(包括文件和子目录)
                    Directory.Delete(directoryPath2,true);
                    Console.WriteLine("Directory deleted successfully.");
                }
                else
```

```
            {
                Console.WriteLine("Directory does not exist.");
            }
        }
        catch(Exception ex)
        {
            Console.WriteLine($"Error:{ex.Message}");
        }
        Console.ReadKey( );
    }
}
```

实例 2：获取目录中的文件和子目录。

```
using System;
using System.IO;
namespace Example
{
    internal class Program
    {
        static void Main(string[ ] args)
        {
            string directoryPath=@"C:\ExampleFolder";
            try
            {
                //检查目录是否存在
                if(Directory.Exists(directoryPath))
                {
                    //获取目录中的文件
                    string[ ] files=Directory.GetFiles(directoryPath);
                    Console.WriteLine("Files in the directory:");
                    foreach(string file in files)
                    {
                        Console.WriteLine(file);
                    }

                    //获取目录中的子目录
                    string[ ] subdirectories=Directory.GetDirectories(directoryPath);
                    Console.WriteLine("Subdirectories in the directory:");
                    foreach(string subdirectory in subdirectories)
                    {
                        Console.WriteLine(subdirectory);
                    }
```

```csharp
            }
            else
            {
                Console.WriteLine("Directory does not exist.");
            }
        }
        catch(Exception ex)
        {
            Console.WriteLine($"Error:{ex.Message}");
        }
        Console.ReadKey( );
        }
    }
}
```

实例3：移动目录。

```csharp
using System;
using System.IO;
namespace Example
{
    internal class Program
    {
        static void Main(string[ ] args)
        {
            string sourceDirectory=@"C:\ExampleFolder\Source";
            string destinationDirectory=@"C:\ExampleFolder\Destination";

            try
            {
                //检查目录资源是否存在
                if(Directory.Exists(sourceDirectory))
                {
                    //移动目录资源到目标
                    Directory.Move(sourceDirectory,destinationDirectory);
                    Console.WriteLine("Directory moved successfully.");
                }
                else
                {
                    Console.WriteLine("Source directory does not exist.");
                }
            }
            catch(Exception ex)
            {
                Console.WriteLine($"Error:{ex.Message}");
```

```
            }
            Console.ReadKey( );
        }
    }
}
```

注意：在操作目录之前，始终检查目录是否存在，以避免出现不必要的异常。

9.3.2 DirectoryInfo 类

DirectoryInfo 类属于要实例化的类，该类提供了许多属性供其对象调用，用于获取目录的信息。DirectoryInfo 类常用的属性见表 9-7。

表 9-7　DirectoryInfo 类的常用属性

属性	说明
FullName	获取目录的完整路径
Name	获取目录的名称（不包含路径）
Parent	获取目录的父级目录
Exists	获取一个布尔值，指示目录是否存在
CreationTime	获取目录的创建时间
LastWriteTime	获取目录的最后修改时间
LastAccessTime	获取目录的最后访问时间

下面是一个示例，展示了如何使用 DirectoryInfo 类的属性：

```
using System;
using System.IO;
namespace Example
{
    internal class Program
    {
        static void Main(string[ ] args)
        {
            string directoryPath=@"C:\Example\";

            // 创建一个DirectoryInfo对象
            DirectoryInfo directoryInfo=new DirectoryInfo(directoryPath);

            // 使用DirectoryInfo的属性获取目录信息
            Console.WriteLine($"Directory Name:{directoryInfo.Name}");
            Console.WriteLine($"Full Path:{directoryInfo.FullName}");
            Console.WriteLine($"Parent Directory:{directoryInfo.Parent}");
            Console.WriteLine($"Exists:{directoryInfo.Exists}");
            Console.WriteLine($"Creation Time:{directoryInfo.CreationTime}");
```

```
                Console.WriteLine($"Last Write Time:{directoryInfo.LastWriteTime}");
                Console.WriteLine($"Last Access Time:{directoryInfo.LastAccessTime}");

                Console.ReadKey( );
            }
        }
    }
```

9.4　FileStream 类及其数据文件读写

FileStream 类是 C# 中用于读写文件的类之一，它提供了对文件的底层操作。使用 FileStream 类可以更加灵活地处理文件，因为它允许以字节的形式读取或写入文件，而不需要考虑文件中的内容是文本数据还是二进制数据。

9.4.1　FileStream 类常用的属性与方法

在 C# 中，读写文件需要用到 Stream 类。而 Stream 类是一个抽象基类，是所有流类的基础。它提供了一组标准的方法和属性，用于从流中读取数据或将数据写入流中。Stream 类本身并不直接表示任何特定类型的数据源或数据目的地，而是定义了流的基本行为。

FileStream 类是 Stream 类的一个具体实现，用于读取和写入文件流。它提供了对文件的访问，允许在文件中读取和写入数据。FileStream 类通常用于读取和写入文件中的原始字节数据。按照抽象类和派生类的关系，C# 中凡是需要用 Stream 类对象的参数都可以使用 FileStream 类实例化。

FileStream 类表示在磁盘或网络路径上指向文件的流，一个 FileStream 类的实例实际上代表一个磁盘文件。当需要读取或写入文件时，可通过 FileStream 类提供的方法来实现。文件流操作文件时，一定要留意游标在流中的位置（如文件的开始、中间、结尾），FileStream 类中的 Seek 方法可以设置读写游标的位置，从而实现对文件的随机访问。

FileStream 类提供了许多属性，用于获取和设置文件流的信息。FileStream 类常用的属性见表 9-8。

表 9-8　FileStream 类常用的属性

属性	说明
CanRead	获取一个布尔值，指示当前文件流是否支持读取操作
CanWrite	获取一个布尔值，指示当前文件流是否支持写入操作
CanSeek	获取一个布尔值，指示当前文件流是否支持查找操作（即设置当前读取/写入位置）
Length	获取文件流的长度，即文件的大小（以字节为单位）
Position	获取或设置当前文件流的读取/写入位置（以字节为单位）

下面是一个示例，展示了如何使用 FileStream 类的常用属性：

```csharp
using System;
using System.IO;
namespace Example
{
    internal class Program
    {
        static void Main(string[ ] args)
        {
            string filePath=@"C:\Example\example.txt";

            // 创建一个 FileStream 对象(使用 FileMode.Open 表示打开现有文件)
            using(FileStream fileStream=new FileStream(filePath,FileMode.Open))
            {
                // 判断文件流是否支持读取操作
                Console.WriteLine($"Can Read:{fileStream.CanRead}");
                // 判断文件流是否支持写入操作
                Console.WriteLine($"Can Write:{fileStream.CanWrite}");
                // 判断文件流是否支持查找操作
                Console.WriteLine($"Can Seek:{fileStream.CanSeek}");
                // 获取文件流的长度(文件大小)
                Console.WriteLine($"Length:{fileStream.Length} bytes");
                // 获取当前读取/写入位置
                Console.WriteLine($"Current Position:{fileStream.Position}bytes");

                Console.ReadKey( );
            }
        }
    }
}
```

在上述示例中，using 语句结束将自动释放资源。示例程序使用 FileStream 类打开了一个名为 example.txt 的文件，并输出了文件流的一些属性信息，包括是否支持读取和写入操作、是否支持查找操作、获取文件大小以及当前读取/写入位置。

FileStream 类提供了许多方法，用于文件流的读写与游标设置。FileStream 类常用的构造函数与方法原型见表 9-9。

表 9-9　FileStream 类常用的构造函数与方法原型

构造函数	说明
public FileStream（string path, FileMode mode）	用于创建 FileStream 对象的构造函数。以便打开或创建一个文件，并指定文件的路径和打开/创建模式
public FileStream（string path, FileMode mode, FileAccess access）	这个构造函数除了文件路径和打开模式外，还允许指定文件的访问权限，例如读取、写入或同时读写。 FileAccess 是一个枚举类型，用于指定文件的访问权限。它用于指定对文件的读取、写入或读取和写入的组合权限。以下是 FileAccess 中的成员。Read：表示允许对文件进行读取操作。Write：表示允许对文件进行写入操作。ReadWrite：表示允许对文件进行读取和写入操作

（续）

方法原型	说明
int Read（byte [ ] buffer, int offset, int count）;	此方法用于从文件流中读取数据，并将读取的字节数据存储到指定的缓冲区 buffer 中。 buffer：用于存储读取数据的缓冲区。offset：缓冲区中开始存储数据的偏移量。count：要读取的字节数
void Write（byte [ ] buffer, int offset, int count）;	此方法用于将指定的字节数据 buffer 写入文件流中。 buffer：要写入文件流的字节数据。offset：数据在缓冲区中的偏移量。count：要写入的字节数
void Close（）;	此方法用于关闭文件流并释放相关资源
long Seek（long offset, SeekOrigin origin）;	用于设置文件流的当前读取/写入位置。它的参数 offset 和 origin 用于指定偏移量和偏移的起始位置

FileMode 表示创建|打开文件的模式，取值如下：

1）FileMode.CreateNew：创建一个新文件，如果文件已存在则引发异常。

2）FileMode.Create：创建一个新文件，如果文件已存在则覆盖。

3）FileMode.Open：打开现有文件，如果文件不存在则引发异常。

4）FileMode.OpenOrCreate：打开现有文件，如果文件不存在则创建一个新文件。

5）FileMode.Truncate：打开现有文件并删除其所有内容，如果文件不存在则引发异常。

6）FileMode.Append：打开现有文件并将流的位置设置为文件的末尾，如果文件不存在则创建一个新文件。

SeekOrigin 表示"寻求原点"之一。SeekOrigin 是一个枚举类型，在 C# 的 .NET 框架中处理文件流时经常用到，这个枚举为流操作提供了不同的参考点，以确定从哪里开始查找或定位。SeekOrigin 有三个值：Begin=0，Current=1，End=2，依次表示从流的开始位置、流的当前位置、流的结束位置计算偏移量，如果偏移量为正数，向流的末尾移动，否则向流的开始方向移动。

注意：为了确保资源正确释放，建议使用 using 语句或显式调用 Close 方法来关闭文件流。

以下是 SeekOrigin 的使用示例。

```
using System;
using System.IO;
namespace Example
{
    internal class Program
    {
        static void Main(string[ ] args)
        {
            string filePath=@"C:\Example\example.txt";

            // 创建一个 FileStream 对象(使用 FileMode.Open 表示打开现有文件)
            using(FileStream fileStream=new FileStream(filePath,FileMode.Open))
```

```
        {
            //将读取位置定位到文件末尾
            long offset=0;
            fileStream.Seek(offset,SeekOrigin.End);
            //在文件末尾写入数据
            byte[ ] data={65,66,67}; //ASCII 码,代表字符"A" "B" "C"
            fileStream.Write(data,0,data.Length);
        }

        Console.ReadKey( );
    }
  }
}
```

在上述示例中,使用了 Seek 方法将读取位置定位到文件末尾,然后在文件末尾写入了一些数据。这样可以在文件的任意位置进行写入操作,而不会覆盖原有的数据。

下面是一个使用 FileStream 类的应用实例,它演示了如何读取一个文本文件的内容,并将内容复制到另一个文本文件中。

```
using System;
using System.IO;
namespace Example
{
    internal class Program
    {
        static void Main(string[ ] args)
        {
            string sourceFilePath=@"C:\Example\source.txt";
            string destinationFilePath=@"C:\Example\destination.txt";

            // 使用FileStream打开源文件(使用FileMode.Open 表示打开现有文件)
            using(FileStream sourceStream=new FileStream(sourceFilePath,FileMode.Open))
            {
                /* 使用FileStream创建或打开目标文件(使用FileMode.Create 表示创建新文件,如果文件存在则覆盖) */
                using(FileStream destinationStream=new FileStream
(destinationFilePath,FileMode.Create))
                {
                    // 创建一个缓冲区来保存读取的数据
                    byte[ ] buffer=new byte[1024];
                    int bytesRead;

                    // 循环读取源文件的内容并写入目标文件
                    while((bytesRead=sourceStream.Read(buffer,0,buffer.Length))>0)
```

```
                {
                    destinationStream.Write(buffer,0,bytesRead);
                }
            }
        }

        Console.WriteLine("File copy completed.");
        Console.ReadKey( );
    }
}
```

在上述示例中,使用了两个 FileStream 对象,一个用于打开源文件 source.txt 进行读取,另一个用于创建或打开目标文件 destination.txt 进行写入。使用一个缓冲区 buffer 来一次读取一块数据,并将它写入目标文件中。这样做可以提高文件的读取和写入效率。

注意:在实际应用中,应该添加异常处理来处理可能出现的异常情况,如文件不存在、文件无法访问、写入失败等。此外,在操作完文件流后,建议使用 using 语句来确保资源的正确释放,尤其是在处理大文件时。

9.4.2 FileStream 类操作文本数据文件

对于文本数据文件,真正关心的是文件中记录的数据结构,如每个记录由哪些数据项组成,数据项之间是否有分隔符等。在写文件时就要拟定好记录结构以及使用哪种编码,以实现后续根据这一记录结构特点正确读取文件,且能正确分离数据项供运行程序使用。在进行写文件操作时,若一个记录含有多个数据项,可用分隔符将数据分开,将数据项及其分隔符一起写入文本数据文件。在读取文件时,要按写入规则解析数据文件的结构以及使用的编码。

值得注意的是:文本文件中的每一个字符占 1 个字节,字节数组中则是每一个元素占 1 个字节,因此可以将读入的字符序列存入字节数组。例如:

```
byte[ ]bytes={72,101,108,108,111,32,87,111,114,108,100};/*ASCII 值表示的 "Hello World" */
int index=6; //起始索引
int count=5; //要转换的字节数
string str=System.Text.Encoding.ASCII.GetString(bytes,index,count);
Console.WriteLine(str); //输出:World
```

实例 1:设某结构体由 int 成员字段和字符串字段构成,将结构体数组数据写入文本文件。要求:一个结构体对象对应一个记录,每个记录的每个数据项用逗号分隔,采用默认的 UTF-8 编码。

```
using System;
using System.IO;
using System.Text;
namespace Example
{
```

```csharp
//定义结构体
struct MyStruct
{
    public int intValue;
    public string stringValue;
}

internal class Program
{
    static void Main(string[ ] args)
    {
        //创建结构体数组
        MyStruct[ ] structArray=new MyStruct[ ]
        {
        new MyStruct {intValue=100,stringValue="String1" },
        new MyStruct {intValue=200,stringValue="String2" },
        new MyStruct {intValue=300,stringValue="String3" }
        //添加更多数据项
        }
        string filePath="E:\\Csharpapp\\output.txt";
        using(FileStream fs=new FileStream(filePath,FileMode.Create))
        {
            try
            {
                //遍历结构体数组,将数据写入文件
                foreach(var item in structArray)
                {
                    //将int字段和字符串字段以逗号分隔的形式写入文件
                    string intstr=item.intValue.ToString( );
                    string str=intstr+","+item.stringValue+"\n";
                    /*将字符串逐个字符转换为UTF-8编码,这里实际上是ASCII编码*/
                    byte[ ] stringBytes=Encoding.UTF8.GetBytes(str);
                    fs.Write(stringBytes,0,stringBytes.Length);
                }
                Console.WriteLine("数据已成功写入文件。");
            }
            catch(Exception ex)
            {
                Console.WriteLine("发生错误:{0}",ex.Message);
            }
        }
        Console.ReadKey( );
    }
}
```

输出文件的内容为:

```
100,String1
200,String2
300,String3
```

实例2:反过来,读取上述文本文件,输出每个记录的数据项。

```csharp
using System;
using System.IO;
using System.Text;
namespace Example
{
    //定义结构体
    struct Record
    {
        public int IntegerField;
        public string StringField;
    }

    internal class Program
    {
        static void Main(string[ ] args)
        {
            //文件路径
            string filePath="E:\\Csharpapp\\output.txt";
            //读取文件内容,使用UTF-8编码
            //使用ReadAllLines方法自动完成UTF-8编码到字符的转换
            string[ ] lines=File.ReadAllLines(filePath,Encoding.UTF8);
            //定义结构体数组
            Record[ ] records=new Record[lines.Length];
            //遍历文件内容,解析每行数据,并存储到结构体数组中
            for(int i=0;i<lines.Length; i++)
            {
                string line=lines[i];
                string[ ] parts=line.Split(',');
                if(parts.Length == 2)
                {
                    int intValue;
                    if(int.TryParse(parts[0],out intValue))
                    {
                        records[i].IntegerField=intValue;
                    }
                    else
                    {
                        //处理整数解析失败的情况
```

```
                    Console.WriteLine("Failed to parse integer value on line "+(i+1));
                    records[i].IntegerField=0; //默认值
                }
                records[i].StringField=parts[1];
            }
            else
            {
                //处理格式错误的情况
                Console.WriteLine("Invalid format on line "+(i+1));
                records[i].IntegerField=0; //默认值
                records[i].StringField=""; //默认值
            }
        }
        //打印结构体数组的内容
        foreach(var record in records)
        {
            Console.WriteLine("Integer:"+record.IntegerField+",String:"+record.StringField);
        }
        Console.ReadKey( );
    }
  }
}
```

输出结果：

```
Integer:100,String:String1
Integer:200,String:String2
Integer:300,String:String3
```

由于数据文件中每一行是一个记录，所以使用了 File.ReadAllLines 方法，该方法的缺点是一次性读入全部记录，若文件记录特别多，则要占用很大的内存。因此，最佳办法是一次读入一个记录。

FileStream 类是基于字节的文件输入流，它没有直接的方法来读取一行文本。虽然可以使用 FileStream 类逐字节读取文件，并在遇到换行符时识别行的结束，但这样的操作相对烦琐，而且容易出错。相比之下，StreamReader 类是专门用于从文本文件中读取文本的类。它提供了 ReadLine 方法，可以方便地一次读取一行文本，并且会自动处理换行符，使得读取文本文件变得更加简单和高效。因此，通常情况下，会优先选择使用 StreamReader 类而不是 FileStream 类来读取文本文件中的内容。实际应用中，建议采用专门针对文本数据文件的 StreamReader 类、StreamWriter 类进行操作。

9.4.3 FileStream 类操作二进制数据文件

可以使用 FileStream 类来处理二进制文本数据文件。特别提醒：为便于后续正确读取二进制数据文件的完整数据项，当写入夹杂有不同长度字符串数据项的字符串时，必须写入字符串长度，或者将字符串指定为恒定长度，不足长度时右补空格。反过来读取二进制数据文件时，一定要知晓文件的数据结构，否则会使读取的数据项残缺不全，导致数据无法复原。

实例 1：将结构体数组数据写入二进制文件，设结构体由 int 成员字段和字符串（最大长度不超过 10）字段构成。

分析：int 成员二进制为 4 字节，将字符串成员采用固定 10 字节长度（不足部分右补空格），则每个结构体对象数据写入二进制文件占 14 个字节。若以后读取该文件，则每次读入 14 个字节即得到一个完整结构体数据，拆分即得到具体数据项。

```csharp
using System;
using System.IO;
using System.Text;
namespace Example
{
    namespace Example
    {
        struct MyStruct
        {
            public int IntField;
            public string StringField;
            public MyStruct(int intValue,string stringValue)
            {
                IntField=intValue;
                StringField=stringValue;
            }
        }

        internal class Program
        {
            static void Main(string[ ] args)
            {
                MyStruct[ ] data=new MyStruct[ ]
                {
                    new MyStruct(10,"Hello"),
                    new MyStruct(20,"World"),
                    new MyStruct(30,"How"),
                    new MyStruct(40,"Are"),
                    new MyStruct(50,"You")
                };
                string filePath=@"e:\example.bin";
                try
                {
                    using(FileStream fs=new FileStream(filePath,FileMode.Create,FileAccess.Write))
```

```
                    {
                        foreach(MyStruct item in data)
                        {
                            //写入整数成员字段
                            byte[ ] intBytes=BitConverter.GetBytes(item.IntField);
                            fs.Write(intBytes,0,intBytes.Length);

                            //写入字符串成员字段
                            byte[ ] stringBytes=Encoding.UTF8.GetBytes(item.StringField.PadRight(10));
                            fs.Write(stringBytes,0,stringBytes.Length);
                        }
                    }
                    Console.WriteLine("Binary file written successfully.");
                }
                catch(Exception ex)
                {
                    Console.WriteLine("Error:"+ex.Message);
                }
                Console.ReadKey( );
            }
        }
    }
}
```

说明：整数通过 BitConverter.GetBytes 方法获取内存字节直接写入文件；而字符串需要通过 Encoding.UTF8.GetBytes 方法获取每个字符的字节编码后写入文件，即有从字符到字符编码的转换过程。

实例2：反过来，读取上述建立的固定记录长度的二进制文件 example.bin，输出每个记录的数据。

分析：已知文件内容由若干 int 整型（4字节内存编码）和10字节字符串字符编码依次排列组成，文件字符编码是 UTF-8 编码。

```
using System;
using System.IO;
using System.Text;
namespace Example
{
    struct MyStruct
    {
        public int IntField;
        public string StringField;

        public MyStruct(int intValue,string stringValue)
        {
```

```csharp
            IntField=intValue;
            StringField=stringValue;
        }
    }

    internal class Program
    {
        static void Main(string[] args)
        {
            string filePath="e:\\example.bin";
            try
            {
                using(FileStream fs=new FileStream(filePath,FileMode.Open,FileAccess.Read))
                {
                    int structCount=(int)(fs.Length /(sizeof(int)+10));
//计算结构体数量
                    MyStruct[] myStructs=new MyStruct[structCount];
                    for(int i=0; i<structCount; i++)
                    {
                        byte[] intBytes=new byte[sizeof(int)];
                        fs.Read(intBytes,0,sizeof(int));
                        int intValue=BitConverter.ToInt32(intBytes,0);
                        myStructs[i].IntField=intValue;
                        byte[] strBytes=new byte[10];
                        fs.Read(strBytes,0,10);
                        string stringValue=Encoding.UTF8.GetString(strBytes).TrimEnd('\0');
                        myStructs[i].StringField=stringValue;
                        Console.WriteLine("int 字段:{0},字符串字段:{1}",myStructs[i].IntField,myStructs[i].StringField);
                    }
                    Console.WriteLine("读取完毕。");
                }
            }
            catch(Exception ex)
            {
                Console.WriteLine("发生错误:{0}",ex.Message);
            }

            Console.ReadKey();
        }
    }
}
```

第9章 文件操作

输出结果：

```
int 字段:10,字符串字段:Hello
int 字段:20,字符串字段:World
int 字段:30,字符串字段:How
int 字段:40,字符串字段:Are
int 字段:50,字符串字段:You
读取完毕。
```

很显然，对于二进制数据文件，虽然通过固定程度字符串写入文件后，使得每个记录由 4 字节整数内存编码以及 10 字节字符编码组成，数据项之间省去了数据项分隔符，每次读取 14 字节（4 字节对应整数、10 字节对应字符串），但依然需要进行文件整数字节到整数、字节编码数组到字符串的转换，比较麻烦。为此 C# 专门提供了 BinaryWriter 类和 BinaryReader 类来处理二进制数据文件，实现读写二进制数据文件的简化。

当要将整数、字符串等混合数据写入二进制文件时，可以先写入固定长度的整数二进制字节码，然后连同表示字符串长度的整数二进制字节编码以及字符串的二进制字符编码一同写入文件。写入字符串长度的目的是便于正确读取完整字符串数据，如整数字节编码对应整数 5：表示继续读入 5 个字节即获取完整字符串。

9.5 StreamReader/StreamWriter 类读写文本数据文件

C# 提供了专门的 StreamReader/StreamWriter 类来读写文本文件，这些类属于 System.IO 命名空间。StreamReader/StreamWriter 类的方法不是静态方法，所以要使用该类读取文件时，首先要声明对象并实例化该类。

StreamReader 类的对象实例化时，默认情况下会自动打开文件并与之相关联，若文件不存在则抛出异常。当通过 StreamWriter 类的对象实例化时，它将会尝试打开指定路径的文件以供写入操作，如果文件不存在，StreamWriter 类会尝试创建一个新的文件。StreamReader/StreamWriter 类默认使用 UTF-8 编码来进行实例化。

StreamWriter 类常用的属性见表 9-10。

表 9-10　StreamWriter 类常用的属性

属性	说明
bool AutoFlush	指示是否在每次调用写入方法后自动刷新缓冲区。如果设置为 true，则在每次写入操作后立即将数据写入基础流中。默认值为 false，即需要显式调用 Flush（）方法才能将缓冲区中的数据写入到文件
encoding Encoding	获取用于当前 StreamWriter 的字符编码（例如 UTF-8、UTF-16 等）

StreamWriter 类常用的构造函数与方法原型见表 9-11。

FileStrream 类的 Write 方法只能把字符编码写入文本文件。而 StreamWriter 类的 Write 方法用字符数组类型作参数，写入文本文件时自动将若干字符转换为字节码流后再写入，即实际写入文件的内容是字符的字节码。相对使用 FileStrream 类写文本文件，StreamWriter 类简化了操作，使写文本文件编程更加方便。

表 9-11　StreamWriter 类常用的构造函数与方法原型

构造函数	说明
StreamWriter(Stream stream [,Encoding encoding] [,int bufferSize]) StreamWriter(string path [,bool append] [,Encoding encoding] [,int bufferSize])	这些构造函数用于创建 StreamWriter 类的实例，以便将文本数据写入指定的流或文件中。其中，stream 参数表示要写入的流，path 参数表示要写入的文件路径，append 参数表示是否追加到文件末尾，encoding 参数用于指定字符编码，bufferSize 参数用于指定缓冲区大小
方法原型	说明
public void Write(char[ ]buffer [,int index,int count]); public void Write(string value);	这些方法用于将字符数组或字符串写入流中

public void WriteLine( );
public void WriteLine(char[ ]buffer [,int index,int count]);
public void WriteLine(string value);
	这些方法用于将字符数组或字符串写入流中，并在末尾添加换行符，实现换行的效果

public void Flush( );	用于将缓冲区中的数据立即写入流中，确保所有数据都被写入
public void Close( );	用于释放 StreamWriter 对象占用的资源，并关闭基础流

实例 1：使用 StreamWriter 类建立文本数据文件，保存结构体数组的数据。结构体记录数据项用逗号分开，每个记录以换行符结束。

```
using System;
using System.IO;
namespace Example
{
    struct Person
    {
        public string Name;
        public int Age;
        public string Gender;
    }

    internal class Program
    {
        static void Main(string[ ] args)
        {
            //初始化结构体数组
            Person[ ] people={
                new Person{Name="John Doe",Age=25,Gender="Male"},
                new Person{Name="Jane Smith",Age=30,Gender="Female"},
```

```
            new Person{Name="Tom Brown",Age=22,Gender="Male"}
        };
        //文件路径
        string filePath="e:\\data.txt";
        try
        {
            //将数据写入文件
            using(StreamWriter writer=new StreamWriter(filePath))
            {
                foreach(Person person in people)
                {
                    string record=person.Name+","+person.Age.ToString()+","+person.Gender;
                    writer.WriteLine(record);
                }
            }
            Console.WriteLine("数据已成功写入文件:"+filePath);
        }
        catch(IOException e)
        {
            Console.WriteLine("Error reading the file:"+e.Message);
        }
        Console.ReadKey( );
    }
  }
}
```

StreamReader 类常用的属性见表 9-12。

表 9-12　StreamReader 类常用的属性

属性	说明
Encoding CurrentEncoding;	获取用于当前 StreamReader 类的字符编码（例如 UTF-8、UTF-16 等）
bool EndOfStream	获取一个值，指示是否已经到达了流的末尾。当读取到文件末尾时，该属性为 true

StreamReader 类常用的构造函数与方法原型见表 9-13。

表 9-13　StreamReader 类常用的构造函数与方法原型

构造函数	说明
StreamReader(Stream stream) StreamReader(Stream stream,Encoding encoding) StreamReader(string path) StreamReader(string path,Encoding encoding)	StreamReader 类的构造函数，其中，encoding 参数用于指定字符编码

（续）

方法原型	说明
int Read(char[ ] buffer, int index, int count);	从流中读取指定数量的字符，并将它们存储在字符数组 buffer 中，从指定的 index 索引位置开始存储。返回实际读取的字符数
string ReadLine( )/string ReadAllLines( );	用于读取一行文本至换行符结束，并返回该行的字符串内容。如果到达文件末尾，返回 null
string ReadToEnd( );	用于读取从当前位置到文件末尾的所有文本，并以字符串形式返回
void Close( );	用于关闭 StreamReader 类对象和基础流，并释放与对象关联的所有资源

FileStrream 类的 Read 方法读取得到字节数据，而 StreamReader 类的 Read 方法将从文件读取的字节码流自动解码为若干字符赋值给字符数组，自动完成了字节到字符的解码操作。相对 FileStreram 类读取文本文件，StreamReader 类简化了操作，使读取文本文件编程更方便。

实例 2：假设已经建立了一个 data.txt 文本文件，且已知每个记录包括姓名、年龄、性别三项数据，数据项用逗号分开，每个记录以换行符结束。data.txt 文本文件内容如下：

```
John Doe,25,Male
```

请用 StreamReader 类读取文件每个记录，并输出每个数据项。

```csharp
using System;
using System.IO;
namespace Example
{
    struct Person
    {
        public string Name;
        public int Age;
        public string Gender;
    }

    internal class Program
    {
        static void Main(string[ ] args)
        {
            string filePath="e:\\data.txt"; // 替换为自己的数据文件路径
            try
            {
                using(StreamReader reader=new StreamReader(filePath))
                {
                    while(!reader.EndOfStream)
                    {
                        string line=reader.ReadLine( );
```

```
                    if(!string.IsNullOrEmpty(line))
                    {
                        string[ ] data=line.Split(',');

                        string name=data[0];
                        int age=int.Parse(data[1]);
                        string gender=data[2];

                        // 按要求处理数据
                        Console.WriteLine("Name:"+name);
                        Console.WriteLine("Age:"+age);
                        Console.WriteLine("Gender:"+gender);
                        Console.WriteLine( );
                        Console.ReadKey( );
                    }
                }
            }
        }
        catch(IOException e)
        {
            Console.WriteLine("Error reading the file:"+e.Message);
        }
    }
}
```

运行结果：

```
Name:John Doe
Age:25
Gender:Male
```

9.6　BinaryReader/BinaryWriter 类读写二进制数据文件

C# 提供了专门的 BinaryReader/BinaryWriter 类来读写二进制文件，简化读写操作，这些类属于 System.IO 命名空间。BinaryWriter 类允许以二进制形式写入不同数据类型的值到流中，如整数、浮点数、字符、字符串等。它为写入二进制数据提供了便捷的方法，同时确保数据以正确的二进制表示进行存储。

BinaryWriter 类常用的构造函数与方法原型见表 9-14。

> 📖 提示：
>
> 1）BinaryWriter 类的构造函数需要 Stream 类对象作为参数。由于 Stream 类为抽象类，因此只能用其派生类 FileStream 类的对象实例化。

2）BinaryWriter 类的 Write 方法用于将各种数据类型以二进制形式写入文件中。这些数据类型包括基本数据类型（如整数、浮点数等）以及字符和字节数组等。在使用 BinaryWriter 类将数据写入二进制文件时，数据是以其二进制形式直接写入文件的，不会进行任何字符编码。

3）使用 BinaryWriter 类的 Writer 方法将字符串写入二进制数据文件时，首先写入字符串的长度，然后写入实际的字符串字节码。

表 9-14　BinaryWriter 类常用的构造函数与方法原型

构造函数	说明
Public BinaryWriter（stream output [,Endcoding encoding]）	将原始数据类型（如整数、浮点数、布尔值、字符串等）以二进制格式写入流中
方法原型	说明
public virtual void Write（类型 value）;	将不同类型的数据以二进制形式写入流中。类型可以是所有值类型和 string 类型，即基元类型
public virtual void Write（bool value）;	将布尔值写入流中
public virtual void Write（byte value）;	将一个字节写入流中
public virtual void Write（byte [ ]buffer）;	将字节数组写入流中
public virtual void Write（byte [ ] buffer,int index,int count）;	将字节数组的一部分写入流中，从指定索引开始，写入指定数量的字节
public virtual void Write（char ch）;	将一个字符写入流中
public virtual void Write（char [ ]chars）;	将字符数组写入流中
public virtual void Write（char [ ]chars,int index,int count）;	将字符数组的一部分写入流中，从指定索引开始，写入指定数量的字符
public virtual void Write（decimal value）;	将十进制数写入流中
public virtual void Write（double value）;	将双精度浮点数写入流中
public virtual void Write（float value）;	将单精度浮点数写入流中
public virtual void Write（short value）;	将 16 位整数写入流中
public virtual void Write（int value）;	将 32 位整数写入流中
public virtual void Write（long value）;	将 64 位整数写入流中
public virtual void Write（ushort value）;	将无符号 16 位整数写入流中
public virtual void Write（uint value）;	将无符号 32 位整数写入流中
public virtual void Write（ulong value）;	将无符号 64 位整数写入流中
public virtual void Write（string value）;	将字符串写入当前流，首先写入字符串的长度，然后写入实际的字符串数据（使用 UTF-8 编码）
public virtual void Write（sbyte value）;	将带符号字节写入流中

（续）

方法原型	说明
public void Seek（int offset，SeekOrigin origin）;	设置基础流的位置
public virtual void Flush（）;	清理当前写入器的所有缓冲区，并使得所有缓冲数据被写入到基础设备中
public virtual void Close（）;	用于关闭当前 BinaryWriter 类对象和关联的基础流，并释放与对象关联的所有资源

实例 1：用 BinaryWriter 类建立二进制数据文件，保存结构体数组的数据，结构体包括 string 字段姓名、int 字段卡号以及 double 字段数值。

分析：由于在每个结构体数组元素中，字符串字段的长度不是固定长度，因此为了以后读入时能正确读取整个姓名，需要把姓名数据对应的长度写入二进制文件中。

```
using System;
using System.IO;
using System.Text;
namespace Example
{
    //定义结构体来表示记录的数据结构
    struct Record
    {
        public string Name;
        public int ID;
        public double Value;

        //构造函数用于初始化结构体的数据项
        public Record(string name,int id,double value)
        {
            Name=name; ID=id; Value=value;
        }

        //将结构体数据转换为二进制流
        public void WriteToBinaryStream(BinaryWriter writer)
        {
            //写入字符串长度和字符串内容
            byte[ ] nameBytes=Encoding.UTF8.GetBytes(Name);
            writer.Write(nameBytes.Length);
            writer.Write(nameBytes);
            writer.Write(ID);
            writer.Write(Value);
        }
    }
```

```
        internal class Program
        {
            static void Main(string[] args)
            {
                //定义结构体数组
                Record[] records=new Record[]
                {
                    new Record("Alice",1,100.50),
                    new Record("Bob",2,200.75),
                    new Record("Charlie",3,300.25)
                };
                //定义文件路径
                string filePath="e:\\data.bin";
                //使用FileStream类创建BinaryWriter类对象
                using(FileStream fileStream=new FileStream(filePath,FileMode.Create))
                using(BinaryWriter writer=new BinaryWriter(fileStream))
                {
                    //遍历结构体数组,将每个记录写入文件
                    foreach(var record in records)
                    {
                        //将记录写入文件
                        record.WriteToBinaryStream(writer);
                    }
                }
                Console.WriteLine("Binary data file created successfully.");
                Console.ReadKey();
            }
        }
}
```

上述示例中,Record 结构体中设置了一个方法 WriteToBinaryStream,用于将结构体数据写入二进制流。在这个方法中,先将字符串转换为字节数组,然后写入字符串的长度信息,接着写入字符串的内容,最后再写入其他数据项。在 Main 方法中,调用了这个方法将每个记录的数据写入二进制数据文件 "data.bin" 中。

> 提示:本例对于字符串的写文件操作,直接使用 BinaryWriter 类的 Write(string value)方法更加简单。

在 C# 中,BinaryReader 类用于从流中以二进制形式读取不同类型的数据,如整数、浮点数、字符、字符串等,但读取二进制文件时必须事先知晓文件数据的记录结构。
BinaryReader 类常用的构造函数与方法原型见表 9-15。

表 9-15　BinaryReader 类常用的构造函数与方法原型

构造函数	说明
public BinaryReader（Stream input）	使用默认的 UTF-8 编码创建一个新的 BinaryReader 类对象，并将其与指定的流关联起来
public BinaryReader（Stream input，Encoding encoding）	使用指定的编码创建一个新的 BinaryReader 类对象，并将其与指定的流关联起来
public BinaryReader（Stream input［，Encoding encoding，］［bool leaveOpen］）	使用指定的编码创建一个新的 BinaryReader 类对象，并将其与指定的流关联起来。leaveOpen 参数用于指示是否在关闭 BinaryReader 类对象时保持关联的流处于打开状态
方法原型	说明
public virtual int Read（）；	读取流中的下一个字节，并将其作为无符号字节转换为 int 类型的值
public virtual int Read（byte［］buffer，int index，int count）；	从当前流中读取字节块，并将数据写入指定的字节数组中。参数 buffer 是用于接收数据的字节数组，index 是开始写入数据的索引，count 是要读取的字节数。该方法的返回值表示实际读取的字节数
public virtual bool ReadBoolean（）；	从当前流中读取一个布尔值，并将流位置前移 1 个字节
public virtual byte ReadByte（）；	从当前流中读取一个无符号字节，将流位置前移 1 个字节，并返回读取的无符号字节作为 byte 类型的值
public virtual byte［］ReadBytes（int count）；	从当前流中读取指定数量的字节，将其写入字节数组中，并返回包含读取字节的字节数组
public virtual sbyte ReadSByte（）；	用于从当前流中读取一个有符号的 8 位整数（即 sbyte 类型的值）。该方法将流位置前移 1 个字节，并返回读取的有符号字节作为 sbyte 类型的值
public virtual char ReadChar（）；	从当前流中读取一个 Unicode 字符，并将流位置前移 2 个字节
public virtual char［］ReadChars（int count）；	从当前流中读取指定数量的字符，并将其写入字符数组中。返回包含读取字符的字符数组
public virtual decimal ReadDecimal（）；	从当前流中读取一个十进制数，并将流位置前移 16 个字节
public virtual double ReadDouble（）；	从当前流中读取一个双精度浮点数，并将流位置前移 8 个字节
public virtual float ReadSingle（）；	从当前流中读取一个单精度浮点数，并将流位置前移 4 个字节
public virtual short ReadInt16（）；	从当前流中读取一个有符号的 16 位整数，并将流位置前移 2 个字节
public virtual int ReadInt32（）；	从当前流中读取一个有符号的 32 位整数，并将流位置前移 4 个字节
public virtual long ReadInt64（）；	从当前流中读取一个有符号的 64 位整数，并将流位置前移 8 个字节
public virtual ushort ReadUInt16（）；	从当前流中读取一个无符号的 16 位整数，并将流位置前移 2 个字节
public virtual uint ReadUInt32（）；	从当前流中读取一个无符号的 32 位整数，并将流位置前移 4 个字节
public virtual ulong ReadUInt64（）；	从当前流中读取一个无符号的 64 位整数，并将流位置前移 8 个字节
public virtual string ReadString（）；	从当前流中读取一个字符串，并将流位置前移。字符串的长度是先读取一个整数，表示字符串的字符数，然后再按照该字符数读取相应的字符
public virtual int PeekChar（）；	这个方法允许查看下一个可用字符，但不从流中读取它。返回 −1 表示流已经结束
public virtual void Close（）；	这个方法用于关闭当前 BinaryReader 类对象，并释放与对象关联的所有资源

> **提示：**
> 1）BinaryReader 类的构造函数需要 Stream 类对象作参数。由于 Stream 类为抽象类，因此只能用其派生类 FileStream 类的对象实例化。
> 2）BinaryReader 类的 Read 方法用于从二进制流中读取原始字节数据，并将其转换为相应的数据类型（如整数、浮点数、字符等）。其中：二进制原始字节数据到具体数据的操作属于自动转型，不属于字符解码范畴。
> 3）使用 BinaryReader 类的 Read 方法从二进制数据文件读取字符串时，首先读取表示字符串长度的整数码，然后读取该整数长度的字符编码。

实例 2：用 BinaryReader 类读取前述建立的 data.bin 文件，按记录输出每个数据项。

```csharp
using System;
using System.IO;
using System.Text;
namespace Example
{
    struct Record
    {
        public string Name;
        public int ID;
        public double Value;
        public Record(string name,int id,double value)
        {
            Name=name;
            ID=id;
            Value=value;
        }

        public static Record ReadFromBinaryStream(BinaryReader reader)
        {
            int nameLength=reader.ReadInt32( );
            byte[ ] nameBytes=reader.ReadBytes(nameLength);
            string name=Encoding.UTF8.GetString(nameBytes);
            int id=reader.ReadInt32( );
            double value=reader.ReadDouble( );
            return new Record(name,id,value);
        }
    }

    internal class Program
    {
        static void Main(string[ ] args)
        {
            string filePath="e:\\data.bin";
```

```
            //读取并输出记录
            ReadAndOutputRecords(filePath);
            Console.WriteLine("Binary data file read successfully.");
            Console.ReadKey( );
        }
        static void ReadAndOutputRecords(string filePath)
        {
            using(FileStream fileStream=new FileStream(filePath,FileMode.Open))
            using(BinaryReader reader=new BinaryReader(fileStream))
            {
                while(fileStream.Position<fileStream.Length)
                {
                    Record record=Record.ReadFromBinaryStream(reader);
                    Console.WriteLine("Name:{0},ID:{1},Value:{2}",record.
Name.PadRight(10),record.ID,record.Value);
                }
            }
        }
    }
}
```

输出结果：

```
Name:Alice,ID:1,Value:100.5
Name:Bob,ID:2,Value:200.75
Name:Charlie,ID:3,Value:300.25
Binary data file read successfully.Binary data file read successfully.
```

📖 **提示**：本例直接使用 BinaryReader 类的 ReadString 方法更加简单。

为了演示 BinaryReader/BinaryWriter 类所提供的 Write（string value）方法与 ReadString 方法操作字符串的简洁性，使用 BinaryWriter 类的 Write（string value）将字符串写入二进制文件，反过来使用 BinaryReader 类的 ReadString 方法从二进制文件读取字符串。实例如下：

```
using System;
using System.IO;
namespace Example
{
    internal class Program
    {
        static void Main(string[ ] args)
        {
            string filePath="example.bin";

            //将字符串写入二进制文件
            using(BinaryWriter writer=new BinaryWriter(File.Open(filePath,
FileMode.Create)))
```

```
            {
                writer.Write("Hello,world!");
                writer.Write("This is a test.");
                writer.Write("BinaryReader and BinaryWriter in C#.");
            }

            //从二进制文件中读取字符串
            using(BinaryReader reader=new BinaryReader(File.Open(filePath,
FileMode.Open)))
            {
                try
                {
                    while(true)
                    {
                        string str=reader.ReadString( );
                        Console.WriteLine(str);
                    }
                }
                catch(EndOfStreamException)
                {
                    Console.WriteLine("End of file reached.");
                    Console.ReadKey( );
                }
            }
        }
    }
}
```

程序运行结果：

```
Hello,world!
This is a test.
BinaryReader and BinaryWriter in C#.
End of file reached.
```

总结：BinaryWriter.Write（string value）方法可以高效地将字符串写入二进制流中，并且通过写入长度前缀来确保字符串能够被正确读取。使用 BinaryReader.ReadString 方法时，会自动处理长度前缀，确保读取到完整的字符串。

9.7 读写 Excel 文件

在 C# 中，可以使用第三方库读写 Excel 文件，其中最常用的是 EPPlus。EPPlus 是一个开源的 .NET 库，用于处理 Excel 文件。它可以轻松读取、写入和操作 Excel 文件。

安装 EPPlus 库：在 Visual Studio 中，右击项目，选择"管理 NuGet 程序包"，搜索并安装 EPPlus。

以下是使用这种库进行 Excel 文件读写的编程实例：

（1）读取 Excel 文件

```
using System;
using System.IO;
using OfficeOpenXml;
namespace Example
{
    internal class Program
    {
        static void Main(string[ ] args)
        {
            // 读取 Excel 文件
            string filePath="data.xlsx";
            using(var package=new ExcelPackage(new FileInfo(filePath)))
            {
                ExcelWorksheet worksheet=package.Workbook.Worksheets[0];
                /* 获取第一个工作表 */
                int rowCount=worksheet.Dimension.Rows;
                int colCount=worksheet.Dimension.Columns;

                for(int row=1;row<=rowCount;row++)
                {
                    for(int col=1;col<=colCount;col++)
                    {
                        Console.Write(worksheet.Cells[row,col].Value+"\t");
                    }
                    Console.WriteLine( );
                }
            }
        }
    }
}
```

（2）写入 Excel 文件

```
using System;
using System.IO;
using OfficeOpenXml;
namespace Example
{
    internal class Program
    {
        static void Main(string[ ] args)
        {
```

```csharp
            //写入 Excel 文件
            string filePath="output.xlsx";
            using(var package=new ExcelPackage( ))
            {
                ExcelWorksheet worksheet=package.Workbook.Worksheets.Add("Sheet1");

                //写入数据
                worksheet.Cells[1,1].Value="Name";
                worksheet.Cells[1,2].Value="Age";

                worksheet.Cells[2,1].Value="John";
                worksheet.Cells[2,2].Value=30;

                worksheet.Cells[3,1].Value="Jane";
                worksheet.Cells[3,2].Value=25;

                //保存文件
                package.SaveAs(new FileInfo(filePath));
            }
        }
    }
}
```

9.8 综 合 应 用

实例：学生成绩文件处理操作。定义一个结构体 Student 来表示学生信息，包括姓名和各科成绩。然后，从文本文件中读取学生信息，计算每个学生的平均分和总分，并将结果写入另一个文本文件。假设学生成绩文件格式如下（每行代表一个学生的信息，学生姓名和各科成绩之间用空格分隔）：

```
Alice 85 90 78
Bob 78 92 88
Carol 90 85 80
```

实例如下：

```csharp
using System;
using System.IO;

namespace Example
{
    //学生信息结构体
    public struct Student
```

```
{
    public string Name;
    public int[ ] Scores;

    public Student(string name,int[ ] scores)
    {
        Name=name;
        Scores=scores;
    }

    public double CalculateAverageScore( )
    {
        int totalScore=0;
        foreach(int score in Scores)
        {
            totalScore+=score;
        }

        return(double)totalScore /Scores.Length;
    }

    public int CalculateTotalScore( )
    {
        int totalScore=0;
        foreach(int score in Scores)
        {
            totalScore+=score;
        }

        return totalScore;
    }
}

internal class Program
{
    static void Main(string[ ] args)
    {
        string inputFilePath="input_scores.txt";
        string outputFilePath="output_scores.txt";

        //读取学生成绩文件并处理
        string[ ] lines=File.ReadAllLines(inputFilePath);
        Student[ ] students=new Student[lines.Length];

        for(int i=0; i<lines.Length;i++)
        {
```

```csharp
            string[] items=lines[i].Split(' ');

            string name=items[0];
            int[] scores=new int[items.Length-1];

            for(int j=1; j<items.Length; j++)
            {
                scores[j-1]=int.Parse(items[j]);
            }

            students[i]=new Student(name,scores);
        }

        //将处理后的学生成绩写入文件
        using(StreamWriter writer=new StreamWriter(outputFilePath))
        {
            foreach(Student student in students)
            {
                int totalScore=student.CalculateTotalScore( );
                double averageScore=student.CalculateAverageScore( );

                writer.WriteLine($"{student.Name}：总分{totalScore},平均分{averageScore}");
            }
        }
        Console.WriteLine("学生成绩处理完成!");
        Console.ReadKey( );
    }
  }
}
```

运行上述代码，结果如下：

学生成绩处理完成！

同时，结果将被写入 output_scores.txt 文件中，内容如下：

Alice：总分 253，平均分 84.33

Bob：总分 258，平均分 86.00

Carol：总分 255，平均分 85.00

习 题

一、选择题

1. 下面（   ）函数是 FileStream 类提供的用于对文件读写位置进行设置的函数。

A. seek   B. seekp   C. seekg   D. read

2. 下列对象的创建正确的是（　　）。

A. File f = new File（"D：\\file.txt"）；

B. FileInfo f = new FileInfo（"D：\file.txt"）；

C. DirectoryInfo f = new DirectoryInfo（$ "D：\file.txt"）；

D. FileStream f = new FileStream（@ "D：\file.txt"，FileMode.Open）；

3. 小明同学要将 D：\resources 文件夹中存放的资料全都删除，可以使用（　　）。

A. File.Deleto（@ "D：\resources"）；

B. new FileInfo（@ "D：\resources"）.Deleto（）；

C. Directory.Deleto（@ "D：\resources"）；

D. new DirectoryInfo（@ "D：\resources"）.Deleto（true）；

4. 在 D 盘中创建了一个 file.txt 文件，并在其中写入了"I love you"的字符串。如果使用下列 C# 代码：

```
FileStream fileStream=new FileStream(@ "D:\file.txt",FileMode.Open);
byte[ ]data=new byte[10];
fileStream.Read(data,0,data.Length);
fileStream.Close( );
foreach(byte d in data)Console.Write(d);
```

则执行代码输出为（　　）。

A. 0000000000　　　　　　　　　　B. 7332108111118101321211111117

C. I love you　　　　　　　　　　　D. 执行出错

5. C# 中，同时可以对文件进行读写的类是（　　）。

A. File 类　　　B. FileInfo 类　　　C. FileStream 类　　　D. StreamReader 类

6. 已知 C# 中的一个 int 类型数据 12345，按默认编码存入文本文件、二进制文件，所占字节数分别为（　　）。

A. 5，5　　　　B. 4，5　　　　C. 5，4　　　　D. 4，4

二、程序分析填空题

下述程序的功能是将结构体变量 tt 中的内容写入 D 盘的 date.txt 文件中，请在划线的位置填写适当的程序代码以实现上述功能。

```
using System;
using System.IO;

//定义一个示例结构体
struct MyStruct
{
    public int Number;
    public string Text;
}

class Program
```

```
{
    static void Main( )
    {
        //创建一个结构体变量 tt
        MyStruct tt=_____①_____ MyStruct
        {
            Number=42,
            Text="Hello,World!"
        };
        //指定输出文件路径
        string outputPath= ___②___ "D:\date.txt";
        try
        {
            //使用StreamWriter类将结构体内容写入文件
            using(StreamWriter writer=new ___③___ (outputPath))
            {
                //写入结构体内容
                writer.WriteLine($"Number:{tt.Number}");
                writer.WriteLine($"Text:{ ___④___ }");
            }
            Console.WriteLine("结构体内容已成功写入 "+outputPath);
        }
        catch(Exception ex)
        {
            Console.WriteLine("发生错误:"+ ___⑤___ );
        }
    }
}
```

三、程序设计题

1. 定义一个长度为 10 的 int 类型数组，其中存储的数据大于 1000，设计程序将这些数据写入文本文件中，并且能够进行正确的输出。

2. 编写一个程序实现文件内容合并。

3. 求出 2~100 的素数并将其存储到文件中。要求每一行存储 5 个数据，数据之间有明显的分隔。

第 10 章 程序调试与异常处理

程序员开发的应用程序必须准确、安全。准确指的是应用程序运行无错误且能得到正确的结果，而安全指的是应用程序能处理运行过程可能出现的异常。程序设计过程中不可避免出现错误，且有些错误很难发现。为了排除这些错误，特别是非常隐蔽的错误，需要对编写的程序代码进行调试。Visual Studio-C#-IDE 环境提供了调试代码的功能，能够快速定位错误信息。对于程序安全问题，C# 语言提供了异常处理语句，通过 .NET 框架提供的一套称为结构化异常处理的标准错误机制，能捕捉并处理预期之外的异常事件。

既然 IDE 环境是程序编辑的窗口，首先要了解编辑器的功能和特点。

10.1 使用 Visual Studio 调试 C# 代码

下面分步骤介绍 Visual Studio 调试器的一般功能。

1）首先创建一个 Windows 平台下的控制台应用程序项目，项目名称为 "GetStarted-Debugging"。

2）创建应用程序。在 Program.cs 中，将所有默认代码替换为以下代码：

```csharp
using System;
namespace Example
{
    internal class Program
    {
        static void Main(string[ ] args)
        {
            char[ ] letters={'f','r','e','d',' ','s','m','i','t','h'};
            string name="";
            int[ ] a=new int[10];
            for(int i=0; i<letters.Length; i++)
            {
                name+=letters[i];
                a[i]=i+1;
                SendMessage(name,a[i]);
            }
            Console.ReadKey( );
        }

        static void SendMessage(string name,int msg)
        {
            Console.WriteLine(name+"! Count to"+msg);
```

```
            }
        }
}
```

3）启动调试器。按 <F5> 键启动调试器，或者从菜单栏中选择"调试"→"开始调试"，如图 10-1 所示。

图 10-1　启动调试器

应用将一直运行到完成调试为止，控制台输出如下：

```
f！Count to 1
fr！Count to 2
fre！Count to 3
fred！Count to 4
fred！Count to 5
fred s！Count to 6
fred sm！Count to 7
fred smi！Count to 8
fred smit！Count to 9
fred smith！Count to 10
```

若要停止调试器，按 <Shift+F5> 键，或者在"调试"工具栏中选择"停止调试"，或者从菜单栏中选择"调试"→"停止调试"，如图 10-2 所示。

图 10-2　停止调试器

10.1.1　设置断点并启动调试器

断点是执行可靠调试所不可或缺的一项功能。通过设置断点，可使 Visual Studio 在断点处暂停正在运行的代码，这样就可以查看变量值或内存行为，或者确定代码的分支是否已运行。示例步骤如下：

1）在 Main 函数的 for 循环中，通过单击代码行的左边距来设置断点。如单击"name+=letters［i］;"行的左边距，设置断点的位置会出现一个圆圈，如图 10-3 所示。

2）按 <F5> 键开始调试，或者在"标准"工具栏中选择"调试目标"，或者在"调试"工具栏中选择"开始调试"，或者从菜单栏中选择"调试"→"开始调试"。程序随即启动，调试器将运行到设置断点的代码行停止，如图 10-4 所示。

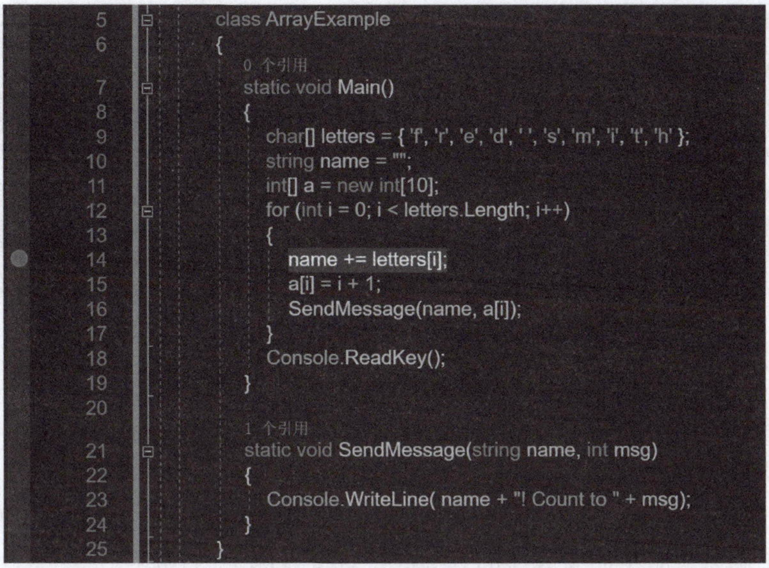

第 10 章　程序调试与异常处理

图 10-3　断点位置示例

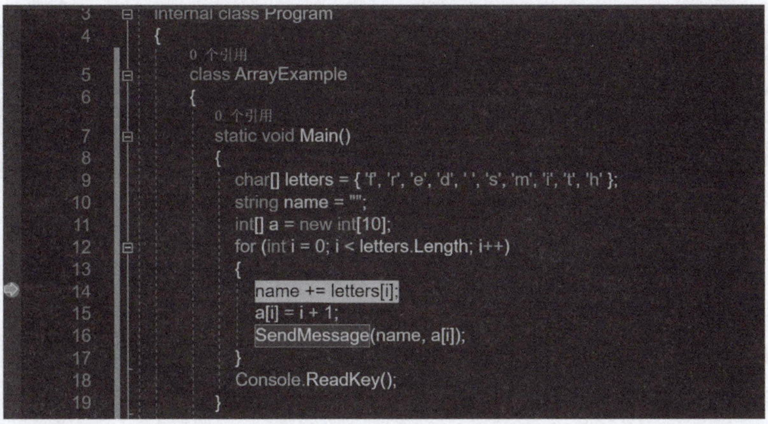

图 10-4　调试运行

图 10-4 中，箭头指向调试器暂停时所在的语句。程序执行将在同一位置暂停，此处的语句尚未执行。

> **特别提示**：如果程序在某个断点处暂停，按 <F5> 键会继续运行该应用，直至到达下一个断点。

10.1.2　使用数据提示浏览代码并检查数据

当程序运行到断点位置，断点位置的语句并未执行，此时可以检查变量的值，从值判断结果是否正确。具体操作如下：

1）当程序暂停于"name+=letters［i］"语句时，将鼠标悬停在"letters"变量上，单击箭头以查看显示数组大小和元素的数据提示，如图 10-5 所示。

293

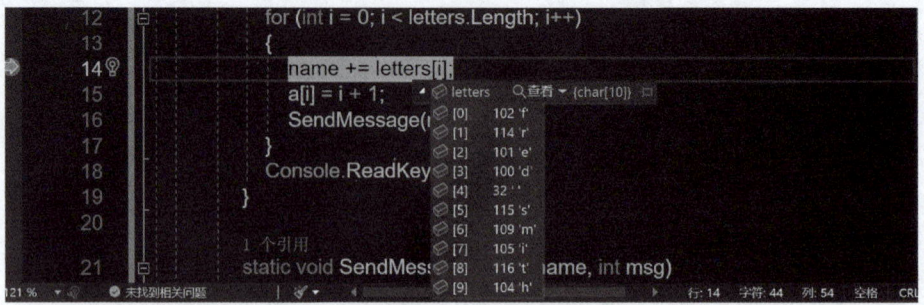

图 10-5　鼠标悬停查看数据提示 1

2）将鼠标悬停在"name"变量上以查看当前值（一个空字符串）。

3）若要使调试器前进到下一条语句，可按 <F10> 键，或者在"调试"工具栏中选择"逐过程"，或者从菜单栏中选择"调试"→"逐过程"。

4）按 <F10> 键会使调试器前进，而不会单步执行函数或方法，不过，其代码仍会执行。这样，就跳过了调试暂时不需要关注的 SendMessage 方法中的代码。

5）若要迭代 for 循环，请反复按 <F10> 键。每次循环迭代期间，在断点处暂停，然后将鼠标悬停在"name"变量上，以在数据提示中检查其值，如图 10-6 所示。

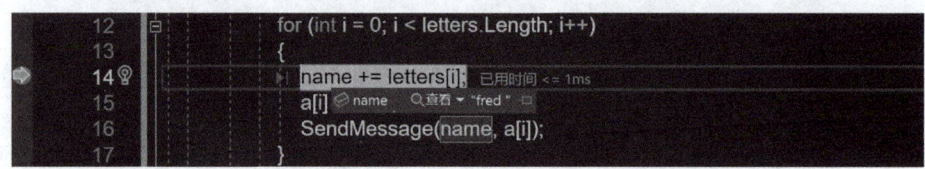

图 10-6　鼠标悬停查看数据提示 2

6）变量的值随 for 循环的迭代而更改，显示的值依次为 f、fr、fre，以此类推。若要使调试器在循环中更快前进，请按 <F5> 键，这样就会前进到断点而不是下一条语句。

7）在 Main 方法的 for 循环中暂停时，按 <F11> 键，或者从"调试"工具栏中选择"逐语句执行"，或者从菜单栏中选择"调试"→"逐语句执行"，直至到达 SendMessage 方法调用。应在"SendMessage（name, a[i]）;"代码行处暂停调试器。

8）若要单步执行 SendMessage 方法，可按 <F11> 键。

此时，箭头会前进到 SendMessage 方法，如图 10-7 所示。

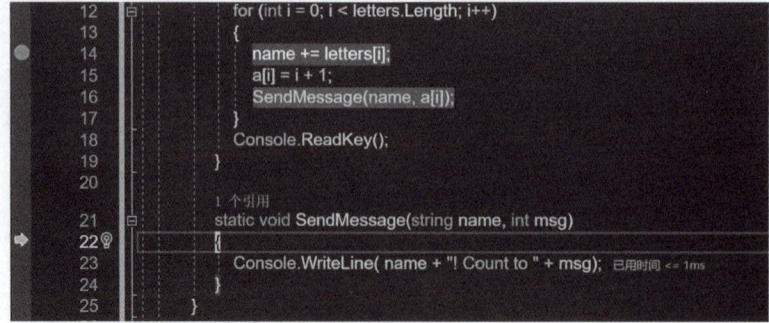

图 10-7　单步执行

按 <F11> 键可帮助程序员更深入地检查代码的执行流程。若要单步执行方法调用中的方法，请按 <F11> 键。调试完 SendMessage 方法后，可以返回到 Main 方法的 for 循环。

9）若要退出 SendMessage 方法，可按 <Shift+F11> 键，或者在"调试"工具栏中选择"跳出"，或者从菜单栏中选择"调试"→"跳出"。"跳出"会恢复应用执行并使调试器前进，直到当前方法或函数返回。将在 Main 方法的 for 循环中将再次看到箭头，该箭头暂停在 SendMessage 方法调用处。

10.1.3　使用"运行到光标处"调试程序

在代码编辑器中，将鼠标悬停在 SendMessage 方法中的"Console.WriteLine"方法调用上，直到左侧出现"运行到单击处"按钮。按钮的工具提示显示"将执行运行到此处"，如图 10-8 所示。

图 10-8　"运行到光标处"调试

选择"运行到光标处"，或者将光标置于"Console.WriteLine"语句上，然后按 <Ctrl+F10> 键，或者右击 Console.WriteLine 方法调用，然后从上下文菜单中选择"运行到光标处"。调试器会前进到 Console.WriteLine 方法调用。

使用"运行到单击处"类似于设置临时断点，在已打开的文件的应用代码可见区域中，可以快速方便地使用这种方法。

10.1.4　使用"自动变量"和"局部变量"窗口检查变量

在调试时，"自动变量"和"局部变量"窗口会显示变量值。这两个窗口仅在调试会话期间才会显示。"自动变量"窗口显示调试器所在的当前行和上一行中使用的变量。"局部变量"窗口显示在局部范围内定义的变量，通常是当前函数或方法。

在调试器处于暂停状态时，查看代码编辑器底部的"自动变量"窗口。如果"自动变量"窗口已关闭，按 <Ctrl+D> 和 <A>，或者从菜单栏中选择"调试"→"窗口"→"自动变量"。在调试器仍处于暂停状态的情况下，在"自动变量"窗口旁边的选项卡中查看"局部变量"窗口。

在"局部变量"窗口中，展开"letters"变量以查看其数组元素以及这些元素的值。如果"局部变量"窗口已关闭，可以按 <Ctrl+D> 和 <L>，或者从菜单栏中选择"调试"→"窗口"→"局部变量"。

10.2　异 常 处 理

在 C# 中，异常（Exception）是指程序在运行过程中遇到的错误、问题或异常情况，导致程序无法正常继续执行的情况。C# 中的异常处理是一种机制，使程序能够处理这些意外情况，而不会导致程序崩溃。C# 中的异常是通过异常类的实例来表示的，这些异常类都继承自 System.Exception 类。

10.2.1 常见异常

以下是一些常见的 C# 异常及其说明。

1）System.NullReferenceException（空引用异常）：当尝试访问空对象（即为 null 的对象）的成员时，会引发此异常。例如：

```
object obj=null;
int length=obj.Length; // 会抛出 NullReferenceException
```

2）System.IndexOutOfRangeException（索引超出范围异常）：当尝试访问数组或集合中不存在的索引时，会引发此异常。例如：

```
int[ ]array={1,2,3};
int value=array[5]; // 会抛出 IndexOutOfRangeException
```

3）System.FormatException（格式化异常）：当尝试将一个无效格式的字符串转换为其他类型（如数字或日期）时，会引发此异常。例如：

```
string text="abc";
int number=int.Parse(text); // 会抛出 FormatException
```

4）System.ArgumentException（参数异常）：当传递给方法的参数无效或不合法时，会引发此异常。

5）System.ArithmeticException（算术异常）：例如，除以零时抛出此异常。

6）System.ArgumentNullException（参数为空异常）：当传递给方法的参数为 null 时抛出的异常。

除了以上列举的异常之外，C# 还提供了许多其他异常类型，以便开发人员能够更好地识别和处理不同的错误情况。

10.2.2 异常的属性

为了更好地展示异常信息，每个异常对象中都包含一些只读属性，这些属性可以描述异常信息，通过这些属性可以更准确地找到异常出现的原因，具体如下。

1）Message：Message 属性用于获取异常的描述性错误消息。这通常是开发人员可以阅读的文本，用于解释异常的原因。实例如下：

```
try
{
    // 可能会引发异常的代码
}
catch(Exception ex)
{
    string errorMessage=ex.Message;
}
```

2）StackTrace：StackTrace 属性提供了引发异常的堆栈跟踪信息。堆栈跟踪信息显示了异常发生时代码的调用层次结构。实例如下：

```
try
{
    //可能会引发异常的代码
}
catch(Exception ex)
{
    string stackTrace=ex.StackTrace;
}
```

3）Source：Source 属性表示引发异常的应用程序或对象的名称。实例如下：

```
try
{
    //可能会引发异常的代码
}
catch(Exception ex)
{
    string source=ex.Source;
}
```

4）TargetSite：TargetSite 属性返回引发异常的方法或成员的 MethodBase 对象。实例如下：

```
try
{
    //可能会引发异常的代码
}
catch(Exception ex)
{
    System.Reflection.MethodBase targetMethod=ex.TargetSite;
}
```

5）InnerException：InnerException 属性用于获取引发当前异常的内部异常。如果异常嵌套，内部异常会导致外部异常。实例如下：

```
try
{
    //可能会引发异常的代码
}
catch(Exception ex)
{
    Exception innerEx=ex.InnerException;
}
```

6）HelpLink：HelpLink 属性表示与异常相关的帮助文件链接。实例如下：

```
try
{
    // 可能会引发异常的代码
}
catch(Exception ex)
{
    string helpLink=ex.HelpLink;
}
```

10.2.3 异常处理语句

C# 语言提供了一种对异常进行处理的方式——异常捕获 try-catch，也提供了抛出异常的语句 throw。

1. 捕获异常语句

在 C# 中，可以使用 try-catch 语句块来捕获并处理异常，或者使用 try-finally 语句块来确保资源的释放，无论是否发生异常。处理异常可以帮助程序更加健壮，避免不必要的崩溃，并提供有用的错误信息以供排查和修复。异常捕获通常使用 try-catch 语句，其语法格式如下：

```
try
{
    // 可能引发异常的代码
}
catch(ExceptionType1 ex1)
{
    // 处理异常类型 1
}
catch(ExceptionType2 ex2)
{
    // 处理异常类型 2
}
finally
{
    // 无论是否发生异常,都会执行的代码块
}
```

在这个结构中，你可以使用一个或多个 catch 块来捕获不同类型的异常。在 try 块中的代码执行完毕后，无论是否抛出异常，finally 块中的代码都会执行。这可以用来确保资源的释放和清理。

在 C# 中，异常实例是由异常类的构造函数创建的对象，用于表示在程序执行期间发生的异常情况。当异常发生时，你可以创建一个异常实例并将其抛出，以便在代码的其他地方捕获和处理异常。以下是创建和抛出异常的示例：

```
using System;
namespace Example
{
    internal class Program
    {
        static void Main(string[ ] args)
        {
            try
            {
                int result=Divide(10,2);
                Console.WriteLine($"Result:{result}");
            }
            catch(DivideByZeroException)
            {
                Console.WriteLine("Cannot divide by zero.");
            }
            catch(Exception ex)
            {
                Console.WriteLine($"An error occurred:{ex.Message}");
            }
            Console.ReadKey( );
        }
        static int Divide(int a,int b)
        {
            return a/b;
        }
    }
}
```

在这个示例中,当传递给 Divide 方法的第二个参数为 0 时,将引发 DivideByZero-Exception 异常。

2. 抛出异常语句

throw 是 C# 中用于显式引发异常的关键字。它允许在代码中主动触发异常,从而通知程序在某个地方发生了不正常的情况。通过使用 throw 关键字可以自定义异常,也可以在特定条件下引发已有的异常实例。以下是 throw 关键字的用法示例:

(1) 引发已有异常

```
try
{
    int result=Divide(10,0); //尝试除以零
}
catch(DivideByZeroException ex)
{
```

```
        Console.WriteLine("Caught DivideByZeroException!");
        Console.WriteLine($"Message:{ex.Message}");
    }

    static int Divide(int dividend,int divisor)
    {
        if(divisor==0)
        {
            throw new DivideByZeroException("Divisor cannot be zero.");
        }
        return dividend/divisor;
    }
```

(2)引发自定义异常

```
try
{
    int age=-5;
    if(age<0)
    {
         throw new ArgumentOutOfRangeException("age","Age cannot be negative.");
    }
}
catch(ArgumentOutOfRangeException ex)
{
    Console.WriteLine($"Caught ArgumentOutOfRangeException:{ex.Message}");
}
```

通过使用throw关键字，可以在程序中任何地方引发异常，以便在出现错误的情况下提供更详细的信息，从而改善异常处理和调试。当引发异常时，程序会停止执行当前代码块，并开始搜索适当的catch块来处理异常。如果没有找到合适的catch块，程序会崩溃并显示异常信息。

3. 异常处理综合应用

异常处理综合应用实例如下：

```
try
{
    int result=Divide(10,0);
}
catch(DivideByZeroException ex)
{
    Console.WriteLine("Caught DivideByZeroException!");
}
catch(ArithmeticException ex)
```

```
{
    Console.WriteLine("Caught ArithmeticException!");
}
catch(Exception ex)
{
    Console.WriteLine("Caught generic Exception!");
}

static int Divide(int dividend,int divisor)
{
    if(divisor= =0)
    {
        throw new DivideByZeroException( );
    }
    return dividend /divisor;
}
```

在上述实例中，尝试除以零会引发一个 DivideByZeroException 异常。由于异常会从上到下依次与 catch 块进行匹配，因此第一个 catch 块会捕获并处理这个异常，而后续的 catch 块不会被执行。

需要注意的是，catch 块的顺序很重要。如果将父类异常的 catch 块放在子类异常的前面，父类异常将会捕获所有异常，而子类异常的 catch 块将永远不会被执行。因此，要确保将特定的异常类型的 catch 块放在通用的父类异常之前。如将通用的 Exception 类型的 catch 块放在第一个位置，那么它将捕获所有类型的异常，而其他特定类型的 catch 块将不会被执行。

第 11 章 实 践 安 排

在学习和掌握 C# 编程语言时,进行上机实践是非常重要的。这些实践可以是编写小型的练习程序,也可以是开发较大规模的项目。通过上机程序调试,可以达到如下目的:

1)巩固概念和语法:实际编写代码可以帮助巩固 C# 语言的基本概念和语法。通过实践,可以更深入地理解变量、数据类型、循环、条件语句等基本概念。

2)学习问题解决技巧:在实际编程中,可能会遇到各种问题,包括语法错误、逻辑错误和运行错误。通过解决这些问题,可以学习解决问题的技巧、培养耐心。学会分析这些问题并进行调试是成为一个优秀程序员的关键因素之一。

3)培养中小型应用程序的开发能力:上机实践有助于将理论知识应用到实际问题中。这有助于更好地理解编程原则,并能够将所学内容应用到真实的编程项目中。上机实践有助于构建自己的项目,从而应用所学知识并增加实际经验。

4)探索高级主题:通过编写代码,可以探索更高级的主题,如面向对象的编程、数据库连接、网络编程等,扩展技能和知识。

5)熟悉开发环境:编写和运行代码时,可以熟悉 C# 开发环境,例如 Visual Studio,从而更高效地使用开发工具,查找文档、调试代码等。

总之,上机实践是学习 C# 编程或任何其他编程语言的重要组成部分。理论知识只有在实际应用中才能真正发挥作用。通过编写代码,可以不断提升自己的编程能力,成为一个更出色的程序员。

11.1 实验一:流程控制语句程序设计

(1)实验目的
1)熟悉 Visual Studio 开发环境。
2)熟悉流程控制语句的语法与编程。
3)熟悉选择结构、循环结构的执行特点与流程结束的汇合点。
4)熟悉控制台输入输出语句的使用。
5)初步掌握程序调试技巧。

(2)实验内容
1)根据 x 的值,计算分段函数 y 的值。y 的计算公式如下:

$$y = \begin{cases} |x|, & x<0 \\ e^x \cos x, & 0 \leqslant x<15 \\ x^5, & 15 \leqslant x<30 \\ (7+9x)\ln x, & x \geqslant 30 \end{cases}$$

用 if-elseif-else 结构编写程序,并分别输入 $x = -2$、10、20、50,输出对应的结果。

2）输入 x，计算 sin(x)。计算公式如下：

$$\sin(x) = \frac{x}{1} - \frac{x^3}{3!} + \frac{x^5}{5!} - \frac{x^7}{7!} + \cdots + (-1)^{(n-1)} \frac{x^{2n-1}}{(2n-1)!}$$

当第 n 项的绝对值小于 10^{-6} 时结束。要求：用 while 结构编写程序，并输入 x = π/2、π/3、π/4，输出对应的结果。

（3）实验要求
1）实验前先设计好程序，实验过程主要是调试程序，以及向老师咨询程序存在的问题。
2）实验过程应该对教学课程中该知识单元对应的重要程序进行上机验证。
3）熟悉 Visual Studio 软件环境和调试工具。
4）优化程序结构，尽量使程序简单精炼易读，给程序关键语句添加适当的注释。
5）以电子文件形式（Word、WPS 或 PDF）提交源程序以及运行结果截图。

11.2　实验二：数组、方法及参数传递程序设计

（1）实验目的
1）熟悉数组的定义与元素的使用。
2）熟悉集合类的使用与方法调用。
3）熟悉方法的定义、方法的调用，以及进行参数传递时，形参对实参的影响。
4）进一步熟悉程序的调试方法。
（2）实验内容
1）设有 10 个无序排列的数据，−90、100、1、23、67、89、67、80、90、200，实现如下功能：
① 定义一维数组 arr，用上述数据初始化数组。
② 编写方法 sort（int［ ］array，int num）实现对数组元素的冒泡法排序，在主函数中调用该方法并输出排序后的结果。num 表示数组元素的个数。
2）设有一个 calexc 类，其中含有属性变量 n（整型）、整型集合类数组 array、方法 find、方法 show 等，要求实现：方法 find 用于求［1，n］范围内的所有素数，并存储在 array 中，方法 show 用于输出求得的全部素数。提示：由于素数个数事先未知，因此只能采用动态大小数组。

11.3　实验三：继承与派生程序设计

（1）实验目的
1）理解类的继承性与多态性，掌握其应用方法。
2）理解抽象类的概念，掌握抽象类的定义及使用方法。
（2）实验内容
创建 3 个类：Person 类、Adult 类和 Baby 类。要求：
1）Person 类中有属性：姓名、年龄；有方法 eat，该方法输出"我正在吃饭"。
2）Adult 类、Baby 类是 Person 类的派生类，在 Adult 类中有方法 speak，该方法中输出

姓名和年龄；在 Baby 类中有方法 cry，输出"哇哇哇……"。

3）在 Main 方法中创建 Adult 与 Baby 类的对象类测试这 2 个类的功能，对象 Adult 调用基类中的属性、eat、speak 方法，对象 Baby 调用 eat、cry 方法。

（3）实验步骤

1）创建基类 Person，定义属性 Name（姓名）和 Age（年龄），并实现方法 eat，输出"我正在吃饭"。

2）创建派生类 Adult，继承自 Person，并添加方法 speak，输出成人的姓名和年龄。

3）创建派生类 Baby，继承自 Person，并添加方法 cry，输出"哇哇哇……"。

4）在主类 E 的 Main 方法中，创建 Adult 和 Baby 对象，使用 Adult 对象调用基类的属性和方法（Name、Age、eat），以及 Speak 方法，使用 Baby 对象调用基类的 eat 方法和自身的 cry 方法。

5）运行程序并验证功能是否符合实验要求。

11.4　实验四：文件操作程序设计

（1）实验目的

1）理解文件类对象 FileStream 类、StreamReader 类、StreamWriter 类、BinaryReader 类和 BinaryWriter 类等对象的声明与初始化，了解这些类主要方法的功能和方法原型。

2）为了实现写入的数据项被正确获取，在将多个混合型数据结构（如整型、实型、字符串）写入文件时，了解文本文件、二进制文件怎样拟定文件记录的字节结构段。

3）了解编码与解码的作用，掌握字符编码与解码、基本数据（整型、实型）的编码与解码有什么不同。

4）能熟练使用 FileStream 类、StreamReader 类和 StreamWriter 类将程序中的系列变量值写入文本数据文件，读取已建立的数据文件，并赋值给程序中的系列变量；能熟练使用 BinaryReader 类和 BinaryWriter 类将程序中的系列变量值写入二进制文件，读取二进制文件并赋值给程序中的变量。

（2）实验内容

设程序的结构体声明含有三个字段，即姓名（string 型）、卡号（int 型）、成绩（float 型），结构体数组分别存放了 5 位学生的信息：zhangsan, 100, 78.5; LiKui, 101, 90.0; WuJiin, 102, 65.0; HuangDa, 103, 87.6; KuGou, 104, 95.0。

要求完成下述任务：

1）将程序中 5 位学生的姓名、卡号、成绩分别输出到屏幕，每行输出一位学生的信息。

2）将 5 位学生的信息分别写入文本数据文件 stinfo.txt 和二进制数据文件 stinfo.bin。读取文本数据文件中的每个记录，赋给程序中的结构体变量，并求出平均成绩，在屏幕上输出；读取二进制数据文件中的每个记录，并求出平均成绩，在屏幕上输出。

3）每位学生选择其中一种文件读写类：FileStream 类或 StreamReader 类 /StreamWriter 类及 BinaryReader 类 /BinaryWriter 类。

4）将源程序及运行结果编辑成文档，以 PDF 格式提交。

附录　ACSII 编码表

ASCII															
0	NULL	16	DLE	32	SP	48	0	64	@	80	P	96	`	112	p
1	SOH	17	DC1	33	!	49	1	65	A	81	Q	97	a	113	q
2	STX	18	DC2	34	"	50	2	66	B	82	R	98	b	114	r
3	ETX	19	DC3	35	#	51	3	67	C	83	S	99	c	115	s
4	EOT	20	DC4	36	$	52	4	68	D	84	T	100	d	116	t
5	ENQ	21	NAK	37	%	53	5	69	E	85	U	101	e	117	u
6	ACK	22	SYN	38	&	54	6	70	F	86	V	102	f	118	v
7	BEL	23	ETB	39	'	55	7	71	G	87	W	103	g	119	w
8	BS	24	CAN	40	(	56	8	72	H	88	X	104	h	120	x
9	HT	25	EM	41	)	57	9	73	I	89	Y	105	i	121	y
10	LF	26	SUB	42	*	58	:	74	J	90	Z	106	j	122	z
11	VT	27	ESC	43	+	59	;	75	K	91	[	107	k	123	{
12	FF	28	FS	44	,	60	<	76	L	92	\	108	l	124	|
13	CR	29	GS	45	-	61	=	77	M	93	]	109	m	125	}
14	SO	30	RS	46	.	62	>	78	N	94	^	110	n	126	~
15	SI	31	US	47	/	63	?	79	O	95	_	111	o	127	DEL

参 考 文 献

［1］位元文化. Visual C++ 实用编程技术［M］. 武汉：华中科技大学出版社，2019.
［2］明日科技. C# 从入门到精通［M］. 6 版. 北京：清华大学出版社，2021.
［3］严健武，严耿超，李彬，等. C# 程序设计基础与应用［M］. 北京：清华大学出版社，2019.
［4］杨长兴. C++ 程序设计［M］. 2 版. 北京：中国水利水电出版社，2012.
［5］刘卫国，杨长兴，李小兰，等. C++ 程序设计实践教程［M］. 北京：中国水利水电出版社，2012.